Hawkings Kosmos

Rüdiger Vaas

Hawkings Kosmos

einfach erklärt

Illustriert von Gunther Schulz

KOSMOS

INHALT

Stephen Hawkings Welt

Ein Kopf im Kosmos und den Kosmos im Kopf – der berühmteste Wissenschaftler der Welt hat das Allerkleinste und Allergrößte erforscht, von den Elementarteilchen bis zu (mutmaßlichen) anderen Universen. Auch jüngst sorgte Stephen Hawking wieder für Aufsehen: in den populären Medien sowie an der aktuellen Forschungsfront der Kosmologie und Physik.

Vom Kleinsten zum Größten – und der Mensch mittendrin

„Wir sind das Ergebnis winziger Zufälle in der Frühzeit des Universums, ohne die sich weder Sterne noch Leben entwickelt hätten“, schrieb Stephen Hawking Ende Juli 2011 im Wissenschaftsmagazin *New Scientist.* Diese Entdeckung, an der der britische Kosmologe selbst beteiligt war, verbindet das Allerkleinste mit dem Allergrößten sowie mit dem Menschen dazwischen und mittendrin. Denn die Explosion des Weltraums im Urknall machte das All nicht nur groß, sondern blies auch die gespenstischen Quantenfluktuationen auf: mikroskopische, grundlose Unregelmäßigkeiten in den Energiefeldern. Sie wurden anscheinend so extrem verstärkt, dass sie sich als heute noch messbare Dichteunterschiede im glühenden Urgas abzeichneten und die Saat für das Werk der Schwerkraft bildeten, die daraus Galaxien, Sterne und Planeten schuf (dazu mehr ab Seite 72). Mikrokosmos und Makrokosmos sind also aufs Engste und Existenziellste miteinander verknüpft. Daher ist es ganz zutreffend, dass im Schoß des Urknalls schon der Keim des Menschen heranwuchs. Ohne diese kosmische Beziehung wären wir wohl niemals entstanden.

Selbstverständlich gehen die Fragen weiter und tiefer: „Warum gibt es etwas und nicht einfach nichts? Warum existieren wir? Warum dieses besondere System von Gesetzen und nicht irgendein anderes?“ Stephen Hawking – der berühmteste Wissenschaftler der Gegenwart und seit seinem Weltbestseller *Eine kurze Geschichte der Zeit* von 1988 einem Millionenpublikum bekannt – hat die ganz großen Themen nie gescheut. Er gehört allerdings auch zu den wenigen, die dazu beitragen, den Antworten näher zu kommen.

Dies ist angesichts seines tragischen Schicksals eine kaum zu ermessende Leistung. Denn bereits kurz nach seinem 21. Geburtstag im Jahr 1963 prophezeiten ihm die Ärzte eine Lebenserwartung von höchstens noch ein paar Jahren. Sie hatten Amyotrophe Lateralsklerose (ALS) diagnostiziert, eine schreckliche Erkrankung, bei der nach und nach die muskulären Nervenzellen absterben. Trotzdem konnte Hawking sein Studium sowie eine Promotion abschließen und Spitzenforschung vollbringen. 1979 wurde er, längst vollständig gelähmt und an den motorisierten Rollstuhl gefesselt, sogar auf den renommierten Lucasischen Lehrstuhl der University of Cambridge berufen, den vor 300 Jahren Isaac Newton inne hatte. „Dieser Stuhl hat sich offensichtlich stark verändert. Er wird jetzt elektrisch betrieben", kommentierte Hawking einmal seine Professur.

***Shooting Star:** Bei öffentlichen Auftritten ist Stephen Hawking stets von einem Fotografen-Pulk umringt, hier sogar regelrechten „Heckenschützen".*

***Oasen des Geistes:** Hochkarätige Physik und Mathematik ist in Cambridge seit vielen Jahrhunderten die Regel. Auch aufgrund des Lucasischen Lehrstuhls, den unter anderem Isaac Newton, Paul Dirac und Stephen Hawking inne hatten. Links das Trinity College (eingekreist ein Fenster zu Newtons Zimmer). Rechts das 2002 eingeweihte Centre of Mathematical Science an der Wilberforce Road (hier der Haupteingang zum Hörsaalgebäude). Es ist Hawkings Wirkungsstätte.*

Aufgrund eines Luftröhrenschnitts kann sich Hawking seit 1985 nur noch mithilfe eines Sprachcomputers verständigen. Er bedient ihn buchstäblich mit seinem letzten Zucken, indem er mit noch verbliebenen absichtlichen Bewegungen der rechten Wange mühsam Buchstabe für Buchstabe in das Programm eingibt – bestenfalls zwei bis drei Wörter pro Minute.

Mit diesem tragischen Schicksal passt Hawking perfekt zum Klischee des im regungslosen Körper gefangenen genialen Geistes, der alle Grenzen zu sprengen trachtet – zumindest die Grenzen der Erkenntnis. Denn seine Forschungen handeln von den abstraktesten, entlegensten und kompliziertesten Themen: Schwarzen Löchern, Urknall, Zeitreisen, Quantenphysik und der Suche nach einer Weltformel, die alle Teilchen und Kräfte erklärt.

Kein Wunder wurde er zum Medienstar. Hawking sieht es ähnlich: „Ich bin sicher, dass meine Behinderung eine Rolle spielt, warum ich so bekannt bin. Die Menschen sind fasziniert von dem Kontrast zwischen meinen sehr eingeschränkten physischen Kräften und der gewaltigen Natur des Universums, mit der ich mich beschäftige. Ich bin der Archetypus des behinderten Genies. Doch ob ich ein Genie bin, kann bezweifelt werden.“ Seinen Intelligenzquotienten kennt er übrigens nicht. „Ich habe keine Ahnung“, meint er. „Leute, die mit ihrem IQ protzen, sind Verlierer“.

Die Kombination von kosmologischer Größe und gravierender Krankheit hat aus Hawking sogar eine Art Filmheld werden lassen. Ein TV-Spielfilm über seine Jugend bis zur Dissertation (*Hawking*, 2004) existiert bereits, ebenso ein Kinofilm über seine Forschungen mit vielen Interviews seiner Weggefährten (*A Brief History of Time*, 1991). Für die nahe Zukunft ist außerdem ein großer Kinofilm in Arbeit, *Beyond the Horizon*, der Hawkings Leben und Werk veranschaulichen soll – mit ihm selbst in der Hauptrolle.

Ende Oktober 2009 wurde Hawking emeritiert. Er war 30 Jahre im Amt, was bei seinem Antritt niemand gedacht hatte. Von Ruhestand kann bei Hawking freilich keine Rede sein. Er hat eine große Familie (drei Kinder und drei Enkel; mit seiner Tochter Lucy schrieb er bereits drei Kinderbücher). Er hält Vorträge, wenn seine Gesundheit es erlaubt. Er nahm 2010 eine Gastprofessur am Perimeter-Institut für Theoretische Physik in Kanada an. Er moderierte eine dreiteilige TV-Serie und veröffentlichte ein neues populärwissenschaftliches Sachbuch, *Der Große Entwurf*. Vor allem aber forscht er mit seinen Kollegen weiter und veröffentlichte in den letzten Jahren mehrere umfangreiche Beiträge zu diffizilen Fragen der Kosmologie – auch über jene primordialen Quantenfluktuationen im Urknall, die bis heute die Architektur des Universums prägen.

Hawkings aktuelle Forschungen

Von diesen aktuellen Forschungen berichtet das vorliegende Buch – Erkenntnissen, die Hawking in seinen populären Darstellungen noch überhaupt nicht vorgestellt hat. Darüber hinaus und hauptsächlich versuchen die folgenden Seiten, Hawkings zahlreiche Erkenntnisse und Überlegungen im Zusammenhang in den Blick zu nehmen, aber auch den Kontext zur Kosmologie insgesamt nicht aus dem Augenwinkel zu verlieren. Und dies getreu Albert Einsteins Motto, man solle die Dinge so einfach wie möglich erklären, aber nicht einfacher.

Ein Blick nach vorn

Zunächst werden die 13,7 Milliarden Jahre, die unser Universum bereits existiert, sehr gerafft zusammengefasst (ab Seite 14). Dann werden die theoretischen Grundlagen der Kosmologie skizziert, die Relativitäts- und Quantentheorie plus die Versuche, sie in einer Weltformel zu verbinden (ab Seite 42), und was diese Theorien – gemeinsam mit den astronomischen Beobachtungen und physikalischen Experimenten – über die ersten Sekundenbruchteile des Universums verraten (ab Seite 65). Dies führt zum Rätsel der seltsamen Urknall-Singularität, in der die bekannten Naturgesetze zusammenbrechen und das große Fragezeichen des Weltanfangs erscheint (ab Seite 78). Hinter den Schleier dieses Geheimnisses versuchen inzwischen raffinierte Ideen und Hypothesen zu spähen, was tiefgründige philosophische Probleme von Zeit, Nichts und Unendlichkeit aufwühlt (ab Seite 94). Auch die Unterscheidung von Vergangenheit, Gegenwart und Zukunft ist nicht selbstverständlich, und so eröffnet sich die bizarre Möglichkeit einer Umkehr der Zeitrichtung (ab Seite 112). Tatsächlich muss der Urknall gar nicht der Anfang von Allem gewesen sein, sondern

er war vielleicht nur ein Ereignis unter unzähligen oder der Übergang von einem fremden Universum, das aus unserer Perspektive kollabierte und eine rückwärts laufende Zeit besitzt (ab Seite 134). In Schwarzen Löchern hingegen, jenen ominösen Schwerkraftschlünden, scheint nicht nur alles auf Nimmerwiedersehen zu verschwinden, sondern auch die Zeit zu enden – doch das ist nur die halbe Wahrheit (ab Seite 156). Und womöglich existieren exotische Tunnel in der Raumzeit, schillernde Pforten zu anderen Universen oder gar brisante Schleifen in die Vergangenheit, die das Gefüge von Ursache und Wirkung zu erschüttern drohen (ab Seite 190). Zuletzt – oder zuallererst – stellt sich die Frage nach der Wahrheit wissenschaftlicher Aussagen sowie nach der Natur der Wirklichkeit und darüber hinaus, also auch nach einem göttlichen Schöpfer, Plan oder Sinn der Welt (ab Seite 204).

Wer mehr wissen möchte

Über all diese Aspekte wird hier recht konzentriert berichtet. Bereits eine Einführung in die Relativitätstheorie oder Quantenphysik würde ja leicht ein – schweres – Buch füllen. Und eine Besichtigung der Forschungsfronten, nicht selten von leidenschaftlichen Kontroversen begleitet, müsste noch viele weitere Perspektiven öffnen. Über diese aktuellen Entwicklungen der Kosmologie und Grundlagenphysik, einschließlich Hawkings Arbeiten und kritischen Stimmen seiner Kollegen, habe ich in den populärwissenschaftlichen Sachbüchern *Hawkings neues Universum* und *Tunnel durch Raum und Zeit* ausführlich berichtet. Darin ist auch sehr viel mehr über Hawkings Leben, seine Forschungstätigkeiten und seine persönlichen Ansichten zu lesen, die in der vorliegenden knappen, mehr einführend-erklärenden als journalistischen und in die Details zielenden Darstellung notgedrungen zu kurz kommen (eine aktuelle Übersicht zu Hawkings Leben und Werk gibt aber die folgende Doppelseite).

Hawkings Ratschläge fürs Leben

Zur Lebenseinstellung von Stephen Hawking soll hier daher nur zitiert werden, was er im Sommer 2010 gegenüber dem US-amerikanischen Fernsehsender ABC mit seiner Computerstimme gesagt hat: „Dies sind die wichtigsten Ratschläge, die ich meinen Kindern auf den Weg gegeben habe: Erstens, vergesst nicht, empor zu den Sternen zu blicken, anstatt hinab auf eure Füße. Zweitens, gebt niemals auf mit eurer Arbeit, denn sie schenkt euch Sinn, ohne den das Leben leer ist. Drittens, wenn Ihr glücklich genug seid, Liebe zu finden, dann denkt daran, dass dies selten ist, und werft sie nicht weg."

› Leben und Werk: Eine lange Geschichte von Stephen Hawking

Jahr	Ereignis
1942	› 8. Januar: Stephen William Hawking wird in Oxford geboren; seine Eltern sind die Wirtschaftswissenschaftlerin Isobel Hawking und der Tropenmediziner Frank Hawking; Kindheit in London
1943	› Geburt der Schwester Mary
1946	› Geburt der Schwester Philippa
1950	› Umzug nach St. Albans, Hertfordshire, bei London
1955	› Adoptivkind Edward stößt zur Familie
1959	› Begabtenstipendium der University of Oxford, Studium der Physik
1961	› Physikpreis der University of Oxford
1962	› Abschlussexamen mit „sehr gut“ › Beginn der Kosmologie-Dissertation bei Dennis Sciama an der University of Cambridge › 31. Dezember: Begegnung mit Jane Wilde
1963	› Diagnose: Amyotrophe Lateralsklerose (ALS)
1965	› Abschluss der Dissertation › erste wissenschaftliche Veröffentlichungen › Fellowship und Forschungsstipendium am Caius College in Cambridge › Hochzeit mit Jane Wilde
1965 bis 1970	› Formulierung der Singularitätstheoreme mit Roger Penrose
1967	› Geburt des Sohns Robert
1970	› Geburt der Tochter Lucy › Hawking im Rollstuhl › Mitarbeit am Institute of Astronomy in Cambridge
ab 1971	› Arbeiten zu Schwarzen Löchern (Eigenschaften, Wachstum)
1973	› Buch *The Large Scale Structure of Space-Time* mit George Ellis › Arbeit mit Barry Collins zur Isotropie des Universums und zum Anthropischen Prinzip
1974	› komplett pflegebedürftig › Arbeit zur Thermodynamik und Quantenphysik Schwarzer Löcher: Verdampfung durch Hawking-Strahlung › Aufnahme in die Royal Society
1974 bis 1975	› Forschungsjahr am California Institute of Technology in Pasadena bei Kip Thorne (seither viele weitere Aufenthalte dort)
1975	› Informationsverlust in Schwarzen Löchern vermutet (Information-Loss Paradox) › Ernennung zum Reader (akademische Stelle) für Gravitationsphysik
1975 bis 1976	› sechs Preise, darunter die Eddington-Medaille der Royal Astronomical Society und die Pius-XII.-Medaille der Päpstlichen Akademie der Wissenschaften
1976	› Arbeit mit Don Page zur Gammastrahlung primordialer Schwarzer Löcher
ab 1976	› Arbeiten zur Euklidischen Quantengravitation
1977	› Ernennung zum Professor am Caius College › Arbeit mit Gary Gibbons zur Strahlung Kosmischer Ereignishorizonte › Auftritt in der TV-Dokumentation *The Key of the Universe* (BBC)
1978	› Albert Einstein Award
1979	› Geburt des Sohns Timothy › Mitherausgeber von *General Relativity: An Einstein Centenary Survey* › Berufung auf den Lucasischen Lehrstuhl für Mathematik des Department of Applied Mathematics and Theoretical Physics (DAMTP) an der University of Cambridge
1980	› 29. April: Antrittsvorlesung *Is the End in Sight for Theoretical Physics?*
1981	› Vortrag zur Keine-Grenzen-Bedingung (No-Boundary Proposal) an der Päpstlichen Akademie der Wissenschaften › Mitherausgeber von *Superspace and Supergravity* › Ehrentitel „Commander of the British Empire“ von Königin Elizabeth II.
ab 1981	› Arbeiten zur Kosmologischen Konstante
ab 1982	› Arbeiten mit Ian Moss zur Kosmischen Inflation und zu Phasenübergängen
1982	› Mitorganisation des Workshops *The Very Early Universe* in Cambridge › Ehrendoktorate der Universitäten Leicester, New York, Princeton, Notre Dame (später noch acht weitere)
1983	› Arbeit zur Wellenfunktion des Universums mit James Hartle › Mitherausgeber von *The Very Early Universe*
1984	› Entwurf für *Eine kurze Geschichte der Zeit* an den New Yorker Literaturagenten Al Zuckerman, der die Rechte an den Verlag Bantam versteigert
1985	› Arbeit zur Zeitrichtung (später revidiert) › August: Lungenentzündung in Genf, Luftröhrenschnitt in Cambridge, Verlust der Sprechfähigkeit; Sprachcomputer von David Mason, steuerbar mit der linken Hand

1986 › Mitherausgeber von *Supersymmetry and its Applications*

1987 › Mitherausgeber von *Three Hundred Years of Gravitation*

ab 1987 › Arbeiten zu Wurmlöchern und Baby-Universen

1988 › Buch *A Brief History of Time (Eine kurze Geschichte der Zeit)*, wird zum Bestseller und in über 40 Sprachen übersetzt
› Wolf-Preis für Physik zusammen mit Roger Penrose

1989 › Ehrentitel „Companion of Honour" von Königin Elizabeth II.

1990 › Scheidung von Jane Wilde

1991 › Dokumentarfilm zu *Eine kurze Geschichte der Zeit* von Errol Morris, dazu das Buch *A Brief History of Time. A Reader's Companion (Stephen Hawkings kurze Geschichte der Zeit)*

1992 › Arbeit zur Vermutung zum Schutz der Zeitordnung (Chronology Protection Conjecture)

ab 1992 › weitere Arbeiten zur Quantenphysik Schwarzer Löcher, u.a. mit Simon F. Ross, Raphael Bousso

1993 › Artikel-Sammlung *Black Holes and Baby Universes and Other Essays (Einsteins Traum)*
› Mitherausgeber von *Euclidean Quantum Gravity and other Essays*

1994 › Vorlesungen *The Nature of Space and Time* mit Roger Penrose in Cambridge

1995 › Hochzeit mit seiner Krankenpflegerin Elaine Mason

1996 › Buch *The Nature of Space and Time (Raum und Zeit)* mit Roger Penrose
› Buch *The Illustrated A Brief History of Time (Die illustrierte Kurze Geschichte der Zeit)*, aktualisiert und neu bebildert

1998 › Arbeit mit Michael Cassidy zu Chronology Selection
› Arbeiten mit Neil Turok zur Entstehung offener Universen mit Inflation
› Vortrag für Bill Clinton im Weißen Haus, Washington

ab 1999 › Arbeiten zur Stringkosmologie, u.a. mit Harvey S. Reall und Thomas Hertog

2001 › Buch *The Universe In A Nutshell (Das Universum in der Nussschale)*

2002 › Herausgeber von *On the Shoulders of Giants: The Great Works of Physics and Astronomy (Giganten des Wissens)*

ab 2003 › Arbeiten zum Top-Down-Ansatz der Kosmologie, ab 2006 mit Thomas Hertog

2004 › Informationsverlust in Schwarzen Löchern widerrufen
› Spielfilm *Hawking* von Philip Martin

2005 › Steuerung des Sprachcomputers nun mit Zucken der rechten Wange
› Buch *A Briefer History of Time (Die kürzeste Geschichte der Zeit)* mit Leonard Mlodinow
› Herausgeber von *God Created the Integers: The Mathematical Breakthroughs That Changed History*

2006 › Scheidung von Elaine Mason

2007 › Kinderbuch *George's Secret Key to the Universe (Der geheime Schlüssel des Universums)* mit seiner Tochter Lucy Hawking
› Herausgeber von *A Stubbornly Persistent Illusion: The Essential Scientific Writings of Albert Einstein*
› 26. April: acht Parabelflüge mit je 30 Sekunden Schwerelosigkeit an Bord einer Boeing 727, gestartet vom Kennedy Space Center in Florida
› 19. Dezember: Eröffnung des Centre for Theoretical Cosmology (CTC) am DAMTP der Cambridge University, finanziert von der Stephen Hawking Foundation

ab 2007 › Arbeiten mit James Hartle und Thomas Hertog zur Quantenkosmologie, Wellenfunktion des Universums, Inflation und Zeitrichtung

2008 › Hauptvortrag zum 50. Jahrestag der NASA an der George Washington University
› TV-Dokumentation und DVD *Stephen Hawking, Master of the Universe* (Channel 4)

2009 › „Presidential Medal of Freedom" von Barack Obama im Weißen Haus, Washington
› 30. September: Emeritierung in Cambridge, seitdem Director of Research am CTC
› Kinderbuch *George's Cosmic Treasure Hunt (Die unglaubliche Reise ins Universum)* mit Lucy Hawking

2010 › TV-Serie und DVD *Into the Universe with Stephen Hawking (Die Geheimnisse des Universums)* (Discovery Channel)
› Buch *The Grand Design (Der Große Entwurf)* mit Leonard Mlodinow

2011 › Kinderbuch *George and the Big Bang (Zurück zum Urknall – Die große Verschwörung)* mit Lucy Hawking

Von der Erde zum Urknall

Der Weltraum mit seinen Myriaden Galaxien – Sterneninseln wie die Milchstraße – ist nicht ewig und unveränderlich, sondern vor 13,7 Milliarden Jahren aus einem Feuerball entstanden. Seither dehnt er sich aus, kühlt ab und schuf sogar Wesen, die diese ganze Geschichte zu ergründen versuchen.

› Mensch und Kosmos

„Wir leben in einem seltsamen und wunderbaren Universum. Um es in seinem Alter, seiner Größe, seiner Kraftentfaltung und seiner Schönheit zu würdigen, bedarf es einer außerordentlichen Vorstellungskraft", begann Stephen Hawking das erste Kapitel seines Buchs *Die kürzeste Geschichte der Zeit*. Und diese Vorstellungskraft wird von den Entwicklungen der modernen Kosmologie und Physik aufs Äußerste beansprucht, ja überstrapaziert.

Unser Universum: Ist es nur eines von vielen anderen?

Die Größe und das Alter des beobachtbaren Universums sprengen jeden Maßstab des Alltagsverstands – auch den der Astronomen. Diese können zwar mit „astronomischen Zahlen" rechnen, das erfordert ja ihr Beruf, aber die kosmischen Ausmaße wirklich zu begreifen, das übersteigt auch ihr Fassungsvermögen. Und dabei eröffnet selbst der Blick mit den leistungsfähigsten Teleskopen bis an den Rand des beobachtbaren Weltraums nur einen winzigen Ausschnitt unseres Universums. Möglicherweise ist es unendlich groß – und vielleicht selbst wiederum nur eines unter unzähligen.

Umso erstaunlicher, vielleicht sogar anmaßend, erscheint es, dass wir Menschen diesen gewaltigen Kosmos auszuloten und sogar zu erklären versuchen. Denn im kosmischen Maßstab sind wir nur einige kleine Kohlenwasserstoff-Aggregate auf der Kruste einer Felskugel, die um einen mittelprächtigen Stern kreist, der sich durch einen entlegenen Winkel einer spiralförmigen Zusammenballung aus Gas und Feuerkugeln in einer riesigen Leere bewegt. Dabei machen diese auf

Kohlenwasserstoff-Verbindungen basierenden Organismen hochpräzise Messungen mit empfindlichen Geräten, die ihre natürlichen Sinne weit übertreffen. Und sie denken sich Theorien aus, die den Kleingeist, der auf ihrem bunten Planeten herrscht, sowie die kindischen Märchen, die allzu oft der Angst, der Sehnsucht oder dem Machtwillen geschuldet sind, weit hinter sich zurücklassen. Diese kühnen Konstruktionen, nicht selten Verzweiflungstaten eines nach Ordnung suchenden Denkens, führen häufig in die Irre. Aber sie sind kein bloßes Glasperlenspiel oder ein beliebiges Geschwätz wie vieles andere, denn sie müssen sich am Universum selbst bewähren. Darin besteht auch der Triumph der wissenschaftlichen Vernunft: nicht blindlings den

***Spitzenforscher und Bestseller-Autor:** Stephen Hawking auf einem Foto von 2005, als er seinen Computer und Rollstuhl noch von Hand steuern konnte.*

Dogmen und Ideologien zu folgen, sondern in beständiger kritischer Reflektion das Wechselspiel von Erfahrung und Hypothese voranzutreiben und aus den Fehlern zu lernen.

Der Gegensatz zwischen der menschlichen Winzigkeit im Kosmos und der Größe des Anspruchs, diesen zu durchschauen, was die Einsicht ebendieser Winzigkeit zur Folge hat, ist kurios. Immerhin bekäme eine Bescheidenheit aus Bescheidwissen dem Menschen gar nicht so schlecht – und darin liegt vielleicht die größte Bedeutung der Erforschung des Weltraums. Seit Menschen vom Mond aus die Erde als blaue Murmel im tiefschwarzen All gewahrten, hat sich eine neue Perspektive eröffnet.

„Die Menschen sind nicht bereit, sich von Erzählungen über Götter und Riesen trösten zu lassen, und sie sind nicht bereit, ihren Gedanken dort, wo sie über die Dinge des täglichen Lebens hinausgehen, eine Grenze zu ziehen. Damit nicht zufrieden, bauen sie Teleskope, Satelliten und Beschleuniger, verbringen sie endlose Stunden am Schreibtisch, um die Bedeutung der von ihnen gewonnenen Daten zu entschlüsseln“, hat der Physik-Nobelpreisträger Steven Weinberg einmal die menschliche Neugier charakterisiert und den Drang nach Erkenntnis und Grenzüberschreitung. „Das Bestreben, das Universum zu verstehen, hebt das menschliche Leben ein wenig über eine Farce hinaus und verleiht ihm einen Hauch von tragischer Würde.“

Auch Stephen Hawking macht sich über die Stellung des Menschen im Kosmos keine Illusionen und relativiert damit sogar seine schwere Krankheit: „Die menschliche Spezies ist so mickrig verglichen mit dem Universum, dass eine Behinderung keine kosmische Bedeutung hat.“ Aber er betont auch die Kraft des um sich greifenden Denkens und zitiert gern aus William Shakespeares Tragödie *Hamlet*: „Ich könnte in einer Nussschale eingesperrt sein und mich für einen König von unermesslichem Gebiete halten.“ In seinem Buch *Das Universum in der Nussschale* interpretiert Hawking dies folgendermaßen: „Obwohl wir Menschen physischen Einschränkungen unterworfen sind, können unsere Gedanken frei und ungebunden das Universum erforschen.“ So auch sein eigener reger Geist – im gelähmten Körper selbst eingesperrt wie in einer Nussschale. „Ich lebe gern. Es gibt so viel zu tun und zu entdecken.“

„Es gibt so viel zu tun und zu entdecken“

› Das Schaumbad der Sterne

Mittel- und Schwerpunkt unseres Sonnensystems ist die Sonne. Um sie bewegen sich die Erde und die sieben anderen Planeten mit ihren Monden sowie die Abermilliarden Kleinkörper (Planetoiden und Kometen). Alle zusammen genommen haben sie eine Masse von weniger als 0,2 Prozent der Sonne. Doch der 1,4 Millionen Kilometer große und an seiner Oberfläche fast 6000 Grad heiße feurige Gasball ist nur ein Stern unter unzähligen. Allein in unserer Milchstraße, der Galaxis, scheinen über 100 Milliarden Sterne, die sich in ihrer Temperatur, Farbe, Leuchtkraft

***Intime Begegnung:** Das Galaxien-Paar VV 340 (auch Arp 302 genannt) wird in einigen Dutzend Jahrmillionen miteinander kollidieren und verschmelzen – ähnlich wie in ein paar Milliarden Jahren auch der Andromedanebel und unsere Milchstraße, die der Spiralgalaxie rechts gleicht. VV 340 befindet sich 450 Millionen Lichtjahre entfernt im Sternbild Bootes. Das Foto des Hubble-Weltraumteleskops im sichtbaren Licht wurde mit einer Röntgenaufnahme (violett) des Chandra-Satelliten kombiniert, die Millionen Grad heißes Gas zeigt.*

und Größe teils erheblich unterscheiden. Unsere Sonne ist ein durchschnittlicher Stern mittlerer Masse in einem der Spiralarme der Galaxis, die sich wie ein riesiger Diskus majestätisch im Raum dreht. Die Milchstraße, die wir als schimmerndes Band am Nachthimmel sehen, ist also unsere Innensicht dieser gewaltigen Sterneninsel.

Obwohl die Sterne in der Milchstraßen-Scheibe, die das Sonnensystem umschließt, teilweise so dicht beieinander stehen, dass sie mit bloßem Auge nicht als einzelne Objekte aufgelöst werden können, sind die Abstände zwischen all diesen Sonnen gewaltig. Meistens viel größer als zwischen den Planeten im Sonnensystem. Daher benutzen Astronomen für kosmische Entfernungsangaben als Einheit keine Kilometer – die Zahlen wären zu gewaltig und unhandlich –, sondern Lichtjahre. Ein Lichtjahr ist also keine Zeiteinheit, sondern bezeichnet die Strecke, die das Licht – das sich im Vakuum mit fast 300.000 Kilometer pro Sekunde ausbreitet – in einem Jahr zurücklegt: 9,46 Billionen Kilometer. Das ist mehr als der 63.000-fache Abstand von Sonne und Erde.

Der Maßstab im Kosmos: das Lichtjahr

Proxima Centauri, der sonnennächste Stern, hat beispielsweise eine Distanz von 4,3 Lichtjahren. Der Durchmesser der Milchstraße beträgt rund 100.000 Lichtjahre. Etwa 26.000 Lichtjahre ist der Abstand der Sonne vom Zentrum der Galaxis. Sie umkreist es einmal alle knapp 250 Millionen Jahre. Die Entfernung zwischen den Galaxien ist noch „astronomischer“. Selbst zur nächsten großen Galaxie, dem gerade noch mit bloßem Auge sichtbaren Andromedanebel, sind es bereits rund 2,5 Millionen Lichtjahre. Allerdings wird die Milchstraße von einigen näher gelegenen Zwerggalaxien umschwärmt, etwa den beiden Magellanschen Wolken, die als verwaschene Lichtflecken den Nachthimmel der Südhalbkugel zieren.

Ebenso wenig, wie die Erde oder die Sonne das Zentrum des Universums ausmacht, steht unsere Galaxis im Mittelpunkt oder ist außergewöhnlich. Denn es gibt allein im beobachtbaren, das heißt den besten Teleskopen zugänglichen Bereich des Weltraums ungefähr so viele Galaxien wie Sterne in der Milchstraße. Diese Galaxien sind nicht gleichförmig verteilt, sondern bilden Gruppen und Haufen aus Dutzenden bis Hunderten von Mitgliedern. Und diese Ansammlungen schließen sich zu noch größeren Strukturen zusammen, den Galaxiensuperhaufen. Sie haben eine seifenschaumähnliche Verteilung: In dieser Analogie besteht die „Haut" der Schaumblasen aus den Superhaufen; sie umhüllen riesige Leerräume (50 bis 500 Millionen Lichtjahre im Durchmesser), in denen fast keine Materie vorkommt. Einen Mittelpunkt im Universum gibt es nicht, jeder Ort ist gewissermaßen gleichberechtigt.

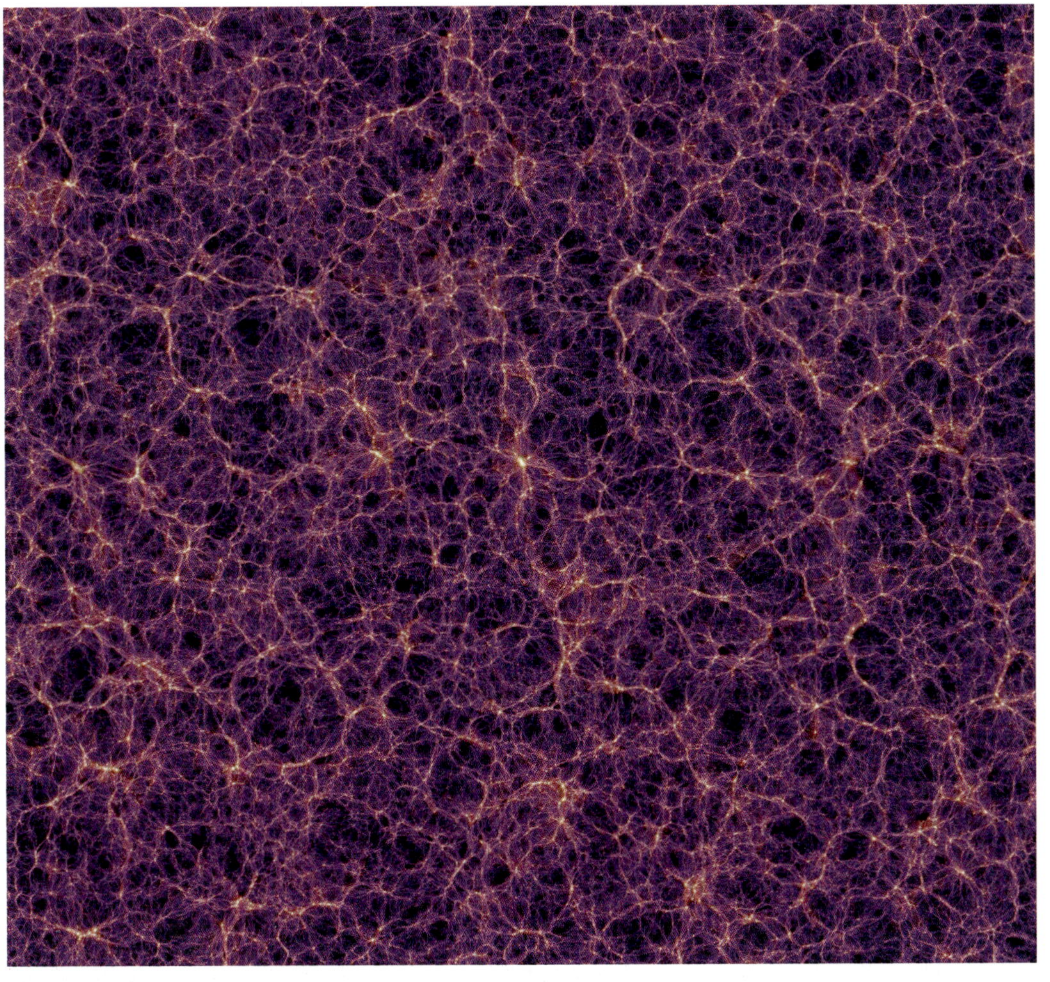

Kosmische Konturen: *Im großen Maßstab über Milliarden Lichtjahre betrachtet, ist die sichtbare und Dunkle Materie im All wie Seifenschaum verteilt. Dabei ordnen sich die Galaxienhaufen aus Tausenden einzelner Galaxien um riesige blasenförmige Leerräume an. Die Abbildung zeigt einen Ausschnitt aus einer Computersimulation, in der die kosmische Strukturbildung vom einst fast gleichförmig verteilten Urgas bis heute berechnet wurde.*

› Ein rasendes Staubkorn

Die kosmischen Größenverhältnisse sind für unseren Alltagsverstand unvorstellbar. Daran würde sich wenig ändern, wenn man das Weltall um den Faktor eine Milliarde verkleinern könnte. Dann wäre die Erde eine Erbse von einem Zentimeter Durchmesser, die in 150 Meter Entfernung einen knapp eineinhalb Meter großen Wasserball umkreist, die Sonne. Neptun, der sonnenfernste Planet, wäre 4,5 Kilometer entfernt. Der nächste Stern würde mit einer Distanz von 40.000 Kilometern die Anschaulichkeit dieses Maßstabs schon wieder sprengen. Und der Durchmesser der Milchstraße wäre in dieser Miniaturwelt bereits so gewaltig, eine Milliarde Kilometer, dass das Licht eineinhalb Stunden vom einen Ende zum anderen bräuchte. (Zum Vergleich: In der wirklichen Welt benötigt es eine Sekunde vom Mond zur Erde und gut acht Minuten von der Sonne). Das beobachtbare Universum, das etwa 100 Milliarden Lichtjahre groß ist, hätte auch in der milliardenfach verkleinerten Spielzeugwelt einen Durchmesser von mehr als dem Zwanzigfachen der Entfernung der echten Sonne zu ihrem Nachbarstern Proxima Centauri – immer noch unvorstellbar ...

Die Erde als ein Staubkorn in dieser kosmischen Unermesslichkeit zu bezeichnen, wäre also noch eine maßlose Übertreibung. Angesichts dieser Größenverhältnisse verwundert es, wie wichtig viele Menschen oft Kleinigkeiten auf ihrem Planeten nehmen und sich immer wieder bitter bekämpfen.

Dabei sitzen wir alle buchstäblich auf demselben Boot. Denn die Erde wird oft als ein Leben spendendes Raumschiff bezeichnet. Mit 29,78 Kilometer pro Sekunde (107.200 Kilometer pro Stunde!) rast es um die Sonne. Mit dieser bewegt sich unser Heimatplanet fast 250 Kilometer pro Sekunde schnell um das Zentrum der Milchstraße, in Richtung eines Punkts südwestlich des Sterns Wega im Sternbild Leier. Mitsamt der Milchstraße und ihren Nachbargalaxien werden wir pro Sekunde rund 600 Kilometer in Richtung des Großen Attraktors gezogen, eines 200 Millionen Lichtjahre entfernten gewaltigen Galaxiensuperhaufens in den Sternbildern Wasserschlange und Zentaur. Und das alles bewegt sich zusammen relativ zur Hintergrundstrahlung (Seite 27) mit 390 Kilometer pro Sekunde in Richtung Sternbild Löwe.

Die Erde rast mit 390 Kilometer pro Sekunde durch das All

› Rückblickszeit und Raumausdehnung

Nichts steht still in der Welt. Sogar das All als Ganzes verändert sich in Raum und Zeit. Astronomische Beobachtungen zeigen, dass das Universum zwar in allen Richtungen ungefähr gleich aussieht, sich im Lauf der Jahrmilliarden jedoch gewandelt hat. Weil das Licht nicht unendlich schnell ist, sondern Zeit braucht, um Entfernungen zurückzulegen, ist ein Blick hinaus in den Raum zugleich ein Blick zurück in die Vergangenheit: Je weiter Astronomen also ins All blicken, desto älter ist der betrachtete Teil des Weltraums. Und tatsächlich sah er vor Milliarden

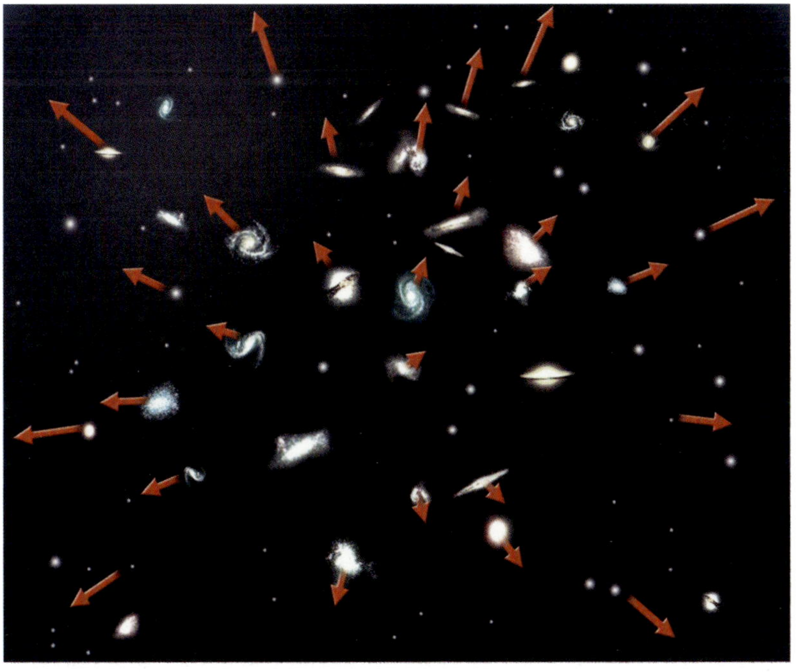

Die Flucht der Galaxien: *Es scheint, als wäre die Milchstraße das Zentrum einer mysteriösen Explosion. Denn fast alle anderen Galaxien entfernen sich von ihr. Und zwar umso schneller, je größer ihre Distanz ist. Doch dies ist keine Folge ihrer Eigenbewegung, sondern der Ausdehnung des Alls. Der Raum zwischen den Galaxien vergrößert sich nämlich seit dem Urknall ständig. Nicht die Materie explodiert im Weltraum, sondern der Raum selbst.*

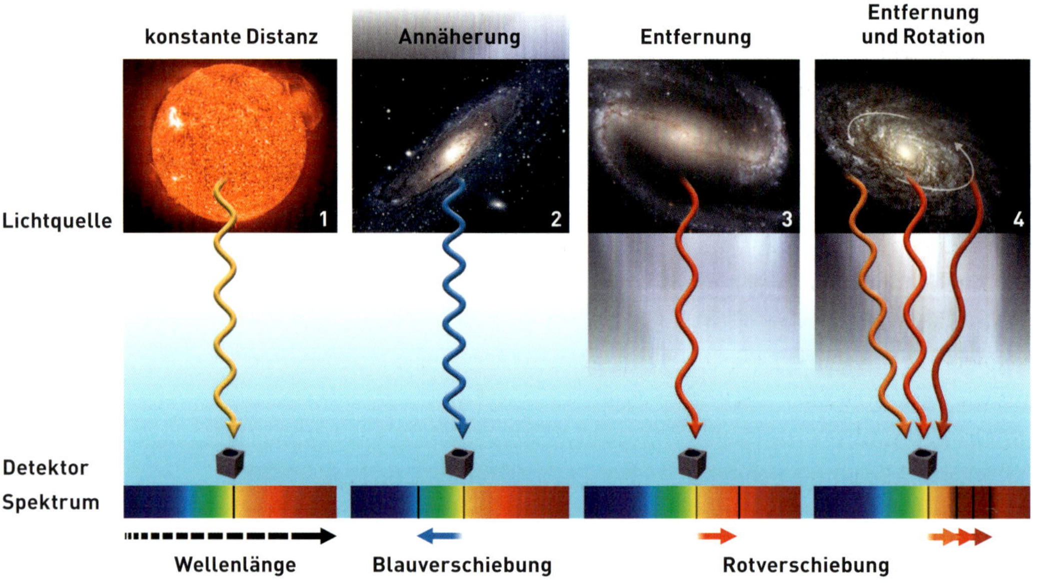

***Detektierbare Dynamik:** Ähnlich wie Schallquellen ihre Frequenz ändern, wenn sie sich entfernen oder nähern (der schrillende Alarm von Krankenwagen wird beispielsweise tiefer oder höher), verändert sich auch die Strahlung bewegter Lichtquellen. Die Wellenlängen werden kürzer, das heißt wandern in den energiereicheren blauen Bereich des Spektrums, oder länger, das heißt rotverschoben, je nachdem, ob die Distanz ab- oder zunimmt. (Man kann das anhand charakteristischer Absorptions- oder Emissionslinien im Spektrum eindeutig identifizieren.) Aus der Spektralveränderung lässt sich sogar die Geschwindigkeit – und gegebenenfalls Rotation – der Objekte errechnen. Im All nähern sich nur wenige Galaxien der Milchstraße, etwa der Andromedanebel. Die allermeisten rasen von uns fort.*

Jahren anders aus: Die Materie war dichter; die Galaxienhaufen entwickelten sich erst; Galaxien kollidierten häufig miteinander, wuchsen, verschmolzen und setzten ungeheuere Energiemengen während ihrer feurigen Jugendstadien frei.

Der Raum dehnt sich immer weiter aus

Auch der Raum ist nicht statisch, sondern er dehnt sich aus – das heißt große Abstände nehmen zu. Für diese kosmische Expansion spricht, dass fast alle Galaxien und Galaxienhaufen sich von der Milchstraße entfernen. Man kann die Expansion anhand der Rotverschiebung beziehungsweise Fluchtgeschwindigkeit von Galaxien messen (siehe Grafik oben) und mit dem Wert des Hubble-Parameters beschreiben, der 1929 von dem amerikanischen Astronomen Edwin P. Hubble eingeführt wurde. Der Wert beträgt heute – vor ein paar Jahrmilliarden war er kleiner – rund 70 Kilometer pro Sekunde und Megaparsec. Das heißt: Im kosmischen Durchschnitt wächst eine Strecke, die ein Megaparsec lang ist (das sind 3,26 Millionen Lichtjahre), in jeder Sekunde um rund 70 Kilometer. Das bedeutet, dass sich das beobachtbare Universum ungefähr um das Volumen der Milchstraße vergrößert – in jeder Sekunde.

Die fliehenden Galaxien erwecken den Eindruck, unsere Milchstraße stünde im imaginären Zentrum einer ungeheueren Explosion. Dies ist aber eine falsche Schlussfolgerung, denn von jeder anderen Galaxie aus wäre derselbe Effekt zu beobachten. Der Weltraum expandiert also im Großen und Ganzen betrachtet überall und nicht nur von einem Punkt aus. Allerdings erfolgt der Volumenzuwachs nicht an jeder Stelle, sondern vor allem im Raum zwischen den Galaxienhaufen, also den riesigen blasenförmigen Leerräumen, um die sich die Galaxienhaufen wie Seifenschaum gruppieren.

Die kosmische Expansion macht also nicht alles größer! Das All dehnt sich nur da aus, wo dem keine Kräfte entgegenstehen. Das heißt weder dort, wo die starke und schwache Kernkraft wirken – im Inneren von Atomen –, noch wo die elektromagnetische Wechselwirkung und die Gravitation eine bestimmte Stärke überschreiten. Somit expandiert das All auch nicht innerhalb der Galaxien oder zwischen benachbarten Galaxien, denn das verhindert die Schwerkraft der Massen. (Die Milchstraße und die Andromedagalaxie bewegen sich beispielsweise sogar aufeinander zu und werden in rund zwei Milliarden Jahren miteinander zusammenstoßen und später verschmelzen.) Eine harte Übergangsgrenze zwischen dynamischem und statischem Raum gibt es allerdings nicht.

Mit anderen Worten: Zwar dehnt sich der Weltraum aus, aber auf der Erde nimmt die Zahl der Parkplätze in den Städten trotzdem nicht zu. Und wer morgens vor dem Spiegel über seine Leibesfülle erschrickt, kann nicht der kosmischen Expansion die Schuld am dicken Bäuchlein geben. (Sonst hätten sich ja zudem auch Spiegel, Hose und Schlafzimmer vergrößern müssen.)

Oft wird gefragt, wohin sich der Weltraum ausbreitet. Die Antwort lautet schlicht: Nirgendwohin! Die Expansion geschieht nicht wie bei der Volumenzunahme eines Luftballons, der in einem Ballsaal aufgeblasen wird, also im Raum, sondern wie bei der Gummihaut des Ballons, die aus sich selbst heraus immer größer wird, also an Fläche gewinnt (siehe Grafik rechts). Das ist ein mathematisch genau beschreibbarer Vorgang. Doch konkret vorstellen kann sich das niemand, denn auch im Fall einer Luftballonhülle denkt man sich unweigerlich einen Raum „drum herum". Analog zur zweidimensionalen Luftballonhülle im dreidimensionalen Raum wird daher zuweilen angenommen, dass es eine vierte Raumdimension um unseren dreidimensionalen Weltraum gibt – einen Hyperraum. Das ist mathematisch möglich, physikalisch aber unnötig. Vielmehr wächst, schwer fassbar, der Weltraum gleichsam „innerlich" wie die Luftballonhülle.

(Nebenbemerkung für speziell Interessierte: Es gibt im Rahmen der String-Kosmologie tatsächlich einige Modelle, die einen höherdimensionalen Raum „außerhalb" unseres Weltalls annehmen, in den dieses eingebettet ist. Vielleicht kann sogar die Schwerkraft in solche Extradimensionen entweichen und ist deshalb im Vergleich zu den anderen Naturkräften so schwach – eine Möglichkeit, die gegenwärtig experimentell untersucht wird. Aber die Annahme solcher Extradimensionen hat nichts damit zu tun, dass sich der Weltraum ausdehnt; und er expandiert auch nicht in sie hinein.)

Die Luftballon-Analogie veranschaulicht noch mehr: Wie die zweidimensionale Oberfläche des Ballons hat auch der dreidimensionale Weltraum keinen Rand. (Ob er unendlich groß ist oder gleichsam in sich zurückläuft wie die Ballonhülle, ist ungeklärt.) Und klebt man kleine Punkte auf die Ballonhülle, dann entfernen sich diese beim Aufblasen alle voneinander – wie die Galaxienhaufen.

Das Universum als Luftballon

Das Innere des Ballons ist in dieser Analogie kein Raum, sondern die Zeit. Früher war das expandierende Universum kleiner (jedenfalls bezogen auf den Beobachtungshorizont) so wie die Hülle des unaufgeblasenen Luftballons näher am Mittelpunkt in ihrem Inneren war. Dieser Mittelpunkt symbolisiert den Ursprung der Zeit. Überträgt man die Analogie auf das Universum, müsste es einst in einem „Punkt" verdichtet gewesen sein und hätte sich seither rapide vergrößert.

Genau das ist eine der aufregendsten Entdeckungen im 20. Jahrhundert: Der Weltraum dehnt sich aus, und rechnet man diese Expansion zeitlich zurück, dann kommt man unweigerlich zu einem extrem heißen und dichten Zustand. Es scheint, als entstamme alles – Raum, Zeit, Materie und Energie – aus einer geheimnisvollen Explosion: dem Urknall (Big Bang).

Doch wo hat sich der Urknall ereignet? In gewisser Weise überall und nirgends. Es existiert weder ein Mittelpunkt noch ein Rand des Welt-

Ausdehnung des Alls: *Der Weltraum expandiert und die Galaxien entfernen sich voneinander – ähnlich wie Punkte auf der Oberfläche eines Luftballons, der aufgeblasen wird. Der Urknall-Theorie (oben) zufolge war die Materie im Universum einst dicht beisammen und verdünnt sich durch die Expansion. Das Steady-State-Modell nimmt hingegen eine kontinuierliche Neuentstehung der Materie an, so dass die Dichte im Lauf der Zeit gleich bliebe und das Universum sich im Großen und Ganzen nicht ändern würde. Diese Vorstellung gilt inzwischen aber als widerlegt.*

EXKURS

› Alternativen zum „Urknall"

Die Hypothese vom Urknall wurde in den 1920er-Jahren entwickelt, als Kosmologen die Allgemeine Relativitätstheorie auf das Universum als Ganzes angewendet hatten und entdeckten, dass es nicht unbedingt seit Ewigkeit existiert: Vor allem der belgische Kosmologe Georges Lemaître argumentierte ab 1927 für einen Beginn der Zeit. In den 1930er-Jahren spekulierte er über den Zerfall eines Uratoms und war damit der Pionier der Quantenkosmologie. Sie wurde von Stephen Hawking und anderen Forschern erst ab den 1970er-Jahren wieder aufgegriffen und erweitert.

Das Wort „Big Bang", im Deutschen bald mit „Urknall" wiedergegeben, hat der britische Astrophysiker Fred Hoyle geprägt. Er war ein Gegner dieser Vorstellung und argumentierte für ein Universum ohne Anfang, das sich ewig ausdehnt. Hoyle kritisierte das Szenario vom heißen Start des Universums vehement und wollte es mit einem etwas abfällig gemeinten Wort lächerlich machen. Die Bezeichnung „Big Bang" führte er in Rundfunkvorträgen ein, zuerst am 28. März 1949 in der BBC-Sendung *The Nature of Things*. Seinen wissenschaftlichen Gegnern gefiel der Name so gut, dass sie ihn rasch übernahmen.

Allerdings ist „Urknall" ein durchaus missverständlicher sowie mehrdeutiger Begriff – und vielleicht auch unnötig martialisch. Um eine treffendere Bezeichnung zu finden, hatte die American Astronomical Society daher auf ihrer Jahrestagung 1994 einen nicht ganz ernst gemeinten Wettbewerb ausgelobt, der um Vorschläge für eine Alternative zu „Urknall" bat. Denn selbstverständlich hat es bei der Entstehung unseres Universums nur im metaphorischen Sinn „geknallt", und hören konnte es auch niemand. Trotzdem zeigte sich bei dem Wettbewerb: Der Urknall ist nicht zu überbieten! Denn keiner der 13.000 Vorschläge war auch nur annähernd so passend. Und das, obwohl neben biblischen Anklängen („Creation", „Cosmogenesis") und Akronymen wie „HUGE (Hypothetical Universal Gravitation Expansion)" oder „The NICK of Time (Nature's Initial Cosmic Kickstart)" („erster Kavalierstart der Natur") auch so respektlose Bezeichnungen wie „Big Burp" (der „große Aufstoßer"), „Jurassic Quark" (der in ferner Vergangenheit entstandenen Elementarteilchen namens Quarks wegen), „Blast from the Past" und „What Happens if I Press This Button" eingereicht worden waren. Die Jury hatte großen Spaß bei der Auswertung, doch einen überzeugenden Ersatz für „Urknall" sah sie nicht. Also wird vom „Big Bang" wohl erst dann nicht mehr die Rede sein, wenn die Theorie widerlegt würde oder – viel wahrscheinlicher – wenn sich die Menschheit in einem großen Knall selbst aus dem Universum sprengt.

raums. Es gibt auch keinen Ort im heutigen Universum, an dem man ein Denkmal platzieren könnte mit der Aufschrift „Hier hat alles begonnen!". Denn das gesamte All ist letztlich eine Folge des Urknalls. Und somit auch der Ort genau über diesen Buchstaben. Der Urknall war also keine Explosion im Raum, sondern der Beginn einer Explosion des – oder zumindest unseres – Raums. (Von weiteren Missverständnissen und Terminologischem handelt der Exkurs *Alternativen zum „Urknall"*.)

Ist mit dem Urknall auch der Raum entstanden?

Oft hört und liest man, dass mit dem Urknall sogar der Raum überhaupt erst entstanden sei. Manchen Modellen zufolge ist dies der Fall. Sie sind jedoch nicht erwiesen. Andere Modelle erklären den Urknall hingegen als Übergang: Demnach existierte entweder ein Vorgänger-Universum – und somit bereits etwas Räumliches –, das in sich zusammenstürzte, eine minimale Größe durchlief und sich seitdem wieder ausdehnt. Oder es gab ein „Urvakuum", einen bizarren Quantenraum, in dem lokale Verdichtungen immer wieder Big Bangs erzeugten – darunter auch jenen, aus dem unser Universum entsprang. Stephen Hawking hat sich mit all diesen Vorstellungen beschäftigt. Und davon handeln auch einige der folgenden Kapitel.

› Nachhall vom Urknall

Für die Theorie des Urknalls, der mindestens 13 Milliarden Jahre zurückliegt, spricht auch die Kosmische Hintergrundstrahlung im Bereich der Radio- beziehungsweise Mikrowellen. Sie durchflutet das gesamte All nahezu gleichmäßig und hat eine Temperatur von minus 270 Grad Celsius – knapp drei Grad über der tiefstmöglichsten Temperatur. So kalt ist der Weltraum heute.

Die Hintergrundstrahlung ist eine Art Echo des Urknalls – ein düsteres Nachglimmen des Feuerballstadiums, als das Universum etwa 380.000 Jahre alt war. Mit seiner Ausdehnung sank seine Temperatur, und als sie unter 4000 Grad Celsius fiel, wurde das Universum durchsichtig. Zuvor war die Materie so dicht, dass die Strahlung in ständiger Wechselwirkung mit ihr stand, immer wieder gestreut oder verschluckt und neu ausgesandt wurde. Solche Bedingungen herrschen heute beispielsweise noch im Inneren der Sonne, weshalb ihr im Zentrum erzeugtes Licht in einem abenteuerlichen Zickzackkurs über 100.000 Jahre braucht, bis es an die Oberfläche kommt.

Nach 380.000 Jahren, als das Universum kühl genug war, konnten die positiv geladenen Atomkerne die negativ geladenen Elektronen einfangen. So entstanden die ersten Atome, und die Strahlung hatte plötzlich freie Bahn. Ein großer Teil davon durchflutet als Kosmische Hintergrundstrahlung auch heute noch den Raum (rund 400 Lichtteilchen pro Kubikzentimeter). Dass sie früher wärmer war, lässt sich inzwischen auch messen – eine weitere Bestätigung für die Urknall-Theorie. Und die winzigen räumlichen Temperaturunterschiede der Hintergrundstrahlung im Bereich weniger Hunderttausendstel Grad (siehe die Himmelskarte auf Seite 125 und 155) spiegeln die Dichteverteilung der Urmaterie im frühen Kosmos wider. Wo sie zufällig etwas stärker konzentriert war, hat die Schwerkraft im Lauf der Zeit Sterne, Galaxien und Galaxienhaufen geformt.

Zusammen mit anderen astrophysikalischen Messungen erlaubt das Temperaturmuster der Hintergrundstrahlung sehr genaue Rückschlüsse auf die grundlegenden Kennzahlen unseres Universums (Tabelle *Unser Universum in Zahlen*). So zeigte sich, dass die normale Materie nur einen kleinen Bestandteil der Zusammensetzung des Alls ausmacht (siehe rechts) und dass der Urknall ziemlich genau 13,7 Milliarden Jahre zurückliegt.

Das Flimmern im Fernsehen stammt zum Teil vom Urknall

Übrigens: Vor der Erfindung des Kabelfernsehens konnte jeder nach Sendeschluss etwas vom Echo des Urknalls erhaschen: Denn im Rauschen, das bei Antennenübertragung über den Fernsehschirm flimmert, wurde die Kosmische Hintergrundstrahlung gewissermaßen sichtbar – in den seligen Zeiten, als der Sendeschluss dem medialen Geschwätz wenigstens für ein paar Stunden ein Ende machte. Zwar stammte der Großteil des Rauschens auf der Mattscheibe von irdischen Störquellen, doch ein Prozent wurde von der Hintergrundstrahlung erzeugt.

› Die Entstehung der Elemente

Für den Urknall spricht neben der Kosmischen Hintergrundstrahlung besonders auch die Häufigkeit der leichten Elemente: 75 Prozent der

Kosmologische Kennziffern	Wert
Alter des Universums in Milliarden Jahren	13,7
Zeit der Rekombination nach dem Urknall in Jahren	379.000
Breite der Rekombinationszone in Lichtjahren	118.000
Zeit der Reionisierung nach dem Urknall in Jahrmillionen	180
Hubble-Konstante heute in Kilometer pro Sekunde und Megaparsec	70
Gesamtdichte (ein „flacher" Weltraum hat die kritische Dichte = 1)	1,0
Anteil der Baryonen (normale Materie aus Quarks)	
in Prozent	4,4
in Teilchen pro Kubikzentimeter	$2{,}5 \cdot 10^{-7}$
Anteil der kalten Dunklen Materie	
in Prozent	23,1
in Kilogramm pro Kubikmeter	$2{,}25 \cdot 10^{-27}$
Anteil der Neutrinos in Prozent	0,3
Urknall-Photonen pro Kubikzentimeter	410,4
Temperatur der Kosmischen Hintergrundstrahlung in Kelvin	2,725
Verhältnis Baryonen zu Photonen	$6{,}2 \cdot 10^{-10}$
Verhältnis Baryonen zur gesamten Materie (Baryonen, Dunkle Materie)	0,16
Prozentualer Anteil der gesamten Materie zur gesamten Energiedichte	27,7
Prozentualer Anteil der Dunklen Energie zur gesamten Energiedichte	72,3

***Unser Universum in Zahlen:** Messungen der Kosmischen Hintergrundstrahlung in Kombination mit anderen Beobachtungen haben die kosmologischen Kennziffern, gewissermaßen den Steckbrief unseres Universums, inzwischen so genau ermittelt, dass die statistischen und systematischen Fehler nur noch wenige Prozent betragen. – „Rekombination" bezeichnet das „Durchsichtigwerden" des Weltraums infolge der Entstehung von Atomen und der dann freien Bahn des Lichts. Das wurde teilweise durch die „Reionisierung" rückgängig gemacht, weil die energiereiche Ultraviolett-Strahlung der ersten Sterne (und wohl auch der Energiegewitter in der Umgebung Schwarzer Löcher) Teile des intergalaktischen Wasserstoffs sowie Heliums wieder ionisierten, das heißt die Elektronen von den Atomkernen abstreifte.*

sichtbaren Materie besteht aus Wasserstoff, 24 Prozent aus Helium. Die beiden Elemente sowie Spuren von Deuterium (schwerer Wasserstoff) und Lithium haben sich schon in den ersten drei Minuten des Universums gebildet. Diese Prozesse lassen sich heute sehr genau nachvollziehen und erlauben Rückschlüsse auf den Zustand des frühen Universums und die Dichte der sichtbaren Materie (siehe Grafik unten). Fast alle aus kernphysikalischer Sicht wichtigen Vorgänge waren also in den ersten Minuten des Universums bereits abgeschlossen.

Wie unvorstellbar kurz dieser Zeitraum im Vergleich zum heutigen Gesamtalter des Universums ist, kann man sich verdeutlichen, wenn

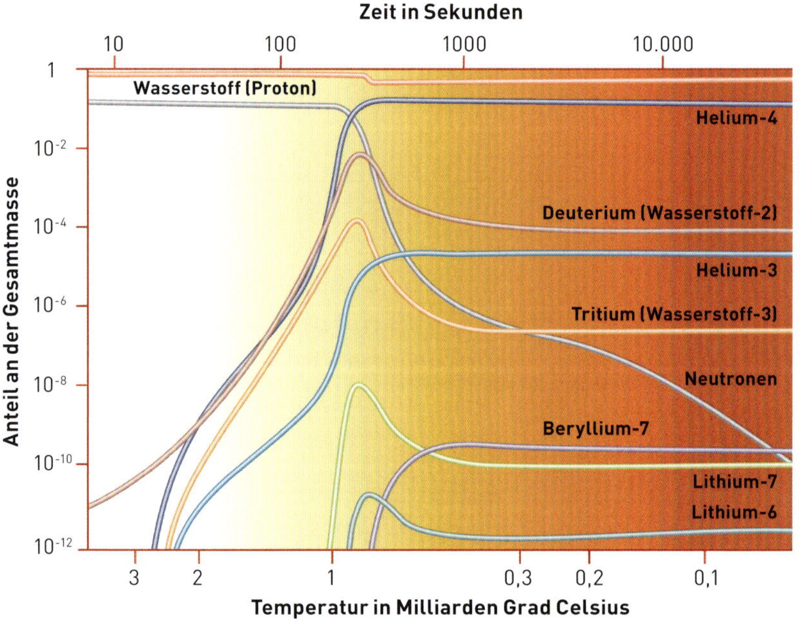

***Die erste Viertelstunde:** Die leichten Elemente, insbesondere Wasserstoff und Helium, machen rund 99 Prozent der gewöhnlichen Materie des Alls aus. Sie sind in den ersten 15 Minuten unseres Universums entstanden. Die Kernreaktionen, die dieser sogenannten Urknall-Nukleosynthese zugrunde liegen, kennen Kernphysiker bestens. Ihre theoretischen Voraussagen stimmen exzellent mit den astrophysikalischen Messungen überein. Die Grafik zeigt die Häufigkeit der einzelnen Atomkerne, die sich mit der Zeit verändert und durch den Temperaturabfall stabilisiert hat, sowie der ungebundenen Neutronen, die rasch zerfallen sind.*

man letzteres – etwa 13,7 Milliarden Jahre – auf ein Jahr zusammenrafft. In dieser Verkürzung wären die ersten Menschen am 31. Dezember vier Minuten vor Mitternacht über die Erde spaziert, die Dinosaurier wären am 30. Dezember um vier Uhr morgens ausgestorben, die Erde hätte sich um den 9. Mai gebildet, der Weltraum wäre in der ersten Viertelstunde des 1. Januars durchsichtig geworden und die leichten Elemente wären bereits in der ersten Hundertmillionstel Sekunde dieses kosmischen Vergleichsjahres synthetisiert worden.

Alle schwereren Elemente als Wasserstoff und Helium, etwa Sauerstoff, Kohlenstoff, Stickstoff, Schwefel, Phosphor, Eisen und so weiter – also jene Elemente, die unsere Umgebung und unsere eigenen Körper ausmachen – sind nicht mit dem Urknall entstanden, weil dafür die Zeit nicht reichte. Sie wurden erst später in Sternen erbrütet. Die Sterne gewinnen ihre Energie aus der Verschmelzung leichterer Elemente zu schwereren (Kernfusion). Wenn die Sterne explodieren, werden diese schweren Elemente ins All geschleudert und dienen als Rohstoff für die Bildung neuer Sterne und Planeten. Die Entstehung besonders schwerer Elemente wie Gold und Platin bedurfte sogar der Kollision von ausgebrannten Sternleichen. Das Edelmetall im Hochzeitsring stammt letztlich also aus kosmischen Karambolagen – was bei Heiratsanträgen gewöhnlich verschwiegen wird.

Im Ehering steckt etwas von einer Sternexplosion

Unsere Sonne formte sich mit ihren Planeten vor etwa 4,6 Milliarden Jahren aus einer rotierenden Gas- und Staubwolke. Anderswo im Weltraum, etwa im 1500 Lichtjahre fernen Orionnebel, lässt sich die Entstehung neuer Sterne und Planeten noch heute beobachten. Im frühen Universum war die Sternentstehungsrate allerdings viel höher als heute, weil es mehr „Rohstoff" dafür gab.

Solche Selbstorganisationsprozesse sind ein typisches Merkmal für die Komplexität der Natur. Obwohl kurz nach dem Urknall ein fast gleichförmiges Gemisch aus Elementarteilchen und Strahlung vorherrschte, haben sich im Lauf der Zeit – zunächst hauptsächlich unter dem Einfluss der Schwerkraft, später auch anderer Kräfte – Strukturen gebildet. Diese Kreativität des Kosmos hält auf vielen Größenskalen bis heute an. Einheitlichkeit und Vielfalt sind also zwei Merkmale der Natur, die sich nicht gegenseitig ausschließen, sondern bedingen. Auch Lebewesen, wie sie schon vor über drei Milliarden Jahren auf der Erde entstanden, sind ein Produkt der Selbstorganisation der Materie. Ob es anderswo Leben im All gibt, ist noch eine offene Frage – aber ziemlich wahrscheinlich.

Der Wasserstoff im menschlichen Körper stammt also aus den ersten Minuten unseres Universums; alle anderen Atome bildeten sich später im Zentrum längst zerborstener Sterne. Unsere Existenz ist folglich ganz direkt mit der Entwicklung des Universums verbunden – wir sind lebender Sternenstaub.

› Woraus besteht die Welt?

Der Reigen der chemischen Elemente (und hier besonders der Kohlenstoff mit seinen Millionen verschiedenen Verbindungen) macht zwar die Vielfalt unserer Welt aus. Doch die uns vertraute sichtbare Materie ist überraschenderweise nur die Spitze des kosmischen Eisbergs: Der größte Teil der Masse und Energie des Universums beruht vermutlich auf bislang noch völlig unbekannten Elementarteilchen und Energieformen.

95 Prozent der Bestandteile des Alls sind unbekannt

Die Zusammensetzung des Universums lässt sich mittlerweile auf wenige Prozent genau angeben:

› **Gewöhnliche Materie** aus Protonen, Neutronen und Elektronen macht nur vier Prozent der gesamten sogenannten Energiedichte des Weltalls aus. Der größte Teil dieser gewöhnlichen Materie steckt in Gaswolken aus Wasserstoff und Helium zwischen den Sternen und Galaxien. Die Sterne selbst liefern nur etwa 0,5 Prozent der Gesamtenergiedichte. Der Anteil der in Sternen erbrüteten schwereren Elemente beträgt lediglich 0,03 Prozent. 0,04 Prozent der gewöhnlichen Materie hat sich in galaktischen Schwarzen Löchern das eigene Grab geschaufelt.

› **Elektromagnetische Strahlung** (Photonen) – also Radiowellen, Infrarot, sichtbares Licht, Ultraviolett-, Röntgen- und Gammastrahlung – liefert 0,005 Prozent.

› **Heiße Dunkle Materie** hat einen Anteil von etwa 0,3 Prozent. Sie besteht größtenteils oder ausschließlich aus Neutrinos. Diese Geisterteilchen wiegen fast nichts und fliegen beinahe mit Lichtgeschwindigkeit mühelos durch ganze Himmelskörper. In jedem Kubikzentimeter des Weltraums schwirren ein paar Hundert Neutrinos.

› **Kalte Dunkle Materie** steht für rund 23 Prozent des Universums. Sie verrät sich durch den Einfluss ihrer Schwerkraft, beispielsweise bei der Rotation und Bewegung von Galaxien sowie der raschen Strukturbildung aus dem einst fast homogenen Urgas. Wahrscheinlich handelt es sich um bislang unentdeckte, exotische Elementarteilchen.

Furioses Farbenspiel: *Die sichtbare Pracht von Sternen, Gas und Staub – hier ein kleiner Ausschnitt des 7500 Lichtjahre fernen Carinanebels im Sternbild Schiffskiel – ist nur die Spitze eines kosmischen Eisbergs. Denn 80 Prozent der Masse im All besteht aus der ominösen Dunklen Materie – wahrscheinlich unbekannte Elementarteilchen, die keine elektromagnetische Wechselwirkung haben und daher keinerlei Strahlung aussenden.*

› **Dunkle Energie** macht mit 72 Prozent den Löwenanteil im All aus und ist wohl überall. Sie besitzt einen „negativen Druck“ und beschleunigt die Ausdehnung des Weltraums.

Die Prozentzahlen sind übrigens nicht konstant, sondern die Dunkle Energie gewinnt mit der Zeit immer mehr an Gewicht. Sie spielte noch keine Rolle, als 380.000 Jahre nach dem Urknall die Kosmische Hintergrundstrahlung freigesetzt wurde. Damals dominierte die Dunkle Materie mit 63 Prozent der Energiedichte, normale Materie lieferte zwölf Prozent, Photonen 15 Prozent und Neutrinos zehn Prozent.

Nur Schokopulver auf der Kaffeesahne

Vergleicht man das heutige Universum mit einem Cappuccino, dann ist der Kaffee die seltsame Dunkle Energie. Die ebenso rätselhafte Dunkle Materie ist die Milch. Und die Planeten und Sterne sind das Schokoladenpulver auf dem Schaum. Die gewöhnliche Materie macht somit nur einen Bruchteil aus in der kosmischen Bilanz. Das ist also die Fortschrittsgeschichte der modernen Kosmologie: Wir wissen heute sehr genau, was wir nicht wissen, und das sind gut 95 Prozent des Gehalts unseres Universums!

› Intermezzo: Woher weiß man eigentlich, was im Urknall geschah?

Die Zusammensetzung des Alls ist zwar größtenteils rätselhaft – falls nicht ein anderer Effekt (etwa eine veränderliche Gravitationskonstante) den Forschern einen Streich spielt. Aber sie stellt nicht die Urknall-Theorie infrage. Obwohl eine künftige Erklärung des Urknalls oder eine „Weltformel“ letztlich auch verständlich machen muss, woher die Dunkle Materie und Energie kommen.

Dass sich unser Universum vor endlicher Zeit aus einem feurigen Stadium entwickelte, in dem der Raum überall heißer und dichter war als das Zentrum der Sonne, kann inzwischen als eine gut etablierte Tatsache gelten (frühere Alternativen sind widerlegt, siehe Exkurs *Kosmologische Konkurrenz*). Sie stützt sich inzwischen auf viele Messungen und auf die besten wissenschaftlichen Theorien. Und so es ist nicht übertrieben zu denken, dass wir gegenwärtig in einem „Goldenen Zeitalter“ der Kosmologie leben.

EXKURS

› Kosmologische Konkurrenz

Die Ausdehnung des Weltraums allein ist noch kein hinreichendes Indiz für die Urknall-Theorie. Die historisch bedeutendste Alternative war das „Steady-State-Modell“. Es wurde 1948 von Fred Hoyle, Thomas Gold und Hermann Bondi vorgeschlagen und später weiter verbessert. Danach wäre das Universum ewig, unendlich und im Großen und Ganzen unveränderlich. Die Materie verdünnt sich im fortwährend expandierenden Raum jedoch nicht (siehe Grafik Seite 25), sondern wird durch eine kontinuierliche Neuentstehung nachgeliefert – aus einem ominösen, unbekannten Feld heraus. Diese Annahme stand zunächst nicht mit astronomischen Messungen im Widerspruch, weil der nötige Nachschub außerordentlich gering sein könnte – nur etwa ein Wasserstoff-Atom pro Kubikmeter und Jahrmilliarde.

Trotz anfänglicher Erfolge ließ sich das Steady-State-Modell aber in den 1960er-Jahren nicht mehr halten: Astronomische Beobachtungen zeigten, dass das Universum einst ganz anders aussah und sich entwickelt hat – also keineswegs unveränderlich ist. Das folgte aus der Entdeckung der Kosmischen Hintergrundstrahlung sowie ferner Radiogalaxien. Außerdem gab es auch theoretische Widersprüche in den Steady-State-Modellen, wie unter anderem Stephen Hawking 1965 in seiner allerersten wissenschaftlichen Veröffentlichung nachwies.

Fred Hoyle und andere Kosmologen, etwa Jayant Narlikar und Geoffrey Burbidge, haben das Steady-State-Modell seit 1993 zu einem Quasi-Steady-State-Modell umformuliert. Demnach wäre die Expansion des Weltraums immer wieder von Phasen einer Kontraktion unterbrochen, vergleichbar einer aufsteigenden Sinuskurve. Und der Materie-Nachschub würde von „Little Bangs“ stammen, etwa in den Zentralbereichen besonders aktiver Galaxien. Doch diese Hypothesen haben gravierende theoretische Probleme und widersprechen Beobachtungsdaten ebenfalls.

Dies gilt auch für die Hypothese vom „kalten Urknall“. Ihr zufolge begann das Universum bei niedriger Temperatur, und die Hintergrundstrahlung entstand erst viel später aus dem Licht der ersten Sterne. Yakov Zel'dovich, Robert Dicke, David Layzer und ein paar andere Kosmologen haben diese Hypothese ab den 1960er-Jahren erwogen. Ohne Erfolg.

Insgesamt steht die Urknall-Theorie also hervorragend da. Und deshalb hat sich die Konkurrenz inzwischen verlagert – hin zu den Urknall-Erklärungen, um die nun Hawking & Co. mit ganz unterschiedlichen Modellen wetteifern.

Die Kosmologie ist die wissenschaftliche Beschreibung und Erklärung der Beschaffenheit, Entstehung, Entwicklung und Zukunft des Kosmos – eine nicht nur theoretische, sondern auch empirische naturwissenschaftliche Disziplin. Ihr Name leitet sich ab von griechisch „kosmos" = Ordnung und „logos" = Lehre, Wissenschaft. Ihre Wurzeln reichen in die prähistorische Zeit zurück. Denn vermutlich haben Menschen, seit sie zu denken und sprechen begannen, über Ursprung und Aufbau der Welt nachgedacht. Und die Astronomie stand aufgrund der leicht beobachtbaren Regelmäßigkeiten des Himmelsgeschehens am Anfang der Wissenschaft.

Die moderne Ausformung der Kosmologie begann aber erst 1917, als Albert Einstein mit seiner Allgemeinen Relativitätstheorie das Weltall als Ganzes zu beschreiben versuchte. Er führte auch die bis heute üblichen Annahmen der Homogenität und Isotropie ein, wonach das Universum überall und in allen Richtungen im Großen und Ganzen gleich beschaffen ist. Beobachtungen in den letzten Jahrzehnten haben gezeigt, dass dies für Maßstäbe in der Größenordnung von Milliarden Lichtjahren sehr wahrscheinlich zutrifft.

Albert Einstein begründete 1917 die moderne Kosmologie

Wie jede naturwissenschaftliche Erkenntnis beruht auch die Physikalische Kosmologie auf vier miteinander verflochtenen Quellen: Beobachtung, Experiment, Theorie und neuerdings Computersimulation.

› Ihre theoretischen Grundlagen sind vor allem die Allgemeine Relativitätstheorie, die Thermodynamik, die Quantenphysik und die damit verknüpfte Hochenergie-Teilchenphysik. Aber auch andere Bereiche, etwa Plasmaphysik und, für Modellrechnungen, Hydrodynamik.
› Computersimulationen sind zwar ebenfalls „reine Theorie" – genauer: deren praktische Anwendung. Sie erlauben es jedoch, komplexe Vorgänge zu visualisieren und unter verschiedenen Annahmen durchzuspielen.
› Zu den Beobachtungen gehören vor allem die Daten der Astronomie und Astrophysik in Wellenlängen von der Radio- bis zur Gammastrahlung. Hinzu kommen teilchenphysikalische Messungen der Kosmischen Strahlung von diversen Quellen sowie künftig die Gravitationswellen-Astronomie, die die „Erschütterungen" der Raumzeit messen wird, vielleicht sogar einmal vom Urknall selbst.

ALICE im Wunderland: *Zwar liest man immer wieder, dass im Large Hadron Collider (LHC) des Europäischen Kernforschungszentrums CERN bei Genf ein Miniatur-Urknall nach dem anderen erzeugt wird. Doch dies ist eine irreführende Metapher. Der stärkste Teilchenbeschleuniger der Welt kann allerdings Zustände der Materie erzeugen, darunter das Quark-Gluon-Plasma, die in der ersten Milliardstel Sekunde nach dem Urknall überall im Weltraum herrschten. Dies geschieht im LHC durch den gezielten Zusammenstoß superschneller Blei-Atomkerne, deren Kollisionstrümmer unter anderem im 16 Meter hohen ALICE-Detektor (A Large Ion Collider Experiment) nachgewiesen und analysiert werden.*

› Experimentieren kann man mit dem Urknall selbstverständlich nicht. Doch die Verhältnisse in den ersten Sekundenbruchteilen lassen sich in Teilchenbeschleunigern auf der Erde sehr wohl nachahmen. Diese Daten erlauben Rückschlüsse, die wiederum mit astrophysikalischen Daten verglichen werden.

Vieles in der Kosmologie haben Theoretiker vorausgesagt, lange bevor es gemessen wurde (Expansion des Weltraums, Kosmische Hintergrundstrahlung und deren Temperaturschwankungen, Neutrino-Hintergrund, Dunkle Energie, Kosmische Inflation). Das gibt Kosmologen ein großes Vertrauen in ihr Weltbild und in ihre Methoden. Außerdem sind die Daten inzwischen so zuverlässig und präzise, dass der Urknall heute nicht mehr bloß eine Hypothese ist, sondern eine naturwissenschaftlich gut etablierte Tatsache. Denn die Messungen stammen aus unterschiedlichen Quellen (etwa der Vermessung der Hintergrundstrahlung, Supernova-Helligkeiten, Galaxienhaufen, Sterneigenschaften, Materieverteilung und Element-Häufigkeiten), sie wurden mit vielen voneinander unabhängigen Methoden gewonnen und passen widerspruchsfrei zusammen – das war noch bis Ende der 1990er Jahre ganz anders. Forscher sprechen deshalb davon, dass wir in ein „Goldenes Zeitalter“ der Kosmologie eingetreten sind, in die Epoche der „Präzisionskosmologie“. (Eine Übersicht der Daten und Theorien gibt die Tabelle *Grundlagen der Physikalischen Kosmologie.*)

Viele Theorien wurden durch Messungen glänzend bestätigt

Angesichts dieses Erkenntnisfortschritts mag es verwundern, dass eigentlich bereits ein nächtlicher Blick aus dem Fenster genügt, um mit einigem Wissen auf ein endliches expandierendes Universum zu schließen.

Grundlagen der Physikalischen Kosmologie: *Der Ursprung der Welt ist nicht mehr ein Thema von archaischen Mythologien oder metaphysischen Spekulationen, sondern ein respektabler Zweig der modernen Naturwissenschaft. Diese stützt sich auf zahlreiche Fakten astronomischer Beobachtungen und der Theoretischen Physik. Sie erlauben es, die Entwicklung des Universums zu rekonstruieren – bis zurück zu seinen ersten Sekundenbruchteilen. Daher ist der Urknall heute nicht einfach nur eine Hypothese oder ein Modell, sondern eine bestens bestätigte Tatsache.*

Theorien und deren experimentelle Basis	Beobachtungen, Messungen	Erklärung, Folgerungen und Rückschlüsse
Relativitätstheorie	Astronomie: Die Galaxien und Galaxienhaufen entfernen sich fast alle von uns	Ausdehnung des Weltraums (kosmische Expansion) Abschätzung des Weltalters
Relativitätstheorie, Teilchenphysik, Plasmaphysik, Thermodynamik	Radioastronomie: Kosmische Mikrowellen-Hintergrundstrahlung und deren Eigenschaften › Spektralverteilung und räumliche Gleichförmigkeit › Temperatur heute: –270 Grad Celsius › Temperaturzunahme mit der Entfernung › Temperaturunterschiede (um 0,00002 Grad) und deren charakteristisches Verteilungsmuster › Polarisation der Strahlung	› Strahlung und Materie waren einst im thermodynamischen Gleichgewicht › Zustand 380.000 Jahre nach dem Urknall bei 4000 Grad Celsius › Abkühlung des Weltraums infolge seiner Ausdehnung › Dichteschwankungen im Urgas als Keime der Strukturen; Informationen über viele Eigenschaften des Universums (Geometrie, Zusammensetzung, Alter …) › Dynamik des Urgases; spätere Reionisierung durch die UV-Strahlung der ersten Sterne (weniger als eine Milliarde Jahre nach dem Urknall) › künftig: Spuren der Kosmischen Inflation oder einer Zeit vor dem Urknall?
Hochenergie-Teilchenphysik, Plasmaphysik; Astrophysik	Häufigkeit der leichten Elemente (75 Prozent Wasserstoff, 24 Prozent Helium-4, Spuren von Deuterium, Helium-3, Lithium)	Primordiale Nukleosynthese: Entstehung der Atome in den ersten drei Minuten aus der Kernfusion von Protonen und Neutronen
Hochenergie-Teilchenphysik, Plasmaphysik	Astrophysik: Arten, Entwicklung und Alter der Sterne	Bildung der schweren Elemente (nicht im Urknall, erst in Sternen)
Relativitätstheorie, Plasmaphysik, Hydrodynamik	Astronomie und Astrophysik: Galaxiensuperhaufen und Leerräume, Materieverteilung und -dichte; Urgalaxien in großen Entfernungen, Infrarot-Hintergrundstrahlung, Reionisation	Evolution des Kosmos: Geschichte der Sternentstehung und Galaxien(haufen)bildung und -entwicklung aus Dichteschwankungen im Urgas
Hochenergie-Teilchenphysik	Teilchenbeschleuniger: Vereinigung der Kräfte, Quark-Gluon-Plasma	Vorgänge in den ersten Sekundenbruchteilen nach dem Urknall
Relativitätstheorie, Teilchenphysik	Astronomie: Bewegung der Galaxien und Galaxienhaufen, Gravitationslinsen-Effekte, Supernova-Helligkeiten	Neben vier Prozent gewöhnlicher Materie gibt es wohl noch 23 Prozent Dunkle Materie und 73 Prozent Dunkle Energie; was das ist, bleibt vorläufig rätselhaft, es beherrscht aber den Aufbau und die Zukunft des Alls
Hochenergie-Teilchenphysik	Radioastronomie: indirekter Nachweis der Neutrinos vom Urknall mithilfe der Kosmischen Hintergrundstrahlung	Informationen über die Kernreaktionen der Urmaterie in der ersten Sekunde nach dem Urknall
Relativitätstheorie	Gravitationswellen-Detektoren: Nachweis von Gravitationswellen in der Zukunft	Informationen über Urknall, Schwarze Löcher und die fundamentale Physik

› Warum ist es nachts dunkel?

Diese Frage ist nicht so einfach, wie es scheint! Die naheliegende Antwort, dass die Sonne hinter dem Horizont steht und somit den nächtlichen Teil der Erdoberfläche nicht beleuchten kann, reicht nicht aus. Denn wenn, wie viele Wissenschaftler und Philosophen lange angenommen haben, das Universum ewig und unendlich ist und es überall Sterne gibt, dann müssten diese an jeder Stelle des Himmels zu sehen sein. Dadurch wäre dieser überall so gleißend hell wie die Sonne – wir könnten vor lauter Sternen praktisch die Sterne nicht mehr sehen.

Da dieser Effekt unabhängig von der Entfernung ist, spielt es keine Rolle, dass die Sterne unvorstellbar weit weg sind. Auch können die vielen Staubwolken im Weltraum nicht für die Dunkelheit des Nachthimmels verantwortlich sein, indem sie das Licht der ferneren Sterne dahinter verschlucken. Denn in einem ewigen Universum wäre genügend Zeit dafür, dass das Licht die Wolken aufheizt und diese somit selbst zu leuchten beginnen. Für unsere allnächtliche Erfahrung muss es also einen anderen Grund geben. Tatsächlich verrät die Dunkelheit des Nachthimmels einiges über das ganze Universum.

Durch die Ausdehnung des Weltraums wird das Licht von jeder weit entfernten Galaxie gedehnt, also zu einer niedrigeren Frequenz beziehungsweise größeren Wellenlänge verschoben. Das Licht aus der kosmischen Urzeit wurde von der kosmischen Expansion also gleichsam auseinander gezogen und geriet somit in Bereiche, die für uns unsichtbar sind: in die Infrarot- und Radiostrahlung. Hätten wir hochempfindliche Augen dafür, erschiene uns der nächtliche Himmel tatsächlich nicht ganz dunkel, sondern von einem schwachen Glimmen erfüllt – dem ältesten Licht, der Kosmischen Hintergrundstrahlung.

Das älteste Licht empfangen wir heute als Mikrowellen

Doch auch das erklärt die Finsternis der Nacht noch nicht vollständig. Ein weiterer Grund: Selbst wenn das All unendlich im Raum ist (was niemand weiß), so ist es doch nicht unendlich in der Zeit. Es hat einen Anfang und dehnt sich seither aus. Daher lassen sich Sterne und Galaxien jenseits einer bestimmten Entfernung prinzipiell nicht betrachten. Hinter dem kosmischen Horizont gibt es zwar zahllose weitere Sterne, vielleicht sogar unendlich viele, aber ihr Licht hatte nicht genug Zeit, uns während der Lebenszeit des Universums zu erreichen. Denn Licht breitet sich „nur“

mit 300.000 Kilometer pro Sekunde aus, nicht unendlich schnell. Außerdem leuchten die Sterne auch nicht ewig.

Fazit: Ein Blick aus dem Fenster in die finstere Nacht verrät, dass wir in einem endlichen, expandierenden Urknall-Universum leben! Denn draußen herrscht Dunkelheit,

- weil viel Licht nicht mehr sichtbar ist (aufgrund der kosmischen Rotverschiebung),
- weil viel Licht noch nicht da ist (aufgrund des endlichen Weltalters),
- und weil es gar nicht genug Licht gibt (aufgrund der begrenzten Lebensdauer der Sterne).

13,7 Milliarden Jahre nach dem Urknall – nach Stephen Hawking nur „eine kurze Geschichte der Zeit“ – sind zumindest einige Bewohner eines Planeten namens Erde dieser grandiosen Entwicklung auf die Spur gekommen: Wissenschaftler, die selbst Geschöpfe des Universums sind, das sie zu ergründen versuchen. Dieser Erkenntnisweg ist aber mit der Entdeckung des Urknalls nicht zu Ende, sondern beginnt jetzt erst richtig, obwohl die Neugier selbst uralt ist. „Nach wie vor haben wir ein unstillbares Bedürfnis zu wissen, warum wir hier sind und woher wir kommen“, schreibt Hawking. „Das tiefverwurzelte Verlangen der Menschheit nach Erkenntnis ist Rechtfertigung genug für unsere fortwährende Suche. Und wir haben dabei kein geringeres Ziel vor Augen als die vollständige Beschreibung des Universums, in dem wir leben.“

13,7 Milliarden Jahre – nur eine kurze Geschichte?

IM KONTEXT

- Das Universum ist enorm groß, vielleicht sogar unendlich. Die Sonne ist nur ein Stern unter unzähligen, von denen viele ebenfalls Planeten besitzen. Dass es anderswo im Universum auch Leben und Intelligenz gibt, ist wahrscheinlich, aber nicht erwiesen.
- Das Universum ist nicht ewig und unveränderlich, sondern hat sich entwickelt. Es existiert seit rund 13,7 Milliarden Jahren und dehnt sich aus.
- Das Universum war einst sehr heiß und dicht. Die leichtesten Atome entstanden in den ersten drei Minuten, alle schwereren – einschließlich der Atome unserer Körper – erst viel später im Zentrum von Sternen. Kosmologen wissen schon sehr gut Bescheid, was wenige Sekundenbruchteile nach dem Urknall geschah. Der Anfang selbst ist aber noch rätselhaft.

Auf der Suche nach der Weltformel

Um den Urknall sowie die Einheit von Raum, Zeit, Energie, Materie und den Naturkräften vollständig zu erklären, brauchen Hawking & Co. eine Theorie der Quantengravitation. Sie würde die beiden Säulen der modernen Physik, Relativitäts- und Quantentheorie, verbinden. Außerdem könnte sie zeigen, ob am Anfang des Alls eine „Kosmische Inflation" geschah, die den Weltraum erst groß gemacht hat, und ob unzählige andere Universen existieren.

› Fragen an eine allwissende Fee

Ein Gespräch mit Stephen Hawking …

Welche allgemeine Frage sollte man einer allwissenden und geduldigen Fee stellen, die sie dann wahrheitsgemäß und auch verständlich beantwortet? – Das ist gar nicht so einfach. Und um so spannender daher, anderen diese Frage zu stellen. Zum Beispiel Stephen Hawking und Jim Hartle. Tatsächlich gab es dazu eine Gelegenheit.

Februar 2003: „Hallo!" tönte Hawkings Computerstimme mir (R.V.) während einer Kaffeepause auf einem Kosmologie-Symposium an der University of California in Davis entgegen. Was folgte, war aufgrund von Hawkings Sprachschwierigkeiten ein naturgemäß recht einseitiges Gespräch. Doch so ergab sich die Chance, Hawking etwas Persönliches zu fragen – eben die Fee-Frage. Der Kosmologe grinste und klickte sich durch die Buchstaben und Wörter seines Sprachprogramms – ein minutenlanger Vorgang, der etwas Orakelhaftes an sich hatte. „Is M-Theory complete?", wollte er schließlich wissen: Ob die M-Theorie – der momentan vielleicht aussichtsreichste Kandidat für eine „Weltformel" zur Erklärung aller Kräfte, Materie- und Energieformen im Universum – vollständig sei.

Die Antwort würde Hawking helfen, die schwierigsten Rätsel zu knacken – nicht nur seiner eigenen Forschung, sondern überhaupt:

Was hat den Urknall vor 13,7 Milliarden Jahren ausgelöst? Haben Raum, Zeit, Materie und Energie einen Anfang oder sind sie ewig? Ist es überhaupt sinnvoll zu fragen, was vor dem Urknall geschah? Existieren noch weitere Universen, und welche Rolle spielt der Mensch im Kosmos?

... und mit dem Physiker Jim Hartle

September 2008: Eine Stunde im Taxi kann selbst auf einer eintönigen Autobahn in Kanada äußerst spannend sein. Wenn man beispielsweise mit Jim Hartle zusammensitzt. Der mittlerweile emeritierte Physik-Professor von der University of California in Santa Barbara ist seit langem mit Hawking befreundet; er hatte ab 1972 mehrere Arbeiten zu Schwarzen Löchern mit ihm veröffentlicht, 1983 dann eine bedeutende kosmologische Hypothese (siehe Seite 96), und seit 2007

***Blick in die Ferne:** Das „Hubble Ultra Deep Field" ist das bislang „tiefgründigste" Foto in der Geschichte der Astronomie. Die gesamte Belichtungszeit, aus 800 Einzelbildern addiert, betrug eine Million Sekunden oder 11,3 Tage für die ACS- und 4,5 Tage für die NICMOS-Kamera an Bord des Hubble-Weltraumteleskops. Ausgewählt wurde eine Himmelsregion im Sternbild Fornax, die kaum störende Vordergrundsterne beherbergt. Die feinsten Lichtpünktchen auf dem Foto sind Urgalaxien, die nur wenige 100 Millionen Jahre nach dem Urknall entstanden sind.*

arbeitet er mit Hawking ein neues Weltmodell aus (siehe Seite 141). Die Taxifahrt bot also die grandiose Gelegenheit, viele offene Fragen zur Kosmologie und Quantenphysik zu diskutieren. Denn Hartle konnte ja nicht einfach aussteigen …

Die Wellenfunktion hat nichts mit Badeurlaub zu tun

Wir kannten uns schon von mehreren früheren Konferenzen. Aber jene am Perimeter Institute for Theoretical Physics im kanadischen Städtchen Waterloo, eine Auto-Stunde westlich von Toronto gelegen, war etwas Besonderes. Nicht nur, weil das Institut eine der besten Adressen der modernen Physik ist. (Stephen Hawking hat dort nach seiner Emeritierung eine Gastprofessor übernommen.) Sondern weil das Thema der Konferenz wahrhaft ungeheuer war: Existieren andere Universen jenseits des unseren, und wie kann man davon überhaupt etwas wissen? Hartle hatte dazu, wie ich auch, einen Vortrag gehalten und dabei seine neuen Arbeiten mit Hawking vorgestellt. Als ich ihm dann im Taxi von Hawkings Frage an die Fee erzählte, runzelte er die Stirn. Es sei unklar, so Hartle, was „complete" heiße und ob es überhaupt eine M-Theorie gäbe. Außerdem habe diese, soweit sie skizziert vorliegt, keine Wellenfunktion. Das ist gewissermaßen die hypothetische Grundgleichung der Kosmologie, die das gesamte Universum beschreibt, sein Quantenzustand – und noch einiges mehr. Niemand kennt sie. Daher wäre das der Gegenstand seiner Frage an die Fee, schmunzelte Hartle: „Was ist die Wellenfunktion des Universums?"

› Kosmologie ist ein Sonderfall

Eine Erklärung des Urknalls und somit unseres Universums unterscheidet sich von anderen wissenschaftlichen Erklärungen gleich mehrfach:

- Das beobachtbare Universum ist für uns einmalig und nicht von „außen" zu betrachten.
- Wir können nicht mit ihm experimentieren und es unter modifizierten Bedingungen betrachten.
- Wir können es nicht mit anderen Universen vergleichen (falls es die gibt).
- Und wir kennen aufgrund der begrenzten Beobachtungstiefe und -zeit (weil weder die Lichtgeschwindigkeit unendlich ist noch das Alter

des Alls) nur einen winzigen Ausschnitt des Universums, von dem wir nicht einmal wissen, wie repräsentativ er ist.

Hinzu kommt ein weiteres Problem, das für Nichtphysiker spitzfindig erscheinen mag, das aber ans Eingemachte geht und der Hintergrund der Fee-Frage von Hawking und Hartle ist: Seit den Pionierleistungen von Isaac Newton wird bei physikalischen Erklärungen in der Regel zwischen Naturgesetzen einerseits und Rand- beziehungsweise Anfangsbedingungen andererseits unterschieden. Das Wissen um die Naturgesetze allein erlaubt es also noch nicht, ein Phänomen zu erklären. Man muss dazu auch die Randbedingungen kennen.

Die Randbedingungen sind entscheidend

Will man beispielsweise eine Sonnenfinsternis voraussagen oder rückwirkend verstehen, braucht man nicht nur die Bewegungsgesetze von Erde und Mond relativ zur Sonne, sondern auch die konkreten Randbedingungen, das heißt Bahnparameter wie Geschwindigkeit, Entfernung sowie die Elliptizität und Neigung der Umlaufbahnen. Diese Bedingungen zeigen sich üblicherweise als direkte oder indirekte Messwerte, die man in die Gleichungen einsetzt. Dann kann man mithilfe der Naturgesetze beschreiben, wie sich die Randbedingungen im Lauf der Zeit verändern und zum Beispiel zu einer Finsternis führen. Für eine wissenschaftliche Erklärung des Universums als Ganzes sind also zweierlei Arten von Kenntnissen nötig: einerseits die der fundamentalen Naturgesetze, andererseits die der Anfangs- beziehungsweise Randbedingungen (dazu später mehr, ab Seite 99). Beide Komponenten sind nur vage und sehr lückenhaft bekannt. Trotzdem lassen sich verschiedene Modelle entwickeln, durchspielen, verfeinern und mithilfe kosmologischer Messungen auch testen, anpassen oder verwerfen.

Naturgesetze beschreiben die Dynamik. Das geschieht etwa durch die Relativitäts- und Quantentheorie und künftig hoffentlich durch eine umfassendere Theorie der Quantengravitation (siehe unten). Diese als „Weltformel" zu bezeichnen, hat sich eingebürgert, ist aber eine Übertreibung – strenggenommen auch ganz formal. Denn sie ist unvollständig, weil sie den Quantenzustand des Universums außer acht lässt, der quasi die Rolle der Randbedingungen inne hat. Eine solche „Weltbestandsaufnahme" ist für die Kosmologie also genauso wichtig wie eine Theorie von Raum, Zeit, Materie, Energie und ihren Wechselwirkungen. Dieser Quantenzustand, die sogenannte Wellenfunktion

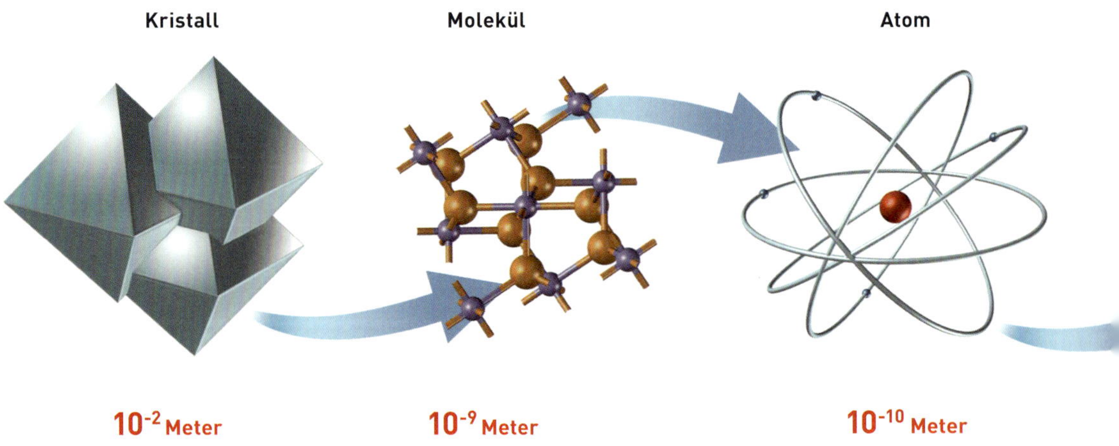

des Universums, wird von vielen Physikern noch recht stiefmütterlich behandelt. Der wohl am weitesten entwickelte Ansatz dafür, und sicherlich der bekannteste, ist die von Hawking vorgeschlagene Keine-Grenzen-Bedingung des Universums (siehe Seite 96).

› Das Ende der Theoretischen Physik?

„In dieser Vorlesung möchte ich die Möglichkeit erörtern, dass das Ziel der Theoretischen Physik in nicht allzu ferner Zukunft, sagen wir am Ende unseres Jahrhunderts, erreicht sein wird. Ich meine damit, dass wir unter Umständen über eine vollständige, schlüssige und vereinheitlichte Theorie der physikalischen Wechselwirkungen verfügen könnten, die alle überhaupt möglichen Beobachtungen beschreibt."

Hawkings Antrittsvorlesung

Mit diesen vor Optimismus strotzenden Worten begann Stephen Hawking am 29. April 1980 in Cambridge seine Antrittsvorlesung anlässlich der Ernennung zum Lucasian Professor of Mathematics. Titel der Vorlesung: *Ist das Ende der Theoretischen Physik in Sicht?*

Damit meinte Hawking aber weder ein Ende der Physik insgesamt (es werden nie alle Fragen beantwortet sein) noch der Physiker (aufgrund der Zerstörung der menschlichen Hochkultur durch Naturkatastrophen oder kriegerische Selbstvernichtung – oder aufgrund der Machtergreifung intelligenterer Computersysteme). Sondern die Mög-

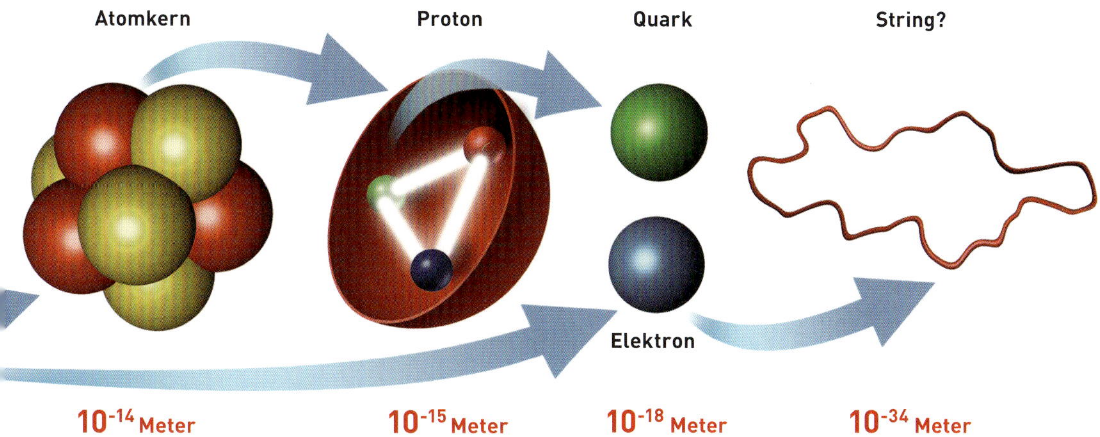

***Kleiner und kleiner:** Zu den größten Errungenschaften der Wissenschaft zählt die Einsicht in den Aufbau der Materie. Quarks und Elektronen gelten gegenwärtig als Elementarteilchen. Das muss nicht so bleiben. Im Prinzip könnte alles sogar ins unendlich Kleine ineinander verschachtelt sein wie bei russischen Puppen. Es gibt jedoch gute Argumente gegen eine unaufhörliche Teilbarkeit. Schon einzelne Quarks lassen sich nicht isolieren, weil die Energie, die nötig wäre, sie auseinanderzureißen, so hoch ist, dass daraus neue gebundene Quarks entstehen. Und noch spekulativeren Theorien der Quantengravitation zufolge ist selbst der Raum nicht kontinuierlich und beliebig teilbar, sondern wird auf der Planck-Länge (10^{-35} Meter) gleichsam körnig oder schaumartig. Laut Stringtheorie, der am weitesten entwickelten Hypothese zur Quantengravitation, bestehen alle Materie- und Energieformen aus eindimensionalen Strings. Unsere ganze Welt wäre dann gleichsam eine Melodie dieser schwingenden Saiten.*

lichkeit, dass bald eine grundlegende Theorie gefunden werden könnte – die besagte „Weltformel“ –, deren Fundamente sich nicht mehr tiefer legen lassen.

Nach einer solchen Theorie der Quantengravitation haben bereits Albert Einstein, Werner Heisenberg und viele andere berühmte Physiker gesucht – allerdings vergeblich. Inzwischen gibt es mehrere Vorschläge, darunter die neuerdings von Hawking favorisierte M-Theorie. Aber niemand weiß, wie gut diese Theorien als Modell der Realität funktionieren. Außerdem lassen sie sich kaum praktisch überprüfen.

„Quantengravitation“ ist ein Sammelbegriff für verschiedene Ansätze, die beiden Säulen der modernen Physik miteinander zu verbinden: die Allgemeine Relativitätstheorie und die Quantentheorie (dazu weiter unten mehr). Obwohl beide Theorien exzellent mit den experimentellen Daten übereinstimmen – nie zuvor gab es leistungsfähigere Theorien –, widersprechen sie sich. Es scheint, als würde die Natur zwei verschiedene Arten von Regeln befolgen:

Zwei Regeln für die Natur, die nicht miteinander zu vereinbaren sind?

- Einerseits die Allgemeine Relativitätstheorie: Ihr Alphabet ist die Geometrie, und ihr Vokabular besteht aus Linien, Winkeln, Oberflächen und Kurven. Die Schwerkraft ist eine Eigenschaft der Geometrie der Raumzeit, die nicht bloß Bühne allen Geschehens, sondern auch teilnehmender Schauspieler ist.
- Andererseits die Quantentheorie: Ihr Alphabet besteht aus algebraischen Symbolen und Quantenzahlen und enthält nicht die deterministischen Wörter „immer" und „nie", sondern die statistischen „üblicherweise" und „selten". Hier ist die Raumzeit allerdings die unveränderliche, starre Bühne („Hintergrund-Metrik") für die Partikel und Kräfte. Gravitation wird auf – hypothetische, noch nicht nachgewiesene – Teilchen namens Gravitonen zurückgeführt. Sie werden im subatomaren Pingpong zwischen allen anderen Partikeln ausgetauscht und bringen so die Schwerkraft hervor. Doch da die Gravitonen auch mit sich selbst wechselwirken, geraten die anderswo so erfolgreichen quantenphysikalischen Beschreibungstechniken in massive Schwierigkeiten: Es kommt zu unsinnigen Unendlichkeiten, Wahrscheinlichkeiten über 100 Prozent und anderem Ungemach.

Relativitäts- und Quantentheorie sind also auf eine prinzipielle Weise nicht miteinander vereinbar. Und das markiert eine schwere Krisensituation der Theoretischen Physik, die nur deshalb oft ignoriert oder umgangen werden kann, weil für die allermeisten Beschreibungen nur entweder die eine oder die andere Theorie benötigt wird. Wenn es aber um die Erklärung des Urknalls geht oder um das Innere der ominösen Schwarzen Löcher, um die Vereinheitlichung der Kräfte, Energie und Materie oder die Frage nach Zeitreisen, Wurmlöchern und Paralleluniversen (zu all dem später mehr), dann sind beide Theorien gleichermaßen nötig. Ihre Unvereinbarkeit lässt sich im Gegensatz zu den Situationen der Alltagsphysik somit nicht länger unter den Teppich kehren.

Überspitzt formuliert: Von Quarks zu Quasaren ist es ein weiter Weg – und den muss die Quantengravitation überbrücken. Quarks, die mutmaßlichen Elementarteilchen, stehen hier für das Reich des Allerkleinsten, den Mikrokosmos; Quasare, die feurigen Zentren ferner Urgalaxien mit ihren Schwarzen Löchern als Gravitationsabgründe und Energieschleudern für das Reich des Allergrößten (Raum, Zeit und Energien), den Makrokosmos. Aber das eine Reich gäbe es nicht ohne das andere. Und im Urknall war das Große klein, nämlich unser ganzes beobachtbares Universum winziger als ein Atom.

Doch ob sich eine Theorie der Quantengravitation finden und bestätigen lässt, ist eine andere Frage. Vielleicht sind sowohl die Natur als auch die menschliche Erkenntnisfähigkeit so beschaffen, dass eine „Theorie von Allem" formuliert werden kann. Schon in seiner Antrittsvorlesung unterschied Hawking allerdings drei weitere Möglichkeiten: „Eine vollständige, vereinheitlichte Theorie gibt es nicht. Es gibt keine letzte Theorie, sondern nur eine unendliche Folge von Theorien, dergestalt, dass sich jede besondere Klasse von Beobachtungen vorhersagen lässt, indem man eine Theorie nimmt, die sich weit genug hinten in der Kette befindet. Es gibt keine Theorie. Über einen bestimmten Punkt hinaus lassen sich Beobachtungen nicht beschreiben oder vorhersagen, da sie völlig willkürlich sind."

Und selbst mit einer „Weltformel" wären die Fragen nicht zu Ende. Man wüsste immer noch nicht, woher denn die Naturgesetze kommen und warum sie so sind, wie sie sind. Das hat auch Hawking immer wieder betont. „Eine Theorie, die das Universum beschreibt, muss einige ganz besondere Züge aufweisen. Warum gewinnt diese eine Theorie ein Eigenleben, während die anderen nur in den Köpfen ihrer Erfinder existieren?"

Die Stringtheorie – ein Kandidat für die „Weltformel"

Nachdem Hawking ab den 1970er-Jahren maßgeblich zur sogenannten Euklidischen Quantengravitation beitrug, die zwar nur näherungsweise gelten kann, die aber schon heute konkrete Berechnungen insbesondere in der Kosmologie erlaubt (siehe Seite 100 und 144), wurde er in den 1990er-Jahren zu einem Anhänger der Stringtheorie beziehungsweise der verschiedenen Versionen davon, die alle Bestandteile einer noch umfassenderen Theorie zu sein scheinen, der M-Theorie.

Der Stringtheorie zufolge sind nicht punktförmige Elementarteilchen die grundlegenden Bausteine der Natur, sondern winzige eindimensionale Strings. Die bekannten Elementarteilchen wären demnach einfach Schwingungen solcher Strings. Neben Strings werden inzwischen auch mehrdimensionale Gebilde beschrieben, sogenannte p-Branen. Das p steht dabei für die Anzahl ihrer Dimensionen, und „Bran" kommt von „Membran", da zweidimensionale 2-Branen an solche flatternde Gebilde erinnern. (Außerdem blitzt der Schalk durch den Begriff, denn p-Bran spricht sich englisch wie „pea brain", also Erbsengehirn.) Der größte Haken der Stringtheorie ist allerdings die notwendige Annahme von sechs unbekannten zusätzlichen Raumdimensionen. Ohne sie lässt sich die Stringtheorie nicht widerspruchsfrei formulieren. Diese Extradimensionen wären allerdings extrem winzig (so wie ein dreidimensionaler Gartenschlauch aus der Ferne wie eine eindimensionale Linie aussieht); sie wären gleichsam aufgerollt an jedem Punkt der Raumzeit und insofern unbeobachtbar.

Steht „M" für „Magie" oder für „Murks"?

Seit 1995 sind die bis dahin fünf verschiedenen Versionen der Stringtheorie als mathematisch gleichberechtigt und Teil einer umfassenderen elfdimensionalen Theorie erkannt worden. Sie wird M-Theorie genannt. Das „M" steht wahlweise für „Membranen", „Master", „Matrix", „majestätisch", „Mysterium", „Magie" oder „Mutter aller Theorien" (oder, zumindest für Kritiker, auch für „Murks"). Sie ist noch sehr spekulativ und nur rudimentär verstanden, aber von enormer mathematischer Eleganz und verwirrenden Konsequenzen. „Die M-Theorie ist die vereinheitlichte Theorie, die Einstein zu finden hoffte", schrieb Hawking zusammen mit Leonard Mlodinow sogar am Ende ihres 2010 erschienenen Buchs *Der Große Entwurf*. „Wenn die Theorie durch Beobachtung bestätigt wird, ist sie der erfolgreiche Abschluss einer Suche, die vor mehr als 3000 Jahren begonnen hat. Dann haben wir den Großen Entwurf gefunden."

Doch so weit ist es noch nicht. Es gab sogar Rückschläge bei dieser Suche. Denn selbst wenn sich die verschiedenen Stringtheorien wie Landkarten von derselben Welt überlappen und Teil einer umfassenderen Theorie sind, ist deren Einheitlichkeit und Eindeutigkeit nicht erwiesen – von ihrer empirischen Bestätigung ganz zu schweigen. Auch deshalb Hawkings Fee-Frage. „Vielleicht ist ja die traditionelle Erwartung der Physiker, dass es eine einzige Theorie der Natur gebe, unerfüllbar", überlegen Hawking und Mlodinow. „Möglicherweise gibt es diese eine einzige Formulierung nicht, und wir müssen zur Beschreibung des Universums verschiedene Theorien auf unterschiedliche Situationen anwenden."

Damit schränkt Hawking die 1980 in seiner Antrittsvorlesung geäußerte Zuversicht ein, dass eine „Weltformel“ in greifbarer Nähe sei. „Die ursprüngliche Hoffnung der Physiker, eine einzige Theorie zu entwickeln, die die scheinbaren Gesetze unseres Universums als die einzige mögliche Konsequenz einiger einfacher Annahmen erklärt, muss vielleicht aufgegeben werden“, räumt er jetzt ein. Doch geschlagen gibt er sich nicht. „Ursprünglich glaubte ich, wir würden die ‚Theorie für alles‘ bis zum Ende des 20. Jahrhunderts finden. Trotz großer Fortschritte scheint das Ziel immer noch genauso weit entfernt“, sagte er im Oktober 2001 auf einer Pressekonferenz in München. „Ich musste meine Erwartungen korrigieren, denke aber immer noch, dass wir es bis zum Ende des Jahrhunderts schaffen, und vielleicht schon sehr bald. Da bin ich Optimist. Nur meine ich jetzt das 21. Jahrhundert.“

Vielleicht gibt es keine „Theorie von Allem“

› Relativitätstheorie in Kürze

Die beiden wichtigsten Theorien des 20. Jahrhunderts, Relativitäts- und Quantentheorie, erscheinen beide als abgeschlossen, das heißt nicht mehr einfach durch zusätzliche Elemente erweiterbar oder stellenweise korrigierbar. Sie sind wie ein Stück Porzellan, das in sich stimmig ist, aber nicht verändert werden kann, ohne zu zerbrechen. Beide führen aber in den Strudel tiefgreifender philosophischer Probleme und widersprechen unserer Alltagserfahrung extrem. Allerdings sind die Konsequenzen der Relativitätstheorie recht gut verstanden im Vergleich zur Quantentheorie, die in ihrer Bedeutung – nicht in den glänzend bestätigten Rechenregeln – von Anfang an in einem morastigen Sumpf von Interpretationsfragen steckt, der im Lauf der Zeit nur zäher und unübersichtlicher geworden ist. Doch die zentralen Einsichten und Aussagen der Relativitätstheorie erscheinen nicht weniger „verrückt“ als die der Quantentheorie.

Ohne die Relativitätstheorie wäre allerdings nicht verständlich, warum die Sonne scheint, wie mechanische und elektromagnetische Vorgänge zusammenpassen, wie sich die Elementarteilchen verhalten, weshalb Raum und Zeit zusammengehören und zu schwingen vermögen, und was es mit Schwarzen Löchern sowie einem seit dem Urknall

Die Relativitätstheorie ist auch im Alltag wichtig!

sich ausdehnenden Weltraum auf sich hat. Und obschon die Relativitätstheorie noch immer als sehr exotisch gilt, ist sie doch aus dem Alltag kaum mehr wegzudenken: Ohne sie gäbe es weder Navigationsgeräte im Auto (die Ungenauigkeiten betrügen einige Kilometer) noch Antimaterie in der medizinischen Diagnostik oder Kernkraftwerke zur Stromerzeugung.

Seine Spezielle Relativitätstheorie hat Albert Einstein 1905 binnen weniger Monate formuliert und publiziert. Er erkannte damit, dass Raum und Zeit (als vierte Dimension) verknüpft sind, dass Zeitspannen und Streckenlängen relativ sind, dass die Lichtgeschwindigkeit für alle Beobachter absolut konstant ist und dass Masse und Energie äquivalent sind. Einstein hatte die Theorie auf zwei wesentliche und damals revolutionäre Annahmen aufgebaut:

› Die Konstanz der Lichtgeschwindigkeit: Im Vakuum ist die Lichtgeschwindigkeit in allen Bezugssystemen gleich und gilt absolut. Sie ist eine universelle Naturkonstante (299.792,458 Kilometer pro Sekunde) und das fundamentale Bindeglied von Raum, Zeit, Materie und Energie. (Insofern hätte die Relativitätstheorie auch „Absoluttheorie“ heißen können.)
› Das Relativitätsprinzip: Die physikalischen Gesetze haben in allen unbeschleunigten Bezugssystemen die gleiche Form.

Dadurch konnte Einstein einen fundamentalen Widerspruch zwischen zwei gut bestätigten physikalischen Theorien ausräumen: der maßgeblich von Galileo Galilei und Isaac Newton begründeten klassischen Mechanik einerseits und dem von James Clerk Maxwell ausformulierten Elektromagnetismus andererseits. Der Widerspruch bestand darin, dass die beiden Theorien verschiedene „Umrechnungsvorschriften“ für Koordinatentransformationen enthalten – also für die Beschreibung physikalischer Vorgänge aus den unterschiedlichen Perspektiven von Beobachtern, die sich relativ zueinander bewegen. Dies ist von großer Bedeutung, denn Naturgesetze hängen nicht von den zufälligen Befindlichkeiten der Wissenschaftler ab. Newton postulierte deshalb eine absolute Zeit und einen absoluten Raum: Uhren und Längenmaßstäbe müssten somit überall dieselben Verhältnisse anzeigen, unabhängig von der Perspektive und Geschwindigkeit eines Beobachters. Ob sich also beispielsweise jemand beim 100-Meter-Lauf fast die Lungen aus

Zwei Theorien werden durch eine neue überwunden

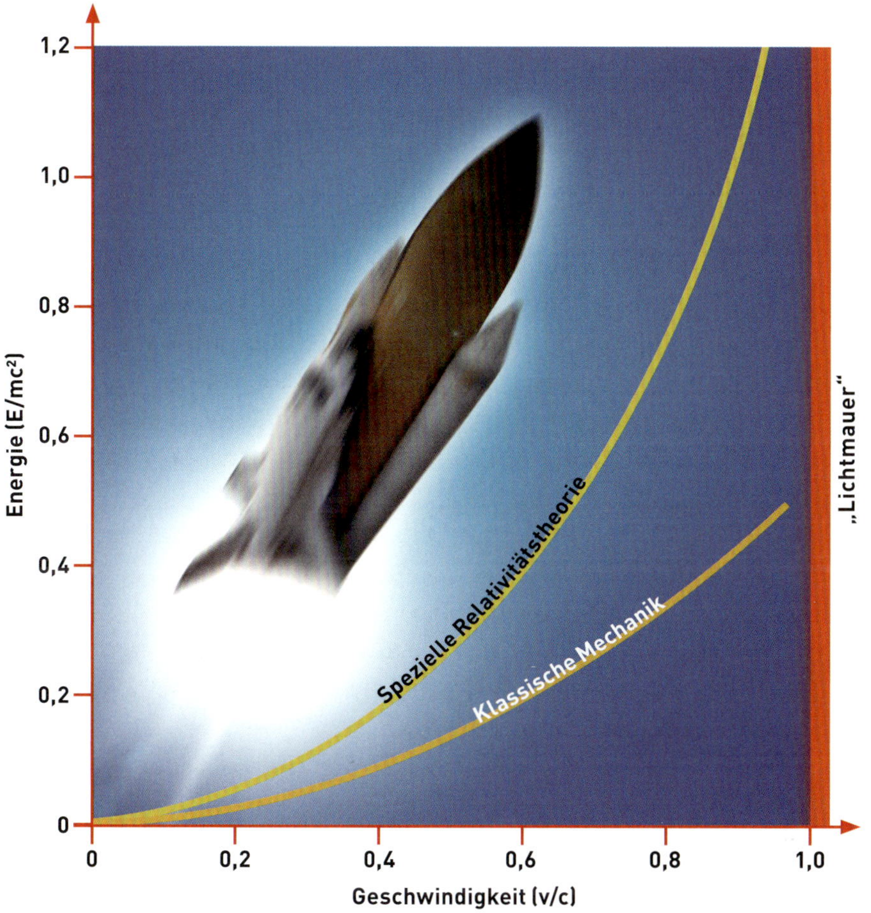

Die Barriere der Lichtgeschwindigkeit: *Die Bewegungsenergie E eines Körpers mit der Masse m hängt von seiner Geschwindigkeit v ab. Gemäß der Speziellen Relativitätstheorie werden E und m unendlich, wenn sich der Körper der Lichtgeschwindigkeit c annähert, sodass er die „Lichtmauer" nie erreichen oder gar überschreiten kann. Normale Materie lässt sich daher nicht auf Überlichtgeschwindigkeit beschleunigen. Im Alltagsleben, für das näherungsweise die klassische Mechanik gilt, ist der „relativistische Massezuwachs" bewegter Objekte allerdings völlig vernachlässigbar. Wer beispielsweise mit 200 Kilometer pro Stunde über die Autobahn rast, gewinnt nur* 10^{-12} *Prozent an Masse dazu; und selbst beim zweifachen Überschallflug sind es lediglich* 10^{-10} *Prozent. Und die Masse eines Flugzeugs, das mit knapp 1000 Kilometer pro Stunde fliegt, ist um 0,0000000001 Prozent größer als im Stand am Gate.*

dem Leib rennt oder aber bewegungslos am Urlaubsstrand liegt, sollte keinen Einfluss auf die Physik haben.

Doch Maxwells Gleichungen sehen unterschiedlich aus, je nachdem, ob man sie in einem ruhenden oder einem bewegten Bezugssystem formuliert. Das ruhende System galt zu Beginn des 20. Jahrhunderts noch als grundlegend. Es wurde mit einem hypothetischen Medium in Zusammenhang gebracht, in dem sich die elektromagnetischen Wellen ausbreiten sollten wie Schallwellen in der Luft. Dieses Medium, „Äther" genannt, sollte gleichsam in Newtons absolutem Raum ruhen. Entsprechend müsste sich die Geschwindigkeit von Lichtstrahlen auf der Erde unterscheiden – je nachdem, in welcher Richtung sie den Äther durcheilen. Allerdings wurden solche Differenzen nie gemessen. Für Einstein waren die Widersprüche und Uneinheitlichkeiten „unerträglich". Und er stellte fest, dass sie verschwinden, wenn man die Annahme eines Äthers, einer absoluten Zeit und eines absoluten Raums aufgibt. Damit war die Annahme unnötig, dass das „ruhende" Bezugssystem etwas Besonderes sei. Und es genügte eine einzige Umrechnungsvorschrift für alle Koordinatentransformationen – sowohl für mechanische als auch für elektromagnetische Vorgänge.

Alles bewegt sich – und das hat große Folgen

Außerdem offenbarte die Spezielle Relativitätstheorie zwei weitere fundamentale Zusammenhänge:

Raum und Zeit sind eins – die Raumzeit

- Raum und Zeit sind keine absoluten und eigenständigen Kategorien, sondern zur Raumzeit verschmolzen. Es gibt keine absolute Zeit, sondern vielmehr bezugssystemabhängige Eigenzeiten. Und was für einen Beobachter gleichzeitig erscheint – etwa zwei unabhängige Ereignisse am Sternenhimmel –, ist für einen anderen Beobachter, der sich mit derselben Geschwindigkeit an einem anderen Ort befindet oder sich am selben Ort mit einer drastisch verschiedenen Geschwindigkeit bewegt, nicht unbedingt simultan. Räumliche und zeitliche Abstände sind nicht universell, sondern relativ: Der Raum kann sich gleichsam verkürzen (Längenkontraktion) und die Zeit sich dehnen (Zeitdilatation: schnell bewegte Uhren gehen langsamer).
- Energie E und Masse m sind zwei Seiten derselben Medaille und über das Quadrat der Lichtgeschwindigkeit c äquivalent: $E = mc^2$. Die erstaunliche Konsequenz: Masse ist einfach eine bestimmte Form von Energie. Daher hat ein Körper in Bewegung Energie und kann nie

auf Lichtgeschwindigkeit beschleunigt werden, weil dies unendlich viel Energie benötigen und er unendlich schwer werden würde (siehe Grafik Seite 53).

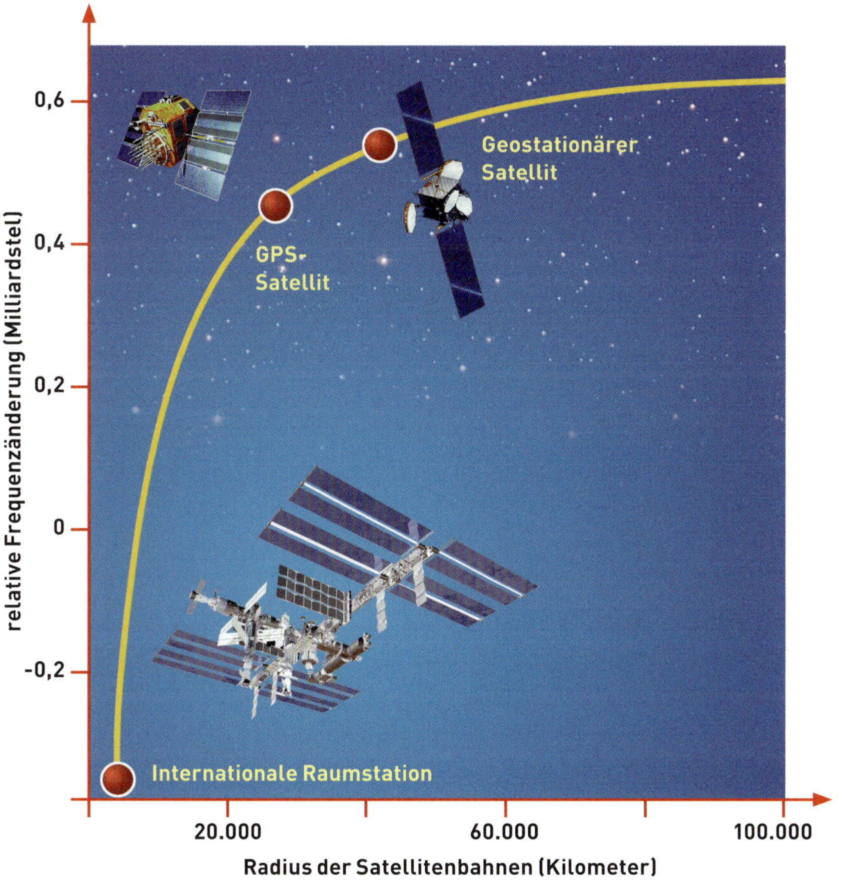

Zeit ist relativ: *Uhren in einem Gravitationsfeld und bei schneller Bewegung gehen langsamer. Diese beiden von der Relativitätstheorie beschriebenen Effekte lassen sich mit hochpräzisen Atomuhren anhand der relativen Frequenzänderungen messen und spielen auch bei der Satellitennavigation (GPS) eine ganz entscheidende Rolle. Bei einer Höhe von 9550 Kilometern gleichen sich die Effekte von Schwerkraft und Geschwindigkeit gerade aus. Die Uhren auf der Internationalen Raumstation gehen gegenüber denen auf der Erde nach, die Uhren der GPS- und geostationären Satelliten dagegen vor.*

All das sind keine Illusionen, sondern messbare Effekte. Das zeigen beispielsweise Myonen, die schweren Geschwister der Elektronen. Sie entstehen unter anderem durch Reaktionen energiereicher Partikel der Kosmischen Strahlung – vorwiegend fast lichtschnelle Protonen – mit Atomkernen in der Erdatmosphäre. Diese Myonen lassen sich mit speziellen Detektoren auf der Erde nachweisen. Das überrascht, weil sie instabil sind und mit einer Halbwertszeit von nur 1,5 Millionstel Sekunden zerfallen. Da sie sich durch die Kernreaktionen in 30 Kilometer Höhe bilden, können sie – obwohl sie fast lichtschnell sind – in 1,5 Millionstel Sekunden bloß 450 Meter zurücklegen. Nach 30 Kilometern sollten demnach fast alle zerfallen sein. Doch für irdische Beobachter ist dies nicht so, denn durch die Zeitdilatation wird die Lebensdauer der Myonen stark verlängert. Oder komplementär ausgedrückt: Aufgrund ihrer hohen Geschwindigkeit ist der Weg für die Myonen stark verkürzt. Aus der Perspektive ihres Bezugssystems legen sie nicht 30 Kilometer bis zur Erdoberfläche zurück, sondern nur wenige 100 Meter. Mithilfe von Myonen haben Physiker die Zeitdilatation am Europäischen Zentrum für Teilchenphysik CERN bei Genf 1976 auch direkt gemessen. Sie erzeugten Myonen, die mit 99,94 Prozent der Lichtgeschwindigkeit durch einen Speicherring rasten. Ihre Halbwertszeit betrug 44,6 Millionstel Sekunden – also das 30-fache des Ruhewerts. Das Ergebnis stand im Einklang mit der Vorhersage der Speziellen Relativitätstheorie (Messunsicherheit: 0,2 Prozent). Könnte man Menschen zwecks eines solchen „lebensverlängernden Effekts“ beschleunigen, dann wären sie, wenn sie geboren wurden, als Stonehenge errichtet wurde, jetzt noch immer im Kindesalter.

Nachweis in der Natur und im Labor

Auch die Bedeutung von $E = mc^2$ ist sehr real. Das wurde spätestens 1945 mit der Zündung der ersten Atombombe offenkundig und Kern-

***Auf krummen Touren:** Albert Einstein hat entdeckt, dass Masse den Raum krümmt. Dadurch gerät Licht gleichsam auf die schiefe Bahn – es muss der Gravitationsgeometrie folgen und kann sich nicht mehr „geradlinig“ ausbreiten. Dieser Effekt wurde erstmals 1919 bei einer totalen Sonnenfinsternis gemessen. In der Grafik ist der Raum als zweidimensionales „Gummituch“ veranschaulicht, seine Krümmung durch die Masse der Sonne als „Delle“ darin.*

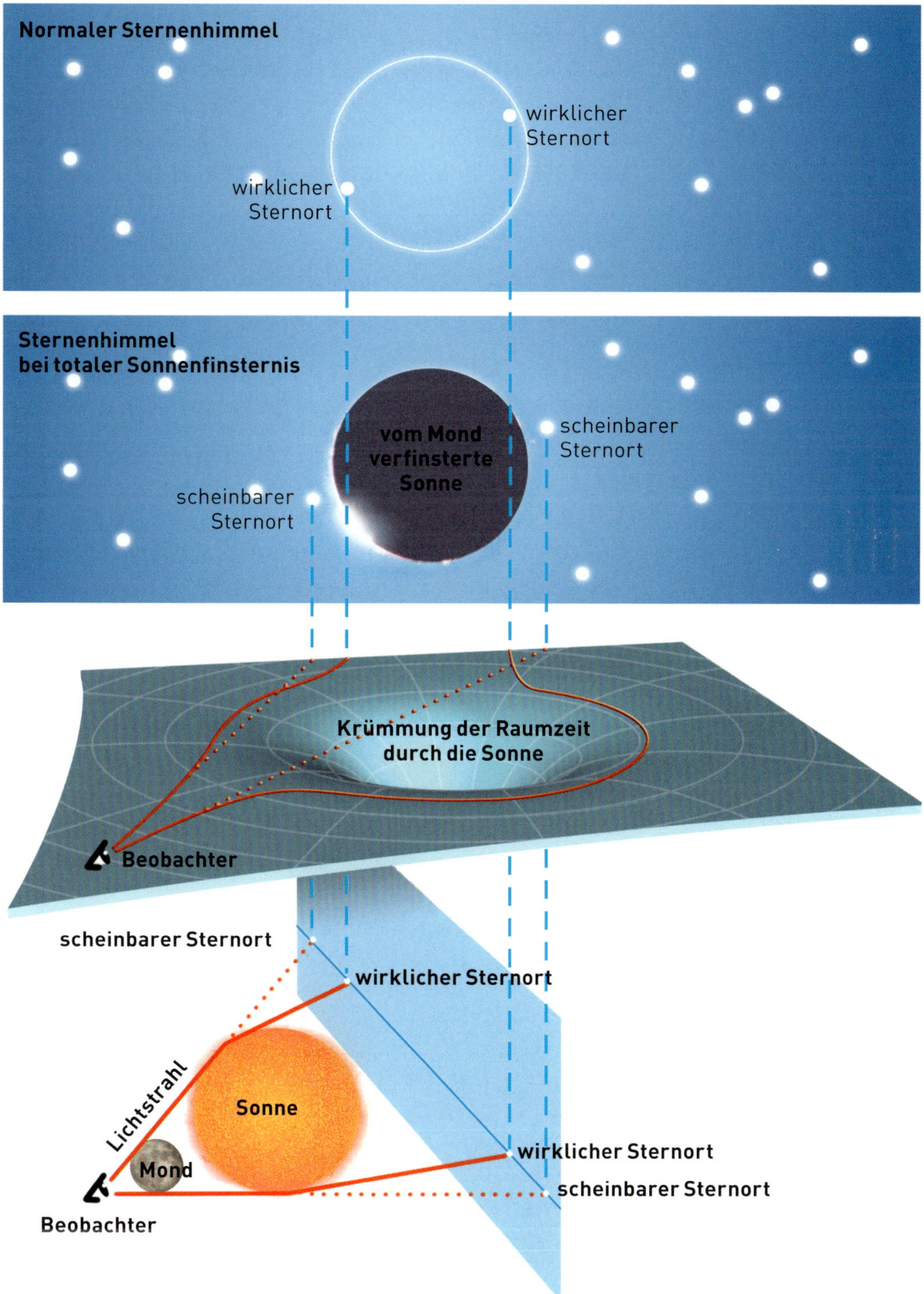
Normaler Sternenhimmel
wirklicher Sternort
wirklicher Sternort
Sternenhimmel bei totaler Sonnenfinsternis
vom Mond verfinsterte Sonne
scheinbarer Sternort
scheinbarer Sternort
Krümmung der Raumzeit durch die Sonne
Beobachter
scheinbarer Sternort
wirklicher Sternort
Lichtstrahl
Sonne
Mond
wirklicher Sternort
scheinbarer Sternort
Beobachter

kraftwerke demonstrieren es ebenfalls täglich: Die Spaltung schwerer Atomkerne setzt große Mengen an Energie frei. Bei den Bomben, die in Hiroshima und Nagasaki jeweils über 100.000 Menschen töteten, wurden nur etwa ein Gramm Uran beziehungsweise Plutonium umgesetzt. Auch der umgekehrte Vorgang, die Verschmelzung leichter Atomkerne, ist eine enorme Energiequelle. Destruktiv wurde das in Form der Wasserstoffbombe seit 1952 angewandt, konstruktiv in Form von Kernfusionsreaktoren ist es noch immer Zukunftsmusik. Die Natur ist da weiter: Unsere Sonne scheint aufgrund der Verschmelzung von Wasserstoff zu

***Galaktische Fata Morgana:** Die Schwerkraft des zwei Milliarden Lichtjahre entfernten Galaxienhaufens Abell 2218 im Sternbild Drache verbiegt, verstärkt und spaltet das Licht von noch viel ferneren Urgalaxien hinter ihm. Ursache dieser optischen Täuschung im All ist der schon von Albert Einstein beschriebene Gravitationslinseneffekt. Dabei beeinflusst eine Galaxie im Vordergrund die Bahn des Lichts einer ferneren Galaxie dahinter so, dass diese doppelt, vierfach oder noch häufiger zu sehen ist, mitunter bogenartig verzerrt und außerdem oft heller erscheint. Stehen beide Galaxien vom Beobachter aus gesehen exakt hintereinander, wird das Licht der Hintergrundgalaxie zu einem sogenannten Einstein-Ring aufgefächert. Gleich einer kosmischen Fata Morgana umgibt er die Vordergrundgalaxie, die wie eine Streulinse wirkt. Seit 1979 wurden einige Hundert solcher Geisterbilder fotografiert, darunter mehrere Einstein-Ringe. Astronomen können damit sogar Distanzen bestimmen.*

Helium seit 4,6 Milliarden Jahren. 10^{38} Kernfusionsprozesse laufen in ihrem 15,7 Millionen Grad heißen Zentrum in jeder Sekunde ab. Dabei werden 500 Millionen Tonnen Wasserstoff umgesetzt – und etwa vier Millionen Tonnen davon verwandeln sich in Energie. Innerhalb von 45 Millionen Jahren wird die Sonne aufgrund der Kernfusion um die Masse der Erde „erleichtert". Von dieser verschwenderischen Zerstrahlung – die Sonnenleuchtkraft beträgt $3{,}8 \cdot 10^{26}$ Watt – kommen auf der Erde pro Sekunde und Quadratmeter durchschnittlich zwar nur 1367 Joule Energie an – das ist jedoch genug, um alle Lebensvorgänge anzutreiben. Insofern ist sogar unsere eigene Existenz ohne die Relativitätstheorie nicht zu verstehen.

In seiner 1915 vollendeten Allgemeinen Relativitätstheorie ging Albert Einstein noch einen Schritt weiter, indem er die Spezielle Relativitätstheorie generalisierte, die nur spezielle – nämlich gleichförmige – Bezugssysteme beschreibt. Beschleunigungen und die Wirkung der Gravitation behandelt sie nicht. Beide sind, das war Einsteins Grundidee, dasselbe. Er postulierte das von ihm sogenannte Äquivalenzprinzip: Die schwere Masse im Gravitationsfeld, messbar beispielsweise mit einer Federwaage, und die träge Masse, die sich einer Beschleunigung widersetzt, sind gleich groß. (Für diesen Ausgangspunkt der Allgemeinen Relativitätstheorie gibt es übrigens bis heute keine physikalische Erklärung, obwohl Experimente das Prinzip mit immer größerer Genauigkeit bestätigt haben.) So würde ein Physiker in einem geschlossenen Zimmer nicht herausfinden können, ob das Butterbrot, das vom Frühstückstisch auf den Boden fällt (natürlich mit der Butterseite voran …), dies aufgrund der Schwerkraft tut – oder weil das Zimmer in Wirklichkeit eine Kabine in einem Raumschiff ist, das entgegen der Fallrichtung des Butterbrots konstant beschleunigt wird. Auch umgekehrt wird ein Prinzip daraus: Fern von jeder Gravitationsquelle ist man schwerelos – aber auch im freien Fall, wenn etwa die Leine einer Fahrstuhlkabine reißt. Bei Parabelflügen macht man sich diesen Effekt zunutze, beispielsweise zum Astronautentraining und zur Mikrogravitationsforschung, indem man ein Flugzeug 10 bis 30 Sekunden lang absacken lässt. Die Folge ist eine kurze Schwerelosigkeit – eine sehr erträgliche Leichtigkeit des Seins, wie sie Hawking am eigenen Leib erfahren konnte (Seite 97). Tatsächlich sind auch Astronauten im Erdor-

Die Schwerkraft wirkt wie eine Beschleunigung

bit, etwa in der Internationalen Raumstation, nicht deshalb schwerelos, weil sie durchs All fliegen (die Erdgravitation ist in 400 Kilometer Höhe immer noch recht stark), sondern weil sie sich im permanenten freien Fall befinden – im kreisförmigen Dauersturz rund um den Globus.

Aus dem Äquivalenzprinzip zog Einstein eine erstaunliche Schlussfolgerung: Die Schwerkraft beeinflusst Lichtstrahlen. Zum einen vermindert sie deren Frequenz („Gravitationsrotverschiebung"), zum anderen lenkt sie die Bahn der Strahlen ab, wenn sie an einem schweren Körper vorbeikommen. Mehr noch: In den zehn Feldgleichungen der Allgemeinen Relativitätstheorie hat Einstein die Raumzeit mit der Materie und der Energie mathematisch verbunden. Raum und Zeit bilden demnach nicht die passive Bühne des Geschehens, sondern werden von den Körpern und sogar Licht beeinflusst – und umgekehrt. Das wurde inzwischen vielfach gemessen.

Masse krümmt den Raum

Daher ist die Gravitation Einstein zufolge eigentlich keine Kraft, sondern eine Eigenschaft der Raumzeit-Geometrie – die Folge der durch Masse „gekrümmten" Raumzeit. Denn Masse verlangsamt die Zeit (relativ zu einem Bezugssystem in einem schwächeren Gravitationsfeld), deformiert den Raum und zwingt Lichtstrahlen auf krumme Touren. Die Krümmung der Raumzeit kann sogar bewirken, dass das Licht nicht nur auf die schiefe Bahn gerät, sondern regelrecht aufgespalten (Foto Seite 58) und im Extremfall – in der Umgebung Schwarzer Löcher – um bis zu 180 Grad zurückgebogen wird.

Doch nicht nur lokal ist der Weltraum gekrümmt, nämlich dort, wo es Massen gibt. Auch als Ganzes, also global, besitzt er eine Geometrie.

› Die flache Welt

1917 hat Albert Einstein die Allgemeine Relativitätstheorie erstmals auf das Universum insgesamt angewandt. Zu seiner großen Überraschung entdeckte er nicht nur, dass der Weltraum dynamisch zu sein scheint (was er zunächst nicht wahrhaben wollte), sondern auch, dass für ihn drei grundverschiedene globale Geometrien möglich sind (was Mathematiker zwar schon vorher herausgefunden hatten, aber nicht physikalisch begründen und deuten konnten).

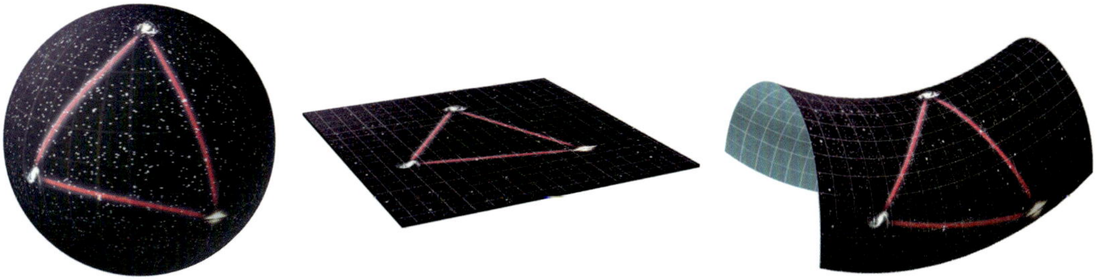

geschlossen (sphärisch) **flach (euklidisch)** **offen (hyperbolisch)**

Die Geometrie des Weltraums: *Wenn die mittlere Materie- und Energiedichte im All einen kritischen Grenzwert überschreitet, ist der Raum geschlossen (sphärisch) und endlich (aber grenzenlos), das heißt er krümmt sich in sich selbst zurück analog zur Kugeloberfläche. Entspricht die Dichte exakt dem Grenzwert oder liegt darunter, ist der Weltraum unendlich – im Spezialfall flach (euklidisch), ansonsten offen (hyperbolisch) und dann an jeder Stelle negativ gekrümmt wie ein Sattel. Im geschlossenen Fall schneiden sich Parallelen und Dreiecke haben eine Winkelsumme von über 180 Grad. In einem flachen Raum gilt die gewohnte Schulgeometrie. Im offenen Fall laufen Parallelen auseinander und die Winkelsumme von Dreiecken ist kleiner als 180 Grad. Messungen haben gezeigt, dass wir in einem (nahezu) euklidischen Universum leben.*

Diese großräumige Geometrie oder Krümmung des Weltraums kann sphärisch, flach oder hyperbolisch sein (siehe Grafik oben): Im sphärischen Fall laufen parallele Lichtstrahlen aufeinander zu wie die Längengrade auf dem Globus, und das Universum hat ein endliches Volumen, aber – wie eine Kugeloberfläche – keine Grenze. Im flachen Fall bleiben parallele Lichtstrahlen wie in der auf Euklid zurückgehenden Schulgeometrie parallel. Im hyperbolischen Fall laufen sie auseinander wie auf der Oberfläche eines Sattels. Und in beiden letztgenannten Fällen ist das Universum dann unendlich groß. (Nebenbemerkung im Dienst der Exaktheit: Das gilt nur für die sogenannten einfach verbundenen Topologien, also Gestalten des Raumes ohne „Löcher“; der Raum könnte im Prinzip auch ganz exotisch sein, zum Beispiel ein höherdimensionaler Ring sein, siehe Seite 130, und dann kann es auch endliche Räume geben, die flach oder hyperbolisch sind.)

Ist das Universum flach oder gebogen?

Messungen der Kosmischen Hintergrundstrahlung und der durchschnittlichen Materiedichte haben inzwischen gezeigt, dass der Weltraum global nicht oder kaum gekrümmt zu sein scheint, also weder

der Oberfläche einer Kugel (sphärische Metrik) noch der eines Sattels (hyperbolische Metrik) ähnelt.

Diese unter Kosmologen schon früh vermutete „Flachheit“ des Weltraums (euklidische Metrik) ist als zufällige Anfangsbedingung allerdings extrem unwahrscheinlich – etwa $1:10^{58}$. Dies hat Stephen Hawking abgeschätzt und sich darüber sehr gewundert. In einem 1973 mit Barry Collins im *Astrophysical Journal* publizierten Artikel hat er die Frage, warum das Universum trotzdem flach sein sollte, so zu beantworten versucht: „Weil wir hier sind.“ Diese auf den ersten Blick kuriose Antwort – ein im darauffolgenden Jahr als „Anthropisches Prinzip“ bezeichnetes Argument (dazu später mehr) – bedeutet: Wenn das Universum nicht so gleichförmig wäre, gäbe es uns gar nicht, weil es längst wieder in sich zusammengestürzt wäre oder so schnell hätte auseinanderfliegen müssen, dass sich aus der rasch verdünnten Urmaterie keine Sterne und Planeten hätten bilden können.

Dieses Argument ist zwar richtig, aber zugleich unbefriedigend, weil es streng genommen nichts erklärt. Eine definitive Antwort gibt es bis heute nicht. Aber eine Periode der exponentiellen Expansion des Weltraums könnte dessen Flachheit zwanglos verständlich machen und setzt nicht einmal voraus, dass der euklidische Grenzfall von Anfang an zutraf oder heute exakt zutrifft. Und genau diese rasante Ausdehnung wird vom Szenario der Kosmischen Inflation auch postuliert (dazu gleich mehr, ab Seite 69).

› Quantentheorie in Kürze

Albert Einstein hat nicht nur die Relativitätstheorie geschaffen, sondern auch wesentliche Beiträge zur Quantentheorie geleistet (und dafür sogar seinen Physik-Nobelpreis erhalten). Er und einige andere Physiker wie Max Planck, Niels Bohr, Louis de Broglie, Werner Heisenberg, Max Born, Pascual Jordan, Wolfgang Pauli, Erwin Schrödinger, Paul Dirac und John von Neumann revolutionierten zwischen 1899 und 1932 die Physik tiefgreifend.

Der Determinismus (kausale „Vorherbestimmtheit“) der klassischen Physik, einschließlich der Relativitätstheorie, scheint auf kleinen Skalen

Im Kleinen wird alles unbestimmt

von Raum und Zeit nicht mehr zu gelten. Ihn unterlaufen Zufallsereignisse („Quantensprünge“, „Quantenfluktuationen“) und eine prinzipielle Unschärfe der Quantenwelt. Das bedeutet auch eine unhintergehbare Grenze der Messgenauigkeit. So besagt die von Werner Heisenberg 1927 entdeckte und inzwischen experimentell längst glänzend bestätigte Unschärferelation, dass manche physikalischen Größenpaare nicht gleichzeitig beliebig genau gemessen werden können – oder von Natur aus niemals genau bestimmt sind (Grafik unten). Ein solches „unscharfes“ Größenpaar ist Impuls (Masse mal Geschwindigkeit) und Ort. Will man also die Geschwindigkeit eines Teilchens präzise feststellen, wird seine Position zwangsläufig sehr unbestimmt. Ein anderes „unscharfes“ Größenpaar bilden Heisenberg zufolge Energie und Zeit.

Außerdem sind die Zustände von Materie und Energie nicht kontinuierlich variabel, sondern quantisiert, das heißt diskret, portioniert und körnig. So gibt es kleinste Einheiten der Strahlung, die Photonen („Lichtteilchen“); und durch sie können Atome Energie nur „schrittweise“ aufnehmen oder abgeben.

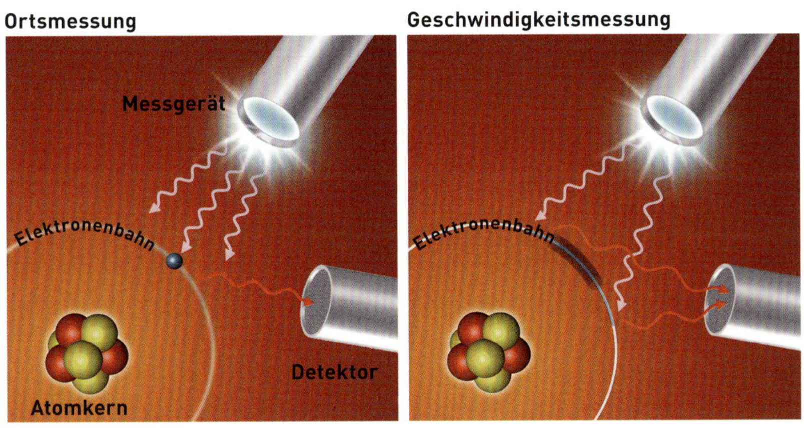

Unhintergehbare Unschärfe: *Gemäß der von Werner Heisenberg entdeckten Unbestimmtheits- oder Unschärferelation lassen sich bestimmte physikalische Eigenschaften in der Quantenwelt nicht beliebig präzise messen – und sind auch in der Natur nicht genau festgelegt. Das gilt zum Beispiel für den Ort eines Teilchens und seine Geschwindigkeit (genauer: seinen Impuls, das Produkt von Masse und Geschwindigkeit).*

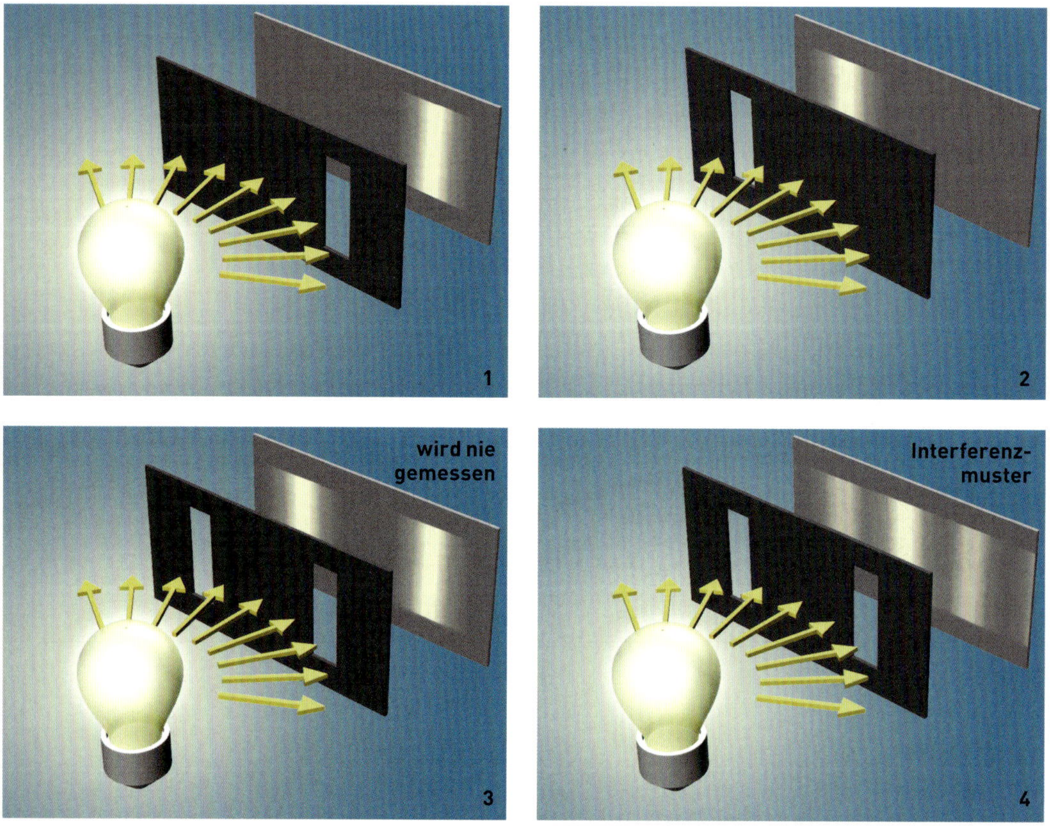

***Welle contra Teilchen:** Passiert ein Partikel, egal ob Licht oder Materie, einen Spalt, dann hinterlässt es dahinter auf einem Schirm oder im Detektor ein Signal (1 und 2). Sind beide Spalten offen, kommt es jedoch zu einer Überlagerung (Interferenz) wie bei Wellen (gemessene Situation im Teilbild 4 im Gegensatz zum nie beobachteten Muster in 3). Das ist selbst dann der Fall, wenn die – vermeintlichen? – Teilchen „Stück für Stück“ auf den Doppelspalt geschossen werden. Wieso diese Interferenz oder Superposition entsteht, ist rätselhaft.*

Mehr noch: Sowohl Materie als auch Energie zeigen, je nach Experiment, entweder Teilchen- oder Welleneigenschaften. Besonders bizarr macht sich das beim Doppelspalt-Versuch bemerkbar (Grafik oben). Hier kommt es zu Interferenzen und gespenstischen Überlagerungszuständen. Daraus folgern viele – aber keineswegs alle – Physiker, darunter auch Stephen Hawking und seine Kollegen, dass die Welt in Wirklichkeit eine Überlagerung („Superposition“) von Quantenzuständen

Bizarre Quantenwelt: Im Doppelspalt-Experiment (links) scheint ein einzelnes Teilchen beide Wege zu nehmen – das ist, als würde ein Skifahrer mit einem Bein links und mit einem Bein rechts an einem Baum vorbeisausen. Warum ist das in der Alltagswelt nie zu beobachten?

ist, und dass alle physikalischen Möglichkeiten ständig und quasi auch gleichzeitig realisiert sind. Davon lässt sich im Alltag nichts bemerken, aber für Weltmodelle der Quantenkosmologie ist das eine wichtige Annahme (siehe Seite 100, 108 und 138). Denn eine Quantentheorie, die nur Aussagen über Beobachter und ihre Messungen macht, wie in vielen orthodoxen Interpretationen, ist für das Universum als Ganzes, das keinen „äußeren Beobachter" hat, ziemlich nutzlos.

› Die erste Millionstel Sekunde

Der Ursprung der Welt ist im 20. Jahrhundert von einem Thema der Mythen, Religionen und Philosophien zu einem Gegenstand der exakten Naturwissenschaft geworden. Über die Vorgänge in den ersten Sekundenbruchteilen des Universums – ab etwa einer Milliardstel Se-

Zeit nach dem Urknall	Temperatur	Ereignisse
vor 10^{-43} Sekunden		Epoche der Quantengravitation: Die Raumzeit hatte eine diskontinuierliche, „schaumartige" Struktur. Es gab eine einzige Superkraft.
10^{-43}	10^{32} Grad Celsius	Symmetriebruch der Superkraft führt zur Abspaltung der Gravitation. Entstehung der klassischen Raumzeit, die mit einem Plasma fast lichtschneller Teilchen gefüllt ist (primordiale Materie), darunter X- und Anti-X-Teilchen. Ständige Wechselwirkung mit und Umwandlung zu den heute noch bekannten Elementarteilchen (Quarks, Elektronen ...) und Kraftüberträger-Partikeln (Gluonen ...).
10^{-35}	10^{27}	Abspaltung der starken Wechselwirkung; asymmetrischer Zerfall der X- und Anti-X-Teilchen, was die spätere Dominanz der Materie über Antimaterie vorwegnimmt.
10^{-11}	10^{15}	Aufspaltung der elektroschwachen Wechselwirkung zur elektromagnetischen und schwachen Wechselwirkung; X- und Anti-X-Teilchen sterben aus. Die Materie erhält ihre Masse durch das Higgs-Feld – erst jetzt haben die Elementarteilchen ihre heute noch beobachtbaren Eigenschaften.
10^{-6}	10^{14}	Quarks, Anti-Quarks und Gluonen können nicht mehr als freie Teilchen existieren. Protonen und Neutronen entstehen aus Quarks. Anschließend zerstrahlen Protonen und Antiprotonen fast vollständig. Winziger Überschuss von Materie.
10^{-1}	10^{10}	Neutrinos koppeln sich von den anderen Teilchen ab.
5	6×10^{9}	Elektronen und Positronen zerstrahlen fast vollständig.
100	10^{9}	Ende des Zerfalls von Neutronen zu Protonen. Entstehung der leichten Elemente (insbesondere Wasserstoff und Helium) aus der Verschmelzung von Protonen und Neutronen.
10.000 Jahre	30.000	Materiedichte dominiert über Strahlungsdichte.
380.000	4000	Ende der Plasmaphase: Entstehung der Atome, Entkopplung der Strahlung von der Materie – das Universum wird durchsichtig.
100 Millionen bis 1 Milliarde	- 250	Bildung der ersten Sterne und Galaxien, Entstehung der schwereren Elemente.
1 bis 10 Milliarden		Entstehung von Planeten und Leben.
13,7 Milliarden	- 270	Gegenwart.

Aus dem Tagebuch des Universums: *Eine Billionstel (10^{-12}) Sekunde nach dem Urknall sind bereits recht verlässliche Aussagen zur Entwicklung unseres Universums möglich. Über die Zeit davor kann im Augenblick nur spekuliert werden, weil noch keine gut fundierten und durch Beobachtungen bestätigten physikalischen Theorien existieren. Auch variieren einige der frühen Zeitangaben in verschiedenen Modellen.*

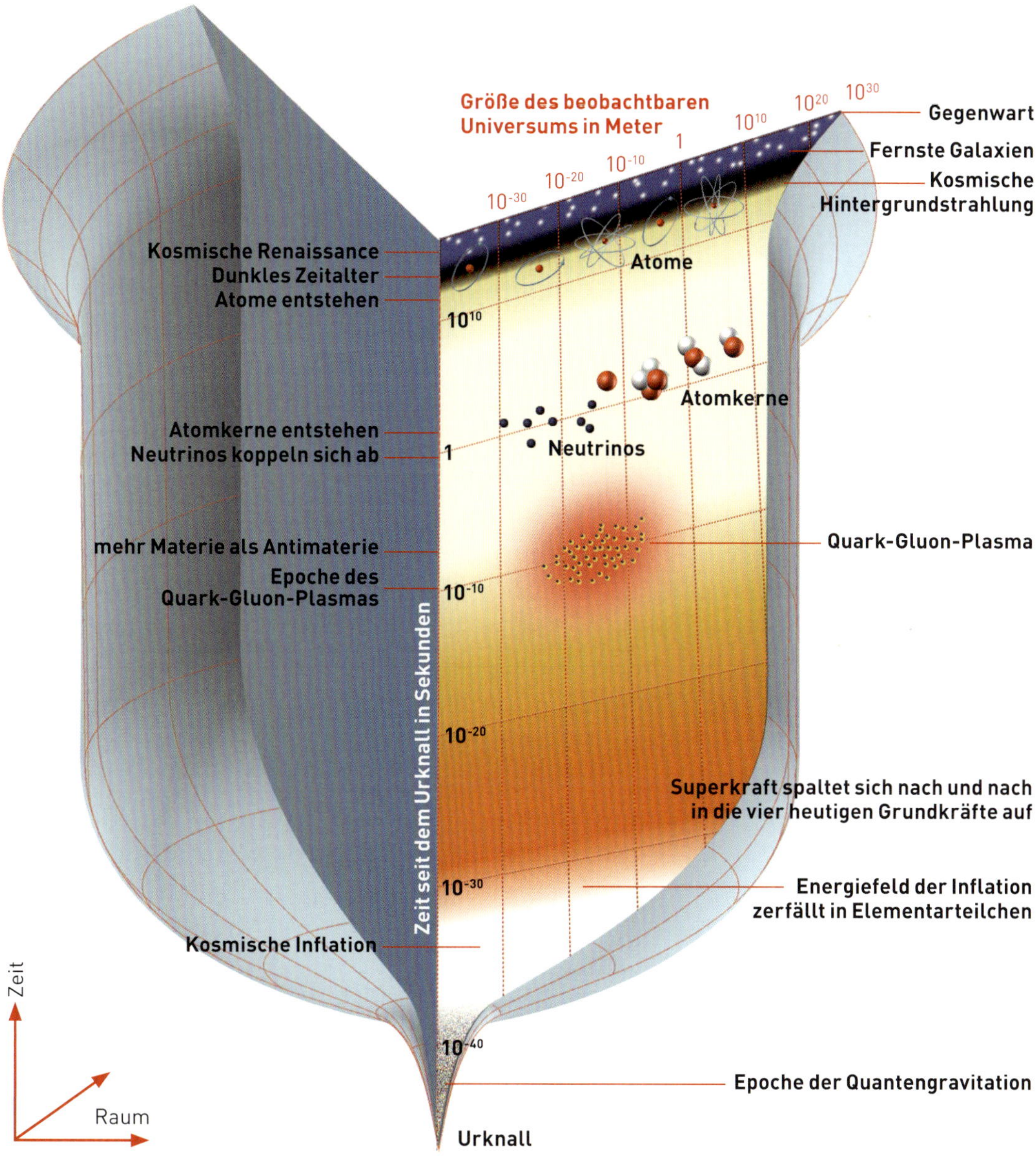

Die Geschichte des Universums: Die meisten grundlegenden Ereignisse erfolgten bereits in der ersten Sekunde. Die zeitlichen und räumlichen Verhältnisse sind hier im logarithmischen Maßstab komprimiert veranschaulicht.

kunde nach dem Urknall – und die späteren Entwicklungen wissen die Kosmologen inzwischen schon sehr gut Bescheid (Tabelle *Aus dem Tagebuch des Universums*). Was noch früher geschah, ist spekulativ, wird aber in den nächsten Jahren durch immer leistungsfähigere Teleskope und Teilchenbeschleuniger nach und nach erforscht werden können.

Allerdings ist dies nur teilweise physikalischen Experimenten zugänglich: Die höchstenergetischen Bedingungen ganz am Anfang des Universums werden in irdischen Labors niemals nachgeahmt werden können. Sie lassen sich allenfalls aus indirekten Indizien und astronomischen Beobachtungen erschließen. Doch auch der theoretische Rahmen ist noch unzureichend, so lange keine vereinheitlichte Theorie von Raum, Zeit, Energie, Materie und den Naturkräften existiert.

Am Anfang war die Superkraft

Im ersten Moment unseres Universums gab es nur eine einzige Superkraft; und alle Teilchen waren ununterscheidbar und masselos. Mit der Ausdehnung und Abkühlung des Weltraums spaltete sich diese Urkraft bereits in der ersten Millionstel Sekunde zu den heute vier bekannten fundamentalen Naturkräften auf: die Schwerkraft und elektromagnetische Wechselwirkung mit jeweils unendlicher Reichweite sowie die starke und schwache Wechselwirkung, die sich nur im Bereich der Atome bemerkbar machen.

Zugleich entstanden aus exotischen Vorstufen die heute noch existierenden Elementarteilchen: Quarks, Elektronen und Neutrinos. Die Quarks schlossen sich später zu Neutronen und Protonen zusammen – die Bausteine der Atomkerne.

Zu all diesen Teilchen gab es auch Antiteilchen mit denselben Massen, aber ansonsten entgegengesetzten Eigenschaften (wie Ladung oder Drehimpuls). Bei hohen Temperaturen stehen Erzeugung und Vernichtung von Materie und Antimaterie im Gleichgewicht. Wird es kühler, zerstrahlen die Teilchen und Antiteilchen paarweise zu Photonen. Dies geschah in der ersten Sekunde des Universums fast vollständig. Dass der Weltraum heute nicht „wüst und leer“ ist, sondern noch immer Materie enthält, aber fast keine Antimaterie mehr, das ist wohl einer geringfügigen, aber noch nicht verstandenen Asymmetrie zu verdanken: Auf etwa eine Milliarde Antiteilchen kamen eine Milliarde und ein Teilchen. Dieser winzige Überschuss an Materie überlebte die Vernichtungsorgie. Daraus ist noch heute das gesamte sichtbare All aufgebaut.

› Wie das Universum groß wurde

Auch wenn die Standardtheorie vom Urknall inzwischen exzellent bestätigt ist und der Urknall insofern als eine Tatsache bezeichnet werden kann, lässt sie doch viele Fragen und Probleme offen. So bleibt unklar, was den Urknall überhaupt auslöste, woher die Elementarteilchen kamen und wodurch der Weltraum so groß wurde. Eigentlich handelt die Urknall-Theorie gar nicht vom Urknall selbst, sondern von seinen Folgen. Ob mit dem Urknall Raum und Zeit erst entstanden sind, bleibt ebenfalls unklar. Im Rahmen der Relativitätstheorie ist das wahrscheinlich der Fall, wie Hawking zeigte (mehr dazu im nächsten Kapitel); doch das letzte Wort dazu wird, wenn überhaupt, erst mit einer Theorie der Quantengravitation gesagt werden können.

Unabhängig davon gibt es noch weitere Schwierigkeiten, die bereits in den 1960er- und 1970er-Jahren offenkundig wurden. So hat Hawking 1973 auf die außerordentlich unwahrscheinliche „Flachheit" des Weltraums hingewiesen, also die Tatsache, dass er auf großen Skalen nicht oder fast nicht gekrümmt ist. Dieses Problem kann aber, wie viele weitere, mit einem überraschenden Schlag gelöst werden: durch das Szenario der Kosmischen Inflation (siehe Tabelle *Prima Paradigma*).

Entstand alles aus fast nichts?

Diese Inflation (von lateinisch „inflare" für „aufblähen") hat nichts mit der Geldentwertung zu tun, wie sie durch politisches und ökonomisches Versagen zustande kommt. Im Gegenteil: Die Natur soll damit alles aus fast nichts erzeugt haben – und das quasi kostenlos (also ohne den Satz von der Erhaltung der Energie zu verletzen).

Durch die Kosmische Inflation hat sich der Weltraum in einem Sekundenbruchteil gigantisch aufgebläht. Wie lange diese rasante Ausdehnung währte, ist unklar und von Modell zu Modell verschieden. (Ein populärer Wert: In 10^{-30} Sekunden expandierte das junge All um das 10^{30}-fache – das ist so, als würde sich eine ein Zentimeter große Münze auf das Zehnmillionenfache der Milchstraße vergrößern.) Fest steht, dass die Inflation mindestens 50 bis 60 Verdopplungen des Volumens erzeugte, denn sonst hätte das All heute nicht die Eigenschaften, die die Beobachtungen zeigen: beispielsweise die großräumige Gleichförmigkeit seiner Materieverteilung und die „flache" Geometrie.

Obwohl die Inflation also auf den ersten Blick gleich zwei Naturgesetze zu verletzen scheint, ist das nicht der Fall:

Auch Masse ist eine Energieform

- Das Prinzip von der Erhaltung der Energie verbietet die Entstehung von Masse aus dem Nichts. Doch es gibt eine Art Schlupfloch in Form von negativer Energie. Dazu gehört die Energie des Gravitationsfelds. Erscheint mehr positive Energie – für Masse –, wenn ein Raumbereich sich mit konstanter Dichte ausdehnt, dann bildet sich zugleich auch mehr negative Energie im Gravitationsfeld, das diese Region ausfüllt. Die Energie der Schwerkraft und Materie gleichen sich gerade aus, die Gesamtenergie bleibt also erhalten. Dies geschieht nicht bei der normalen Ausdehnung des Universums, weil hier die Dichte der Materieenergie geringer wird, wohl aber bei der inflationären Expansion, weil die Energiedichte in diesem Zustand konstant bleibt.
- Gemäß der Relativitätstheorie kann sich nichts schneller als mit Lichtgeschwindigkeit bewegen. Aber dies gilt nur für gewöhnliche Teilchen im Raum. Bei der Inflation ist es jedoch der Raum selbst, der sich überlichtschnell ausdehnt. Und das lässt sich mit der Relativitätstheorie nicht nur vereinbaren, sondern auch erklären.

Was genau die Inflation antrieb (und stoppte), ist bis heute unklar. Der Einfachheit halber wird ein physikalischer Grundzustand namens „falsches Vakuum" angenommen. Es wurde von einem Energiefeld namens Inflaton beherrscht (oder mehreren), bis dieses in einem sogenannten Symmetriebruch spontan zerfiel und das „echte Vakuum" entstand, also ein neuer Zustand, in dem sich unser Universum seitdem befindet. Das klingt exotischer als es ist. Denn ähnliche „Phasenübergänge" gab es nachweislich auch später noch, bei der Aufspaltung der Naturkräfte, und sie sind in der Elementarteilchenphysik recht gut verstanden. Ob das Inflaton oder ein vergleichbarer Mechanismus wirklich existierte, ist allerdings unklar. Das wird sich wohl erst im Rahmen einer Theorie der Quantengravitation klären lassen. Immerhin gibt es in mehreren Theorien inzwischen Ideen dazu, auch im Rahmen der Stringtheorie. Die Inflation scheint sich also durchaus „natürlich" zu ergeben – auch in Hawkings jüngstem Weltmodell (Seite 144).

Die ersten Modelle der Kosmischen Inflation wurden ab 1979 von den Physikern Alan Guth, Alexei A. Starobinsky, Alex Vilenkin, Andrei Linde und Paul Steinhardt entwickelt. Hawking hat die Entwicklung von Anfang an aufmerksam verfolgt. Im Oktober 1981 besuchte er in Moskau eine Konferenz über Quantengravitation. Dann hielt er mehrere Vorträge zur Inflation. Unter den Zuhörern war Andrei Linde, der ihm seine noch unveröffentlichte Korrektur von Guths erstem Modell erläuterte, demzufolge sich Blasen aus echtem Vakuum im falschen

***Prima Paradigma:** Das Szenario der Kosmischen Inflation hat schon zahlreiche Bewährungsproben hinter sich und dadurch den Ruf einer „Standarderweiterung" der Urknall-Theorie erworben. Zwar sind noch einige Fragen offen und inzwischen gibt es konkurrierende Erklärungsversuche, aber die Erfolgsgeschichte des Szenarios ist beeindruckend. Die Tabelle fasst seine wesentlichen Pluspunkte zusammen, an denen auch kein konkurrierendes Modell vorbei kommt.*

Probleme der Standardtheorie vom Urknall	... und ihre Lösung im Szenario der Kosmischen Inflation
Expansion: Was hat die Ausdehnung des Weltraums verursacht?	Das Inflaton – ein hypothetisches Feld, das mit seinem negativen Druck wie Antigravitation wirkt.
Homogenität: Warum ist das Universum überall und in allen Richtungen extrem gleichförmig? (Der heute beobachtbare Weltraum mit circa 10^{26} Meter Durchmesser wäre im Alter von 10^{-35} Sekunden knapp einen Zentimeter groß gewesen, doch das Licht konnte damals erst etwa 10^{-27} Meter zurücklegen – also viel zu wenig, um Anfangsunterschiede ausgleichen zu können.)	Weil durch die exponentielle Ausdehnung des Weltraums das heute beobachtbare Universum aus einer viel kleineren Region entstanden ist als ohne Inflation. Diese Region war so winzig, dass alle ihre Teilbereiche in Wechselwirkung standen und sich einander anglichen. Diese Homogenität hat die Inflation erhalten und enorm „vergrößert".
Flachheit: Woher kommt die nahezu euklidische Metrik? (Als zufällige Anfangsbedingung wäre sie extrem unwahrscheinlich, etwa $1:10^{58}$.)	Durch die Inflation, die den Raum in alle Richtungen „gestreckt" hat ähnlich wie ein faltiges Tischtuch beim Auseinanderziehen glatt wird.
Fluktuationen: Woher kommen die winzigen Temperaturunterschiede in der Kosmischen Hintergrundstrahlung? (Sie spiegeln Dichteunterschiede im Urgas wieder, aus denen später Galaxien und Galaxienhaufen entstanden.)	Von zufälligen Quantenfluktuationen, die sich vor der Inflation ereigneten und durch sie extrem verstärkt und vergrößert wurden.
Topologische Defekte: Warum beobachten wir keine exotischen Objekte (Magnetische Monopole, Kosmische Strings, Domänengrenzen oder Texturen), wie sie von bestimmten Theorien der Teilchenphysik vorausgesagt werden?	Weil die Defekte, falls es sie gibt, durch die Inflation so weit auseinander getrieben wurden, dass sie im beobachtbaren Universum (fast) nicht vorkommen.
Teilchenzahl: Warum gibt es ungefähr 10^{80} Elementarteilchen im beobachtbaren Weltraum?	Weil sie sich aus der Zerfallsenergie des Inflatonfelds gebildet haben, als die Inflation aufhörte.
Eindeutigkeit: Warum sind die Naturgesetze und -konstanten so, wie sie sind?	Weil vielleicht alle Möglichkeiten irgendwo realisiert sind, wenn die Inflation zur Entstehung unterschiedlicher Universen führt.

Vakuum wie Gasblasen im kochenden Wasser gebildet hatten und sich nach und nach miteinander verbanden, bis sich der Raum des heutigen Universums in derselben neuen Phase des echten Vakuums befand. Doch diese Verschmelzung konnte nicht stattfinden, wie Guth selbst und andere Kosmologen erkannt hatten, darunter auch Hawking. Denn das falsche Vakuum zwischen den Blasen dehnte sich viel schneller aus, so dass die Blasen darin nie zusammenkommen konnten. Linde konterte jedoch, dass es kein Problem gäbe, wenn die Blasen so groß waren, dass die gesamte Region des beobachtbaren Universums – und viel mehr noch – in einer einzigen Blase enthalten wäre.

Hawking war begeistert. „Lindes Gedanke vom langsamen Bruch der Symmetrie war sehr gut, doch später wurde mir klar, dass seine Blasen hätten größer sein müssen als das Universum zum betreffenden Zeitpunkt!" In seiner *Kurzen Geschichte der Zeit* erinnert er sich: „Ich wies nach, dass die Symmetrie gleichzeitig überall gebrochen wäre und nicht nur innerhalb der Blasen. Das brächte ein gleichförmiges Universum hervor, wie wir es beobachten. Dieser Gedanke versetzte mich in ziemliche Aufregung und ich erörterte ihn mit Ian Moss, einem meiner Studenten." In derselben Zeitschrift, in der Lindes Artikel erschien, in *Physics Letters*, veröffentlichten Hawking und Moss ihre Lösung des Blasenproblems.

Das unruhige Vakuum wurde durch die Inflation aufgebläht

Im selben Jahr, 1982, publizierte Hawking noch einen weiteren Aufsatz zur Inflation, nämlich über die Entwicklung von Irregularitäten in einem Blasen-Universum. Das war der Beginn eines neuen Forschungszweigs, der das Allerkleinste mit dem Allergrößten verbindet: Winzige Quantenfluktuationen wären durch die Inflation später zu gewaltigen Dichteschwankungen im Urgas aufgeblasen worden, deren „Abdruck" sich als geringfügige Temperaturschwankungen in der Kosmischen Hintergrundstrahlung abzeichnen müssten. Wo etwas mehr Materie beisammen war, wurde es geringfügig wärmer. Diese regionalen Verdichtungen bildeten die gravitativen Keime der künftigen Sterne und Galaxien.

Das alles war zunächst noch unausgegoren. Aber in einem von Hawking mitorganisierten dreiwöchigen Workshop in Cambridge Mitte 1982, *The Very Early Universe*, haben Hawking und seine Kollegen die Details ausgearbeitet. Das war eine der fruchtbarsten Konferenzen in der Geschichte der Kosmologie überhaupt. Und tatsächlich hat der Satellit COBE (Cosmic Background Explorer) ein Jahrzehnt später die ersten Anzeichen dieser Temperaturschwankungen gemessen (für ihre Entdeckung gab es 2006 einen Physik-Nobelpreis, für die Voraussagen allerdings nicht). Inzwischen sind sie sehr genau kartiert (siehe Abbildung Seite 125) – ein Triumph der Wissenschaft.

Ein Szenario voller Eleganz

Zwar glänzt das Szenario der Inflation in seinen Grundzügen durch Einfachheit und Eleganz. Doch viele Details sind bis heute unklar geblieben. Und es gibt inzwischen Hunderte konkurrierender Modelle. Sie lassen sich zwar im Prinzip überprüfen, doch es ist unklar, ob das Szenario insgesamt falsifiziert werden kann – und eine Widerlegbarkeit gehört ja zu den grundlegenden Merkmalen wissenschaftlicher Hypothesen. Deshalb ist es gut, dass in den letzten Jahren auch andere Ansätze entwickelt wurden. Dennoch hat die Idee der Kosmischen Inflation inzwischen so viele Tests bestanden und eine so große Erklärungskraft entfaltet, dass sie beinahe schon als „Standarderweiterung" der Standardtheorie vom Urknall gilt.

Diese Erweiterung ist auch eine eminent räumliche. Denn im Gegensatz zur ursprünglichen Urknall-Theorie stammt im Szenario der Inflation nicht nur der gesamte beobachtbare Weltraum, sondern ein

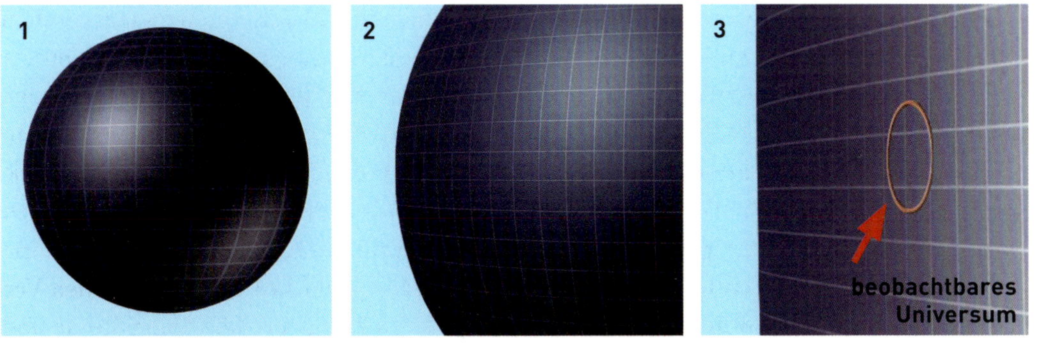

Aufblähung des Alls: *Durch den Prozess der Kosmischen Inflation soll der Weltraum groß geworden sein. Daher erscheint er lokal „flach", selbst wenn er global gekrümmt wäre. Denn das beobachtbare Universum (im Kreis rechts) ist nur ein winziger Ausschnitt des gesamten Blasen-Universums. (Und dieses könnte mit vielen anderen wiederum in ein noch wesentlich weiträumigeres „falsches Vakuum" eingebettet sein, das sich dann noch immer inflationär ausdehnen würde.)*

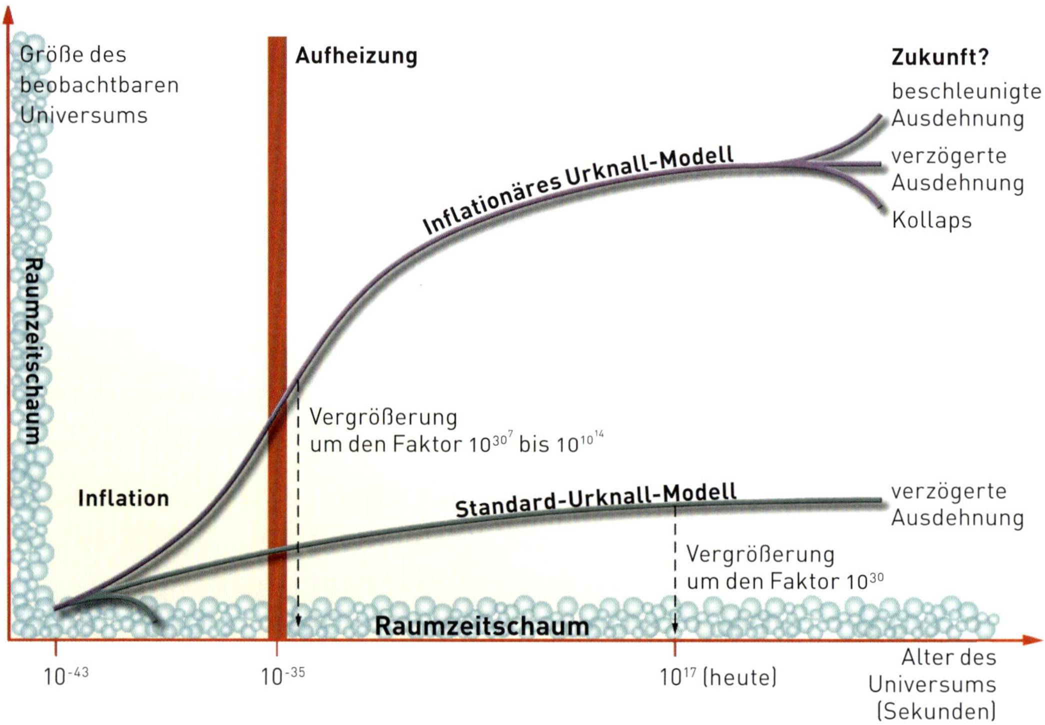

***Welt im Wachstum:** Dem Szenario der Kosmischen Inflation zufolge gab es im Gegensatz zum herkömmlichen Urknall-Modell mindestens in den ersten Sekundenbruchteilen eine Phase der exponentiellen Expansion des Weltraums. An ihrem Ende heizte sich das Universum auf und die Materie entstand. Die Ausdehnung des Alls ist hier nicht maßstabsgetreu skizziert.*

sehr viel größerer Bereich aus einer winzigen, superdichten Region, die sich exponentiell schnell ausgedehnt hat.

Die schlechte Nachricht dabei: Wenn die Inflation sehr lange dauerte, wurde durch sie alles aus der Zeit zuvor so explosionsartig verdünnt, dass es sich heute prinzipiell nicht mehr beobachten ließe. Dann wären sämtliche Spuren vom Anfang der Inflation unzugänglich geworden.

Die gute Nachricht: Die Anfangsbedingungen des Universums könnten viel weniger speziell gewesen sein als bislang gedacht. Das verringert die Unwahrscheinlichkeit der Weltentstehung beträchtlich und gibt der Kosmologie eine zusätzliche Erklärungstiefe.

Die Inflation hat unsere Welt aber nicht nur groß gemacht, also den Spielraum für alles Weitere geschaffen, sondern sie lieferte auch gleichsam das Spielzeug frei Haus. Am Ende der Inflation, so die gängige Vorstellung, verwandelte sich die Energie des berstenden Inflatonfelds beim Übergang vom „falschen" ins „echte" Vakuum in eine Kaskade von Elementarteilchen – die Geburt der Materie.

› Von der Inflation zum Multiversum

„In gewisser Weise ist die Inflation nicht ein Teil des Urknall-Modells, wie früher gedacht, sondern der Urknall ist ein Teil des Szenarios der Kosmischen Inflation", sagt Hawkings Freund und Kollege Andrei Linde im Hinblick auf die Erzeugung der Materie. Doch es geht noch viel weiter. Wenn die Inflation nicht überall im Kosmos gleichzeitig aufhörte, sondern an unterschiedlichen Orten zu unterschiedlichen Zeiten, gab es nicht nur einen – unseren – die Materie erzeugenden Urknall, sondern ungeheuer viele. Jeder markiert die Entstehung einer nicht weiter inflationär expandierenden Raumblase, die man als separates Universum bezeichnen kann. Dieser Vorgang ist mit Gasbläschen vergleichbar, die sich im kochenden Wasser bilden. Alle diese Blasen wären dann durch unermesslich viel größere Raumbereiche getrennt, die immer noch eine Inflation durchlaufen. (Das ist paradoxerweise sogar dann der Fall, wenn die Blasen, von innen betrachtet, unendlich groß sind; das liegt an der „Relativität" der Koordinatensysteme.)

Nicht ein Urknall, sondern viele

In diesem Fall hört die Inflation als Ganzes wohl nie auf, sondern setzt sich ewig fort. Zwar bilden sich früher oder später an jeder Stelle neue Blasen-Universen, die nicht mehr exponentiell wachsen. Aber ihr Volumen ist verschwindend gering im Vergleich zur inflationierenden Umgebung, die aus sich heraus ständig neuen Nachschub an Inflation erzeugt.

Damit kehrt übrigens durch die Hintertür sogar das Steady-State-Modell (siehe Seite 35) zurück. Denn in dem expandierenden Reigen der Ewigen Inflation herrscht, im Großen und Ganzen betrachtet, tatsächlich so etwas wie ein stationäres Gleichgewicht: Blasen-Universen würden sich unaufhörlich im falschen Vakuum bilden und der Urknall wäre nichts Einzigartiges, denn viele andere Blasen entstanden und entstehen fortwährend mit ihrem jeweils eigenen Urknall.

Welten wie Seifenblasen: *Kosmologen vermuten, dass unser Universum nur eines ist unter vielen, die einem sogenannten falschen Vakuum entsprangen. Vielleicht kollidieren manche sogar. Doch das wäre selten, denn die Ausdehnung der einzelnen Blasen-Universen ist sehr, sehr viel langsamer als die exponentielle Expansion des falschen Vakuums zwischen ihnen. Deshalb sind die Blasen-Universen im Verhältnis sehr viel kleiner, als hier dargestellt, und im späteren Schnappschuss (rechts) wären sie von der zwischen ihnen andauernden Inflation so weit auseinander getrieben worden, dass sie selbst in diesem Miniaturmaßstab Myriaden von Lichtjahren trennen würde.*

„Es gab einen Anfang für jeden Teilbereich des Universums – oder jedes Universum im Multiversum, der Summe aller Universen –, und die Inflation wird überall einmal zu Ende gehen. Aber es wird im Szenario der Ewigen Inflation kein Ende für die Entwicklung des Multiversums geben“, beschreibt es Linde. Das würde aber bedeuten, dass das Multiversum als Ganzes niemals verschwinden würde und sich sogar permanent selbst reproduziert. Allerdings werden viele der Blasen-Universen eines fernen Tages vergehen, weil sie entweder in sich zusammenstürzen oder aber durch ihre Ausdehnung so leer und kalt werden, dass kein Leben mehr in ihnen möglich ist.

Die Naturgesetze und -konstanten in den einzelnen Blasen könnten ganz verschieden sein. Denkbar ist sogar, dass sich die Zahl der Dimensionen unterscheidet. Vielleicht werden somit alle physikalischen Bedingungen, die überhaupt möglich sind, irgendwo realisiert. Die meisten Blasen-Universen hätten dann vermutlich keine Sterne und Planeten. Aber wenn alles Mögliche auch wirklich ist, bräuchten wir uns nicht zu wundern, dass wir in einem lebensfreundlichen Universum existieren.

Dieses Szenario der Ewigen Inflation hatte Hawking zunächst skeptisch beurteilt. Inzwischen konnte er sich aber nicht nur damit anfreunden, sondern hat es auch in sein eigenes Weltmodell integriert (siehe Seite 153). Allerdings löst auch die in alle Ewigkeit anhaltende Inflation eines Multiversums keineswegs das vertrackte Problem vom Anfang der Welt (siehe Seite 92). Der Kosmologe Michael Turner von der University of Chicago, auch einer der Hauptverfechter der Inflation, hat das einmal sehr prägnant folgendermaßen auf den Punkt gebracht: „Wenn die Inflation das Dynamit hinter dem Urknall ist, dann suchen wir noch immer nach dem Zündholz."

Was hat den Urknall gezündet?

IM KONTEXT

- Für eine Erklärung des Urknalls und anderer Phänomene ist eine „Weltformel" nötig, die Raum, Zeit, Materie, Energie und die Naturkräfte einheitlich beschreibt. Eine solche Theorie der Quantengravitation existiert bislang nur in Ansätzen.
- Hawking favorisiert – nach Arbeiten zur Euklidischen Quantengravitation – neuerdings die String- oder M-Theorie mit ihren sechs oder sieben räumlichen Extradimensionen. Ob sie korrekt und eindeutig ist, weiß niemand.
- Auch das Szenario der Kosmischen Inflation ist noch nicht gesichert, hat aber eine enorme Erklärungskraft – und einige ihrer Voraussagen wurden erfolgreich überprüft. Hawking gehört zu den Pionieren dieser Annahme einer gigantischen Ausdehnung des sehr frühen Universums, die den Weltraum erst groß gemacht und die Elementarteilchen erzeugt haben soll.
- So prognostizierten Hawking und unabhängig von ihm auch einige weitere Forscher die Existenz von „aufgeblasenen" Quantenfluktuationen, die zu Dichteschwankungen im Urgas und letztlich zur Galaxienentstehung führten. Diese Dichteunterschiede sind inzwischen eindeutig gemessen – neuerdings werden aber auch andere Erklärungen diskutiert.

Die verrückte Urknall-Singularität

Stephen Hawkings wichtigste Leistung in der Kosmologie ist eine doppelte: Zuerst bewies er den Urknall als Beginn unseres Universums im Rahmen der Relativitätstheorie – und zugleich, dass diese an der mysteriösen Grenze der Raumzeit zusammenbricht. Danach machte er sich daran, diese Grenze zu überwinden, um erklären zu können, wie es zum Urknall kam.

› Wo die etablierte Physik versagt

Hawkings wissenschaftliche Karriere setzte mit einem Paukenschlag ein. Denn seine Doktorarbeit von 1966 erweiterte den Horizont der Erkenntnis ungeheuerlich – und definierte zugleich eine brachiale Grenze. Im Gegensatz zu den Dissertationen in bestimmten Politiker-Kreisen, die mangels origineller Ideen hemmungslos aus anderen Arbeiten abschreiben und nicht die Forschung zum Ziel haben, sondern lediglich unverschämte Wichtigmacherei und Bereicherung, erschloss Hawkings akademische Eintrittskarte nicht nur neue Einsichten, sondern führte darüber hinaus bis an den Beginn von Raum und Zeit.

Hawking konnte beweisen, dass unser Universum einen Anfang hat. Die Zeit währt also nicht ewig, sondern die Vergangenheit ist endlich. Zumindest gilt das mit einigen gut begründeten Zusatzannahmen im Rahmen der Allgemeinen Relativitätstheorie und somit der klassischen Physik.

Was geschieht, wenn man den kosmischen Film zurückspult?

Verfolgt man nämlich die gegenwärtige Ausdehnung des Weltraums rechnerisch zurück – so als würde man den kosmischen Film rückwärts ablaufen lassen –, dann kommt man unweigerlich an einen Punkt in den mathematischen Gleichungen, an dem es nicht mehr weiter geht: die sogenannte Singularität. Der Begriff – abgeleitet von lateinisch „singularis“ und „singulus“ für „einzeln“, „einzigartig“,

„vereinzelt" sowie „eigentümlich" und „außerordentlich" – bezeichnet allgemein eine Einzigartigkeit (etwa in der Meteorologie oder technologischen Entwicklung). In der Mathematik und Physik sind Singularitäten Ausnahmesituationen, in denen die Gleichungen verrückt spielen.

Mathematische Singularitäten gibt es oft. Ein Beispiel ist die Funktion $f(x) = 1/x$, wenn man für x die 0 einsetzt. In der üblichen Mathematik ist dies „verboten" beziehungsweise nicht definiert: Man „darf" nicht durch Null teilen. Etwas anderes bedeuten Singularitäten in Koordinatensystemen. Sie sind das Ergebnis eines bestimmten Beschreibungssystems.

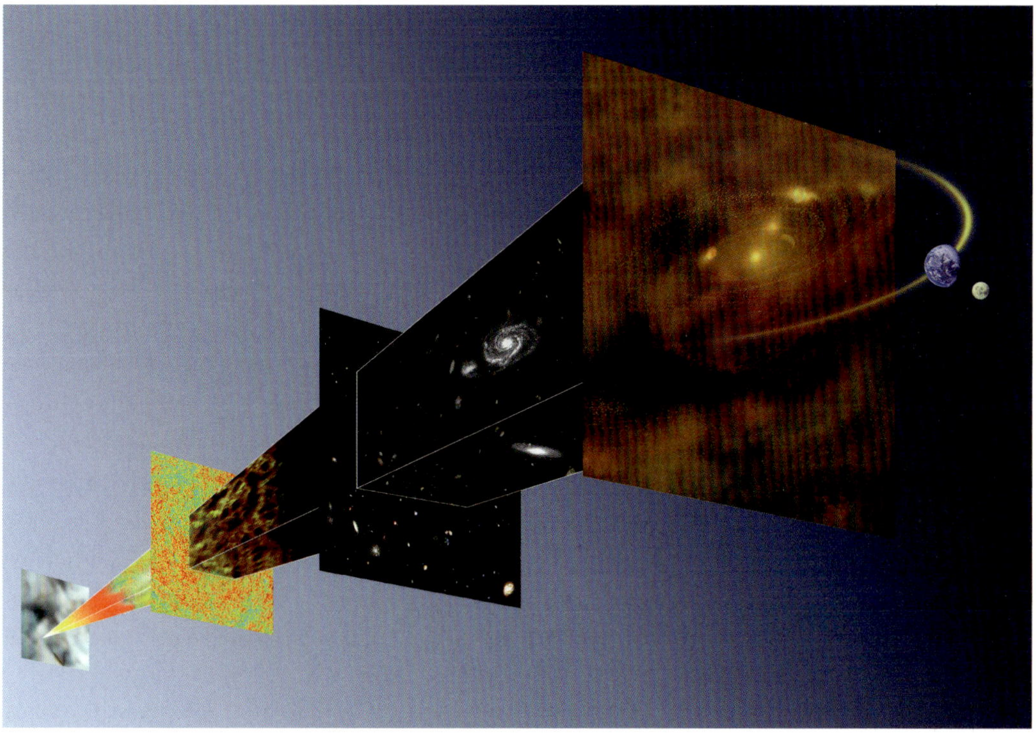

Momentaufnahmen einer kurzen Geschichte der Zeit: *Vom Urknall vor 13,7 Milliarden Jahren über die Freisetzung der Kosmischen Hintergrundstrahlung 380.000 Jahre später und die Bildung der ersten Galaxien 500 Millionen Jahre danach bis zur Entstehung des Sonnensystems vor 4,6 Milliarden Jahren mit der Erde, von wo aus dies heute rekonstruiert wird. Doch wie hat alles begonnen?*

So hat das vertraute Koordinatensystem der Erde je eine Singularität am Nord- und Südpol, weil sich die Meridiane, die Längengrad-Linien, dort überschneiden (die Breitengrade haben diese Eigenschaft nicht). Nun ist es an den Polen zwar bitterkalt, aber die physikalischen Gesetze spielen dort nicht verrückt. Koordinatensingularitäten lassen sich nicht einfach durch Rechentricks beseitigen; stattdessen verwendet man, falls nötig, ein anderes Koordinatensystem.

Energie, Dichte und Temperatur werden unendlich

Mit der von Hawking bewiesenen Anfangssingularität des Universums ist das nicht möglich. Zwar ist sie ebenfalls eine Koordinatensingularität, doch lässt sie sich nicht durch eine Transformation beseitigen, sondern bleibt in allen Koordinatensystemen erhalten. Und sie ist eine echte physikalische Singularität, eine sogenannte Krümmungssingularität. Hier wächst die Krümmung der Raumzeit ins Unendliche. Auch Energie, Temperatur und Dichte werden unendlich, Raum und Zeit dagegen null. Die Physik bricht also quasi zusammen. Alle bekannten Naturgesetze verlieren ihre Gültigkeit, wissenschaftliche Aussagen sind nicht mehr möglich, die Singularität ist schlichtweg unberechenbar.

› Verzweifelte Suche nach Auswegen

Dass der Urknall eine seltsame Krümmungssingularität war (oder daraus hervorging), war schon vermutet worden, bevor Hawking seine Forschungen begann. Doch viele Kosmologen wollten diesen undefinierbaren Anfang Jahrzehnte lang nicht akzeptieren. Verschiedene Einwände wurden erhoben:

- Die Singularität sei doch bloß ein Artefakt, das von einer irreführenden Wahl der Koordinaten stammt.
- Nichts ließe sich beliebig zusammenpressen, irgendwann überwiege stets der Gegendruck.
- Falls das Universum rotiert, könnten „innere Fliehkräfte“ die Singularität vermeiden.
- Das Universum habe sich nicht überall ganz gleichmäßig ausgedehnt. Verfolgt man die Expansion zurück, müssen sich daher auch nicht alle Weltlinien in einem Punkt vereinigen, sondern laufen teils gleichsam aneinander vorbei. Die Weltlinien beschreiben in der Relativitätstheo-

rie die Geschichte der Dinge in der Raumzeit. Wenn diese Kurven nicht alle aus einem Punkt im Urknall entsprängen, gäbe es keine Singularität.

Ein Kollaps als Wunschidee

Genau das haben 1963 die ukrainischen Physiker Evgeny M. Lifshitz und Isaak M. Khalatnikov behauptet. Ein Zustand unendlicher Dichte könne lediglich eintreten, wenn die Galaxien (oder Weltlinien) im rechneri-

Kluge Köpfe: *Stephen Hawking und Roger Penrose (rechts) gelang im Rahmen der Allgemeinen Relativitätstheorie der mathematische Beweis der Urknall-Singularität.*

schen Rückwärtsgang exakt aufeinanderzustrebten. Nur dann träfen sie sich alle in einem einzigen Punkt der Vergangenheit. Hingegen würden „seitliche" Bewegungen beziehungsweise „Versetzungen" aneinander vorbei führen und einen totalen Zusammenprall vermeiden. Deshalb wäre der Urknall kein Anfang, sondern ein Übergang gewesen: zwischen einem früheren, sich zusammenziehenden Universum und unserem heute expandierenden – ohne, dass es dazwischen einen Kollaps hin zu einem Zustand unendlicher Dichte gegeben hätte.

Diese Argumentation wurde allerdings nicht generell akzeptiert, weil sie sich zwar plausibel anhört, aber nicht klar belegen ließ. Daher blieb die Frage nach der Urknall-Singularität unbeantwortet, bis Stephen Hawking sich einschaltete.

› Erfreulicher Beweis des Unerfreulichen

Nicht nur im Urknall, sondern auch in den ominösen Schwarzen Löchern bricht die Allgemeine Relativitätstheorie zusammen und Singularitäten sprengen die Gleichungen. Schwarze Löcher sind regelrechte Fallen in der Raumzeit und entstehen, wenn ausgebrannte massereiche Sterne in sich zusammenstürzen (mehr dazu ab Seite 156). Während der Urknall zeitlich weit entfernt liegt und in den 1960er-Jahren noch eine sehr abstrakte und umstrittene Vorstellung war, sind Schwarze Löcher gegenwärtig und in allen Galaxien. Das Problem der Krümmungssingularitäten, die sich im Zentrum eines jeden Schwarzen Lochs befinden könnte, ließ sich also nicht einfach ignorieren oder wegdiskutieren. Allerdings versuchten Physiker auch hier zu widerlegen, dass Schwarze Löcher oder zumindest ihre Singularitäten in der Natur vorkommen.

Unaufhörliche Verdichtung

Doch nach Vorarbeiten einiger anderer Forscher war es Roger Penrose von der Oxford University Mitte der 1960er-Jahre gelungen, mit neuen, von ihm selbst entwickelten mathematischen Techniken nachzuweisen, dass der Kollaps massereicher Sterne zu einem Schwarzen Loch unaufhaltsam ist – und zwar unter sehr allgemeinen und plausiblen Voraussetzungen. Es gab anscheinend für die Natur keinen Ausweg, die unendliche Verdichtung zu vermeiden – etwa, indem der

Stern rotiert oder seine Masse nicht ganz gleichmäßig verteilt ist, so dass seine zusammenstürzende Materie wieder auseinanderstreben könnte.

Penrose stellte seine Überlegungen 1965 auf einem Seminar am University College in London vor. Stephen Hawking, der damals sein drittes Jahr als Doktorand begann, besuchte das Seminar mit seinem Doktorvater Dennis Sciama. Im Anschluss daran fragte er sich, ob man die Methoden, die Penrose für Sterne entwickelt hatte, nicht auch auf das Universum als Ganzes anwenden könnte. Lässt man nämlich in Gedanken – oder mithilfe der Gleichungen in der physikalischen Beschreibung – die kosmische Expansion rückwärts laufen, dann kollabiert der Weltraum ja ebenfalls. (Unter bestimmten Bedingungen wird er dies auch in ferner Zukunft tun – doch bislang ist es unklar, ob sie erfüllt sind.) Und da er nicht seit Ewigkeiten expandiert, wie es im Steady-State-Modell angenommen wurde, sondern seit einer endlichen Zeit, könnte – so dachte Hawking – diese Rückwärtsrechnung etwas vom Ursprung des Universums verraten. Daher beschloss er, die Methoden und Resultate von Penrose zu erweitern und auf das gesamte All anzuwenden.

Erfolgreicher Zusammenbruch

Hawking hatte Erfolg. Sein Ansatz glückte, und so konnte er zeigen, dass unter bestimmten Bedingungen im Rahmen der Relativitätstheorie eine Singularität im Urknall tatsächlich nicht zu vermeiden ist. Das letzte Kapitel seiner Dissertation enthält den ersten Singularitätssatz für den Beginn des Universums. Dennis Sciama, Hawkings Betreuer, hatte anfangs noch mit dem Steady-State-Modell sympathisiert. Doch Hawkings Dissertation und seine weiteren Arbeiten überzeugten ihn bald vom Gegenteil. Roger Penrose war Zweitgutachter und ebenfalls begeistert.

Zusammen mit Penrose, Sciama und anderen Forschern wie George Ellis erweiterte Hawking in den folgenden Jahren bis 1970 den neuen Ansatz noch, um die Annahmen so schwach wie möglich zu machen – also arm an heiklen Voraussetzungen, theoretischen Schlupflöchern und Achillesfersen – und die Schlussfolgerungen auszuloten. Immer wieder und unausweichlich stießen die Physiker in den Gleichungen auf die verrückte Singularität. Es zeigte sich, dass sie unter sehr allgemeinen Voraussetzungen unvermeidlich ist.

Evgeny Lifshitz und Isaak Khalatnikov kamen daraufhin in eine schwierige Situation. Ihre Arbeit von 1963, mit der sie die Singularität zu umgehen glaubten, hielt den Hawking-Penrose-Theoremen nicht stand. „Gegen die mathematischen Theoreme, die wir bewiesen hatten, konnten sie schlecht etwas einwenden, andererseits durften sie aber unter dem sowjetischen System auch nicht zugeben, dass sie sich geirrt und westliche Wissenschaftler Recht hatten", erinnert sich Hawking. „Doch sie retteten die Situation, indem sie eine allgemeinere Familie von Lösungen mit einer Singularität fanden, die nicht so speziell waren wie ihre vorherigen Lösungen. Damit waren sie in der Lage, Singularitäten – den Anfang oder das Ende der Zeit – als sowjetische Entdeckung zu reklamieren."

› Anfang der Zeit und Ende der Erklärungen

„Die Zeit hat einen Anfang", fasst Stephen Hawking das wichtigste Ergebnis seiner Singularitätsbeweise im Rahmen der Allgemeinen Relativitätstheorie zusammen. „Wenn die klassische Allgemeine Relativitätstheorie richtig ist, dann muss in der Vergangenheit tatsächlich eine Singularität existiert haben, die der Beginn der Zeit war. Alles, was vielleicht vor der Singularität existiert hatte, konnte demzufolge nicht als Teil des Universums betrachtet werden." Das sind Erkenntnisse mit großer Tragweite, die Hawking und Penrose in Fachkreisen – und bald auch darüber hinaus – weltweit große Anerkennung eintrugen. 1988 erhielten sie sogar den Wolf-Preis. Er ist die wohl angesehenste Auszeichnung für einen Physiker nach dem Nobelpreis – und oft dessen Vorstufe.

Drei wichtige Voraussetzungen für die Urknall-Singularität

Die Stärke der Singularitätstheoreme ist, dass sie auf drei sehr generellen und plausiblen Bedingungen beruhen, die weitgehend unabhängig von der Relativitätstheorie sind. Darüber hinaus zeigte Hawking sogar: „Man kann eine Bedingung abschwächen, wenn man sich dafür bei den beiden anderen für eine stärkere Version entscheidet." Diese drei Grundannahmen lassen sich ohne mathematisch-physikalische Vorkenntnisse nicht verstehen, daher hier nur ein paar Andeutungen:

› **Gravitation:** Sie wird im Sinn der Relativitätstheorie geometrisch interpretiert, also als Krümmung der Raumzeit. Sie muss so stark sein können, dass aus einem begrenzten Gebiet nichts mehr entweichen kann (ähnlich wie bei einem Schwarzen Loch). Dann brechen an Singularitäten die Weltlinien von Strahlung und Materie ab.

› **Kausalitätsprinzip:** Seine Gültigkeit wird vorausgesetzt. Eine Ursache kommt also zeitlich immer vor ihrer Wirkung. Es gibt keine Zeitschleifen.

› **Energiebedingungen:** Diese grundlegenden physikalischen Zusammenhänge (mathematisch als Ungleichungen ausgedrückt, die die Masse- und Energie-Verteilung in der Allgemeinen Relativitätstheorie beschreiben) dürfen nicht „verletzt" sein. So kann die Masse oder Energiedichte nicht negativ werden oder die Schallgeschwindigkeit an einem Ort höher sein als die Lichtgeschwindigkeit dort.

Schlupflöcher im Beweisgang

Im Umkehrschluss heißt dies: Krümmungssingularitäten müssen nicht auftreten, wenn mindestens eine der Voraussetzungen der Hawking-Penrose-Theoreme nicht erfüllt ist beziehungsweise ausgehebelt wird. Mit anderen Worten: Eine Vermeidung der Urknall-Singularität in der physikalischen Kosmologie erfordert erstens eine Erklärung des Urknalls mithilfe einer Theorie, die mindestens eine der drei Annahmen von Hawkings Beweisgang zurückweist. Und sie sollte zweitens verständlich machen, warum diese Annahme nicht gültig ist – am besten mithilfe einer strengen Ableitung aus den Prinzipien einer solchen Theorie.

› Krise und Aufbruch

„Zum Zeitpunkt einer Singularität, die wir als Urknall bezeichnen, müssten die Dichte des Universums und die Krümmung der Raumzeit unendlich gewesen sein", fasst Hawking seinen gleichermaßen bahnbrechenden wie schockierenden Beweis zusammen. „Unter solchen Bedingungen würden alle bekannten Naturgesetze ihre Gültigkeit verlieren. Das wäre eine Katastrophe für die Wissenschaft, denn es würde bedeuten, dass die Wissenschaft allein keine Aussage über den Anfang des Universums machen könnte. Sie könnte nur feststellen: Das Universum ist, wie es jetzt ist, weil es war, wie es damals war. Aber sie könnte nicht erklären, warum es so war, wie es damals, das heißt kurz nach dem Urknall, gewesen ist."

Hawking lässt keinen Zweifel daran, dass hier eine Art Kapitulationserklärung droht. Die entscheidenden Fragen lauten also: Ist eine solche physikalische Singularität „real“ – ein Stoppschild für unsere Erkenntnis und das Ende aller Erklärungen? Oder tritt auch sie nur als Artefakt einer unzureichenden Theorie auf – und kann mit einer besseren eliminiert werden?

Die unschöne Kehrseite des großen Erfolgs

Die Singularitätstheoreme von Hawking und Penrose waren ein großer Erfolg, ein theoretischer Durchbruch. Dies darf aber nicht darüber hinwegtäuschen, dass die Medaille eine unschöne Kehrseite hatte. Denn die Erkenntnis war ein Pyrrhussieg, versperrte sie doch den Weg zu einer Erklärung des Urknalls: Wenn in der Singularität keine Naturgesetze mehr gelten, dann entgleitet sie gleichsam dem Zuständigkeitsbereich der Physik oder ist eine Bankrotterklärung für jedes weitere Bemühen, den Ursprung des Universums zu verstehen.

Schon nach der Vollendung der Theoreme, Anfang der 1970er-Jahre, betrachteten viele Kosmologen diese Situation allerdings nicht als Grund zur Kapitulation, sondern als Ansporn. „Damals wurde allgemein angenommen, dass die Hawking-Penrose-Theoreme implizieren, dass eine Epoche der Quantengravitation im frühen Universum unumgänglich ist. Ob Quantengravitationseffekte die Singularität vermeiden können, war ungewiss – und ist es bis heute, auch wenn es inzwischen einige Hinweise dafür gibt“, sagt George F. R. Ellis. Er forscht seit langem an der Universität von Kapstadt in Südafrika und ist einer der renommiertesten Experten auf dem Gebiet der Relativitätstheorie und Kosmologie. Mit Hawking hat er schon 1968 eine Arbeit über die Singularitäten veröffentlicht und 1973 dann das Fachbuch *The Large Scale Structure of Space-time*. Es war Hawkings erstes Buch und ist bis heute ein Klassiker, weil darin nicht nur dic Singularitätstheoreme zusammenhängend dargestellt sind, sondern auch in den großen kosmologischen Zusammenhang eingebunden werden.

Der Keim der Vernichtung

Viele Wissenschaftler sind also davon überzeugt, dass Quanteneffekte eine physikalische Singularität nicht zulassen. Die Anfangssingularität ist dann lediglich die Selbstaussage der Allgemeinen Relativitätstheorie über das Ende ihres eigenen Anwendungsbereichs. Die Theorie prognostiziert somit ihren eigenen Zusammenbruch und trägt gleichzeitig den Keim ihrer Vernichtung in sich. Dies ist aber keine Katastrophe für die Forschung, sondern ein Vorteil sowohl in wissenschaftlicher als auch in erkenntnistheoretischer Hinsicht. Denn dadurch wird die Grenze der Gültigkeit dieser Theorie offenkundig – und alle Theorien haben ja einen eingeschränkten Anwendungsbereich, nur machen sie selbst das in der Regel nicht deutlich.

Diese Grenze versuchen verschiedene Modelle der Quantengravitation zu überwinden. Es gibt ein paar vielversprechende Ansätze, nicht nur von Hawking; aber sie sind alle noch spekulativ und unbestätigt. Ob sie sich in der Praxis überhaupt testen lassen, ist ungewiss, obwohl sie durchaus überprüfbare Aussagen machen können. (An dieser Stelle sei der Vollständigkeit angemerkt, dass eine Theorie der Quantengravitation im Prinzip nicht einmal notwendig ist, um die Singularitäten zu vermeiden. Denn es gibt noch weitere Schlupflöcher – zum Beispiel durch spezielle Energiefelder, durch variable Naturkonstanten oder durch einen extremen negativen Druck etwa aufgrund einer positiven Kosmologischen Konstante.)

Die Sackgasse auf dem Weg zur Erkenntnis

Es ist also zwar denkbar, dass die Singularität – als eine Grenze der menschlichen Erkenntnis – nicht überwunden werden kann. Dann wäre sie ein Endpunkt physikalischer Erklärungen, eine Sackgasse des Naturverständnisses, ein scharfer Schlussstrich für den Versuch, den Ursprung des Universums zu verstehen. Doch dies ist nicht zwingend der Fall, sondern eine offene Frage, eine Herausforderung und vielleicht das wichtigste Forschungsthema der Quantenkosmologie: Wie lässt sich die Singularität aus der Naturbeschreibung herausradieren, damit man ein vollständiges Bild des Kosmos zeichnen kann?

› Angriff auf die Urknall-Singularität

Fest steht: Falsch wäre es zu sagen, dass das Universum aus der Urknall-Singularität entsprang. Denn diese Krümmungssingularität ist kein Zustand, Objekt oder Teil der Natur (sondern allenfalls ein abstrakter Gegenstand einer physikalischen Theorie). Sie ist kein realer Rand der Raumzeit, sondern vielmehr die Grenze der physikalischen Beschreibung dieser Raumzeit im Rahmen der Relativitätstheorie. Somit gehört die Singularität nicht zu Raum und Zeit, und sie markiert daher strenggenommen auch nicht den Anfang der Zeit.

An der Singularität scheitert die auf der Relativitätstheorie gegründete Physik und Kosmologie. Doch das sagt noch nicht unbedingt etwas über die Natur aus, sondern nur über die Vorstellung, die sich die Physiker und Kosmologen von ihr machen. Vielleicht lassen sich diese Vorstellungen aber korrigieren und erweitern. Dann bestünde eine Chance zu erklären, wie es zum Urknall kam.

Im Brennpunkt der Singularität

Dass die Urknall-Singularität, die ein Ergebnis einer Theorie ist, durch eine andere Theorie überwunden werden könnte, illustriert folgende Analogie: Trifft Sonnenlicht auf eine Glaslinse, werden die parallel einfallenden Strahlen darin gebündelt und im Brennpunkt hinter ihr fokussiert. Das lässt sich gut mithilfe der Gesetze der Strahlenoptik beschreiben. Allerdings müsste dabei die Energiedichte im Brennpunkt unendlich groß sein – er ist in der Strahlenoptik eine Singularität. Tatsächlich kann es dort so heiß werden, dass sich damit ein Feuer entfachen lässt – doch zu einem unendlichen Temperaturanstieg kommt es nicht. Die Strahlenoptik verliert hier also ihre Gültigkeit. Betrachtet man Licht als ein Wellenphänomen, kann man die Vorgänge auch mit der Wellenoptik beschreiben. Damit lässt sich sogar berechnen, was mit dem Licht jenseits des Brennpunkts geschieht – wie es auseinander läuft und vielleicht auf eine neue Linse trifft.

„Die scheinbare Singularität im Brennpunkt bei einer geometrischen Beschreibung bedeutet also nicht, dass dort jegliche physikalische Beschreibung zusammenbricht", erläutern Thomas Filk und Domenico Giulini in ihrem Buch *Am Anfang war die Ewigkeit*. Vielmehr verdeutlicht das Beispiel, wie eine Singularität als Artefakt einer unzureichenden Theorie entstehen und durch eine leistungsfähigere Theorie überwunden werden kann. „Ganz ähnlich könnte es auch mit dem Urknall sein", spekulieren die beiden Theoretischen Physiker von der Universität Freiburg. „Die Beziehung zwischen Strahlenoptik und Wellenoptik ist nämlich durchaus vergleichbar mit der Beziehung zwischen klassischer Physik – der Physik Newtons oder Einsteins – und der Quantenphysik."

Das große Ziel der Kosmologen

Eine Quantentheorie der Gravitation, so die berechtigte Erwartung, könnte also auch die Vorgänge im Urknall beschreiben. Und genau das ist eines der großen wissenschaftlichen Ziele von Stephen Hawking und seinen Kollegen.

Im Prinzip gibt es mehrere Möglichkeiten, die Singularitätstheoreme auszuhebeln, und für alle wurden bereits faszinierende Modelle entwickelt:

- Das Kausalitätsprinzip könnte zusammenbrechen und der „Anfang“ war in Wirklichkeit eine Zeitschleife, eine kreisförmige Zeit. Oder die Zeit wechselte die Richtung – was immer das auch heißt.
- Die Energiebedingungen sind auf eine exotische Weise verletzt, so dass die Inflation oder irgendwelche zyklischen Prozesse sich in eine unendliche Vergangenheit erstrecken oder aber ein kollabierendes Universum im Urknall einen „Umschwung“ machte, ohne dabei in die Singularität zu stürzen.
- Die Relativitätstheorie gilt in einem sehr drastischen Sinn im Urknall nicht, weil zum Beispiel die Zeit nicht mehr kontinuierlich ist, sondern nur noch in einzelnen Takten „voranschreitet“ – oder aber sich sogar auflöst.

Der vieldeutige Urknall

Bevor Hawkings Lösungsvorschläge genauer ins Visier genommen werden, ist es hilfreich, eine vielleicht etwas spröde wirkende Begriffsklärung einzuschieben. Denn die Vielfalt kosmologischer Modelle macht „Urknall“ zu einem mehrdeutigen Konzept! Das führt manchmal zu Missverständnissen. Doch das Thema ist schon schwierig genug, als dass man sich auch noch in Worten verheddern möchte.

› „Urknall“ ist nicht gleich „Urknall“

Mindestens die folgenden vier Bedeutungen von „Urknall“ lassen sich unterscheiden:

- **Die heiße, dichte Frühphase unseres Universums:** Hier haben sich innerhalb weniger Minuten die leichten Elemente gebildet. Dass unser Universum aus einem Urknall in dieser Wortbedeutung entstand, wird inzwischen von fast allen Kosmologen angenommen. Und nur in diesem Sinn wird vom Standardmodell der Kosmologie oder von der Standardtheorie des Urknalls gesprochen. Wie es zu dieser heißen, dichten Frühphase kam – ob beispielsweise die Kosmische Inflation dazu geführt hat –, bleibt dabei offen.
- **Die Anfangssingularität:** Sie markiert den Zeitpunkt, an dem die bekannten Naturgesetze zusammenbrechen: Energie, Dichte, Druck,

Temperatur und Raumzeit-Krümmung gehen gegen unendlich, Raum und Zeit verschwinden, das heißt, sie gehen gegen null. Die Feldgleichungen der Allgemeinen Relativitätstheorie für das Universum besitzen an diesem Punkt eine Singularität. Daraus folgt aber nicht, dass diese mathematische Grenze wirklich eine physikalische Entsprechung hat. Zunächst ist die Singularität lediglich eine Grenze der wissenschaftlichen Naturbeschreibung.

› **Ein absoluter Anfang von Raum, Zeit und Energie:** Urknall-Modelle in diesem Sinn können Anfangskosmologien genannt werden. Sie postulieren einen ersten Moment, mit dem „alles" begann.

› **Der Beginn unseres Universums:** Das meint nicht notwendig den Beginn von „allem", sondern lediglich seiner Teilchen, seines Vakuumzustands und vielleicht seiner (lokalen) Raumzeit: Urknall-Modelle in diesem Sinn lassen die Möglichkeit offen, dass unser Universum nur eines von vielen ist (Multiversum-Hypothese). Dann könnte es selbst zwar einen Anfang besitzen und würde nicht ewig existieren, aber es wäre nicht aus dem „Nichts" ins Dasein gekommen und einzigartig. Somit wäre „unser" Urknall ein brachialer Übergang, aber nicht der Anfang von allem; es hätte vorher – und vielleicht schon „immer" – etwas existieren können. In diesem Fall kann man von Ewigkeitskosmologien sprechen. Diese vierte Bedeutung von „Urknall" erlaubt

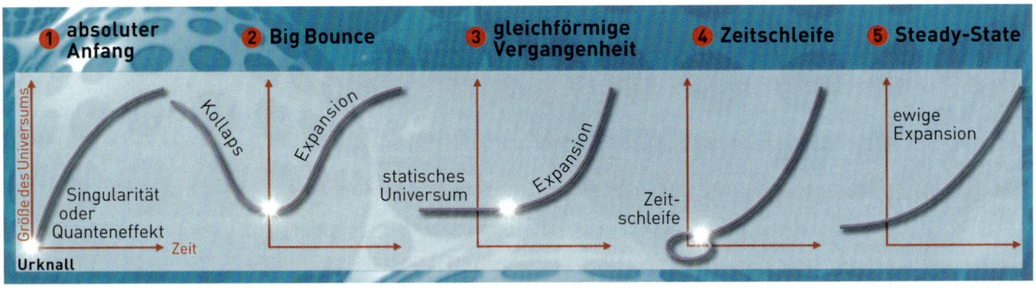

Weltmodelle im Vergleich: *Dass sich unser Universum ausdehnt, ist bekannt. Doch ob diese Expansion schon immer existiert oder einen Anfang hat –und wenn ja, welchen – gehört zu den Grundfragen der Kosmologie. Der Urknall könnte der Beginn von allem sein (1) oder ein Übergang aus einem kollabierenden (2) oder statischen (3) Universum oder einer Zeitschleife (4). Dem konkurrierenden – und inzwischen widerlegten – Steady-State-Modell zufolge expandiert das Universum seit aller Ewigkeit und hatte keinen Urknall (5).*

Szenario	Erklärung	Prominente Proponenten
Anfangssingularität	unerklärlicher absoluter Anfang der Zeit	Alexander Friedmann, Georges Lemaître, Stephen Hawking & Roger Penrose
Tunneleffekt, Instanton	absoluter Anfang, imaginäre (verräumlichte) Zeit anstelle der Singularität	Alexander Vilenkin, Stephen Hawking & James Hartle & Neil Turok, Claus Kiefer & Hans Dieter Zeh
Zyklisches Universum	ewige (?) Urknall–Endknall–Urknall…-Abfolge	Mark Israelit & Nathan Rosen, Redouane Fakir, Paul Steinhardt & Neil Turok, Paul Frampton
Ewige Inflation	Urknall beim Übergang vom falschen zum echten Vakuum; die Umgebung expandiert weiter (doch hat das falsche Vakuum einen Anfang?)	Alexander Vilenkin, Andrei Linde, Alan Guth, Anthony Aguirre
Instabilität	Urknall als Expansionsbeginn und Störung eines zunächst statischen, quasi-ewigen Raums	Eckhard Rebhan, George Ellis & Roy Maartens
Big Bounce	Urknall als „Umschwung" von einem kollabierenden in ein expandierendes Universum; dabei Zeitumkehr?	Willem de Sitter, Wolfgang Priester & Hans-Joachim Blome, Abhay Ashtekar, Tomasz Pawlowski & Parampreet Singh, Stephen Hawking, James Hartle & Thomas Hertog
Zeitschleife	Urknall aus einer kreisförmigen Zeit, das Universum hat sich selbst erschaffen	John Richard Gott & Li-Xin Li
Zeitreise	Am Ende wird das Universum zurück zum Anfang katapultiert und löst seinen eigenen Urknall aus	Pedro González-Díaz & Artyom Yurov
Quantenfluktuation	Urknall als lokales (?) Ereignis und Pseudoanfang in einem (zeitlosen?) Quantenvakuum oder aus einem bereits bestehenden Universum heraus (aus dem energiereichen Vakuum oder aus einem Schwarzen Loch)	Piotr Fomin, Edward Tryon, John A. Wheeler, Alexei A. Starobinsky, Peter W. Atkins, David Atkatz & Heinz R. Pagels, Mark Israelit, Gabriele Veneziano & Maurizio Gasperini, Alan Guth, Alex Vilenkin & Jaume Garriga, Abhay Ashtekar & Martin Bojowald, Sean Carroll & Jennifer Chen
Steady-State-Universum	kein Urknall, ewige Vergangenheit, Neuentstehung von Materie im leeren Raum	Arthur S. Eddington, Hermann Bondi, Thomas Gold & Fred Hoyle
Quasi-Steady-State-Universum	kein Urknall, ewige Vergangenheit, keine kontinuierliche Expansion, Neuentstehung von Materie in „Little Bangs"	Fred Hoyle, Jayant Narlikar & Geoffrey Burbidge

***Wettstreit der Weltmodelle:** Basierend auf der Allgemeinen Relativitätstheorie und auf Spekulationen über eine Theorie der Quantengravitation haben Kosmologen zahlreiche Modelle zur Erklärung des Urknalls entwickelt.*

EXKURS

› Die halbierte Ewigkeit

„Eine schöne Beschreibung der Ewigkeit: Stell Dir eine Stahlkugel vor, die so groß ist wie die Erde. Und eine Fliege, die sich einmal in einer Million Jahren darauf niederlässt. Wenn die Stahlkugel durch die damit verbundene Reibung aufgelöst ist, dann ... ja dann ... hat die Ewigkeit noch nicht einmal begonnen!“, schrieb der englische Schriftsteller David Lodge in seinem Roman *The Picturegoers* von 1960. Doch hat die Ewigkeit überhaupt begonnen? Das ist eine Grundfrage der modernen Kosmologie.

Das Szenario der Ewigen Inflation beschreibt nur eine „halbe Ewigkeit“ – eine, die sich in eine unendliche Zukunft erstreckt. Doch warum so halbherzig? Diese kritische Frage drängt sich auf: Weshalb sollte die Inflation nicht auch vergangenheitsewig sein?! Damit wäre das Anfangsproblem gelöst – es gäbe ganz einfach keinen ersten Moment, sondern eine unaufhörliche Zeit in beide Richtungen.

Mit einer solchen Vorstellung vom Kosmos, der seit jeher inflationär expandiert, liebäugelt Andrei Linde, einer der Pioniere der Inflation-Modelle. Doch dagegen spricht ein spektakulärer Beweis, den die Kosmologen Alex Vilenkin, Alvin Borde und Alan Guth zwischen 1994 und 2003 ausgearbeitet haben. Auf der Basis sehr allgemeiner Annahmen müssen in einem zukunftsewig inflationierenden Multiversum alle Weltlinien einen Anfangspunkt besitzen, egal wie lange dieser zurückliegt. Somit muss der Kosmos einen Anfang haben, selbst wenn sich aufgrund der alles davonfegenden Inflation danach keinerlei Spuren mehr davon erhalten haben.

„Das Universum kann nicht unendlich alt sein. Die Inflation löst nicht das Problem der Anfangssingularität und somit die Frage nach dem Ursprung des Universums“, ist Vilenkin überzeugt. „Die Inflation reicht für eine vollständige Beschreibung des Universums nicht aus, es ist eine neue Physik für den Anfang nötig“, schrieben er, Guth und Borde in ihrem Fachartikel. Sie betonen, dass ihre Beweisführung auch für viele andere kosmologische Modelle ohne Inflation gilt (etwa die String-Kosmologie mit ihren höherdimensionalen Räumen oder zyklisch expandierende und kontrahierende Universen).

Zwar ist diese Art von „Vergangenheitsbewältigung“ noch nicht abgeschlossen. Denn es gibt Modelle, die den Beweis umgehen können. Doch sie widersprechen entweder den astronomischen Beobachtungen oder erfordern außerordentlich exotische Annahmen. Somit stärken die Berechnungen von Vilenkin, Guth und Borde die Vorstellung von einem absoluten Anfang der Welt, obwohl sie sogar unabhängig von den Singularitätstheoremen von Hawking und Penrose sind.

also auch die Möglichkeit, dass eine Zeit „vor" dem Urknall in der erstgenannten Bedeutung existierte, und dass es andere Universen gibt. Diese Begriffsunterscheidung beantwortet selbstverständlich noch nicht, was denn nun eigentlich geschehen ist. Sie hilft aber, die vielen Modelle einzuordnen, die inzwischen um eine Urknall-Erklärung konkurrieren (siehe Tabelle *Wettstreit der Weltmodelle*). Und sie macht deutlich, dass der Urknall im ersten Sinn ein (wenn auch außerordentliches) Ereignis unter vielen gewesen sein kann – also ein Urknall im vierten Sinn, wie es das Szenario der Kosmischen Inflation nahe legt. Damit bleibt aber die Frage nach dem Beginn der Inflation – und somit dem Urknall in der dritten der genannten Bedeutungen. Tatsächlich gibt es starke Argumente dafür, dass die Inflation einen Anfang hatte (siehe Exkurs *Die halbierte Ewigkeit*). Dann kann das Szenario der Inflation jedoch nicht die von Stephen Hawking und Roger Penrose aufgestellten Singularitätstheoreme umgehen – den Urknall im zweiten Wortsinn. Die brennende Frage nach dem Anfang aller Dinge scheint also durch alle „Urknall"-Begriffe hindurch.

Brennende Fragen nach dem Anfang aller Dinge

IM KONTEXT

- Wenn man mit der Relativitätstheorie die Ausdehnung des Weltraums zeitlich zurückverfolgt, kommt man an eine sogenannte Singularität, wo Druck, Dichte, Temperatur, Energie und Krümmung unendlich werden und die Raumzeit verschwindet. Hier brechen die bekannten Naturgesetze zusammen.
- Diese Anfangssingularität, so konnte Hawking mit seinen Kollegen nachweisen, lässt sich nicht als bloß mathematisches Artefakt abtun und ignorieren. Vielmehr ist sie unter sehr allgemeinen, plausiblen Bedingungen unvermeidlich. Diese Einsicht gehört zu den größten wissenschaftlichen Leistungen Hawkings und ist in der Kosmologie generell akzeptiert.
- Wenn der Urknall eine Anfangssingularität wäre, könnte er prinzipiell nicht erklärt werden. Doch das wäre die falsche Schlussfolgerung. Vielmehr suchen Kosmologen nach Möglichkeiten, das Versagen der Relativitätstheorie in diesem Punkt mit einer besseren, umfassenderen Theorie zu kurieren. Eine solche Theorie der Quantengravitation zu finden, gehört zu den größten Aufgaben der Theoretischen Physik und würde wahrscheinlich verständlich machen, wie es zum Urknall kam.

An der Grenze des Imaginären

Um die ominöse Urknall-Singularität zu überwinden, haben Hawking & Co. eine gleichermaßen aufwendige wie raffinierte Quantenkosmologie entwickelt. Sie strapaziert das menschliche Vorstellungsvermögen gewaltig. Aber sie zeigt auch, dass eine Erklärung des Urknalls prinzipiell möglich ist. Damit ist Hawking über die von ihm selbst aufgestellte Schranke der Relativitätstheorie gesprungen.

› Ohne Rand und Grenzen

„Die Vorhersage von Singularitäten bedeutet, dass die klassische Allgemeine Relativitätstheorie keine vollständige Theorie ist. Da man die singulären Punkte aus der Raumzeit-Mannigfaltigkeit heraustrennen muss, kann man dort die Feldgleichungen nicht mehr definieren und nicht vorhersagen, was aus einer Singularität kommt“, hat Stephen Hawking immer wieder betont. „Bei der Singularität in der Vergangenheit scheint der einzige Weg, mit diesem Problem fertig zu werden, darin zu bestehen, die Quantengravitation zu bemühen.“

Nachdem Hawking mit seinen Singularitätsbeweisen eine Art Stoppschild der kosmologischen Erklärungen aufgestellt hatte, machte er sich daran, nach Wegen Ausschau zu halten, wie man diese Stoppstelle der Physik doch gefahrlos überfahren könnte.

Allerdings waren die Singularitätstheoreme für manche Theologen, Philosophen und Physiker ein willkommener Ankerplatz für metaphysische Spekulationen bis hin zu einem schöpferischen Eingriff Gottes. Papst Pius XII. hatte 1951 im Urknall-Modell sogar ein Indiz dafür gesehen, dass das Universum geschaffen worden ist – und somit auch ein Hinweis auf die Existenz Gottes, wie er in einer Adresse an die Päpstliche Akademie der Wissenschaften schrieb. Als deren Leiter hatte er den belgischen Physiker und Priester Georges Lemaître berufen. Der hatte bereits 1927 auf der Grundlage von Albert Einsteins Allgemeiner Relativitätstheorie vermutet, dass unser Universum mit all seiner Materie und Energie sowie Raum und Zeit in einer Art Explosion aus einem Punkt oder „Uratom" entstanden ist. Er war jedoch stets darauf bedacht, Naturwissenschaft und Theologie strikt zu trennen und den Urknall nicht als Gottesbeweis zu deuten.

Die Singularität als Ankerplatz für göttliche Spekulationen

1981 wurden einige renommierte Forscher, darunter auch Stephen Hawking, auf eine Kosmologie-Konferenz in der Päpstlichen Akademie der Wissenschaften eingeladen. Papst Johannes Paul II. ermunterte die

Zum Raum wird hier die Zeit: *Im Urknall könnte sich die Zeit förmlich aufgelöst haben. Hawking spekuliert sogar, dass sie „imaginär" war – geradezu verräumlicht. Doch was bedeutet das?*

Kosmologen dort, die Entwicklung des Universums seit dem Urknall zu studieren – wollte diesen aber als Gottes Refugium unangetastet wissen. Doch Hawking skizzierte ein physikalisches Modell, das die Entstehung des Universums ohne eine Lücke oder überweltliche Intervention zu erklären anstrebte – und gleichzeitig die ominöse Urknall-Singularität vermied.

Der Papst wollte keine Urknall-Erklärung

„Mein Interesse am Ursprung und Schicksal des Universums wurde erneut geweckt, als ich 1981 an einer Konferenz über Kosmologie im Vatikan teilnahm. Hinterher erhielten wir eine Audienz beim Papst. Er sagte uns, wir könnten die Evolution des Universums nach dem Urknall untersuchen, sollten uns aber lieber nicht mit dem Urknall selbst beschäftigen, weil er der Schöpfungsaugenblick und damit das Werk Gottes sei. Ich war froh, dass er das Thema des Vortrags nicht kannte, den ich gerade auf der Konferenz gehalten hatte: Ich hatte über die Möglichkeit gesprochen, dass das Universum keinen Anfang hat, dass es keinen Schöpfungsaugenblick gibt“, beschrieb es Hawking später. „Aus meiner Arbeit war nicht unmittelbar ersichtlich, dass sie Konsequenzen für den Ursprung des Universums hatte, weil sie ziemlich wissenschaftlich gehalten war und den abschreckenden Titel *Die Grenzbedingungen des Universums* trug. Darin vertrat ich die Ansicht, dass Raum und Zeit endlich in ihrer Ausdehnung sind, aber in sich geschlossen, ohne Grenzen oder Ränder, so wie die Oberfläche der Erde begrenzt ist in ihrer Fläche, aber keine Grenzen und Ränder hat.“ Und mit dem ihm eigenen Humor ergänzt er: „Bei all meinen Reisen ist es mir nie gelungen, über den Rand der Welt zu fallen.“

Damals auf der Vatikan-Konferenz wusste Hawking noch nicht, ob sich aus seiner Idee Vorhersagen ableiten ließen, die durch astronomische Beobachtungen im Prinzip überprüfbar waren. Das gelang ihm dann in den beiden folgenden Jahren zusammen mit James B. Hartle von der University of California in Santa Barbara. Im Prinzip war es möglich, so zeigten die beiden Wissenschaftler, dass sich mit Hawkings Ansatz der physikalische Zustand des Universums berechnen lässt – und zwar ohne dass die Gleichungen Singularitäten enthalten und dort zusammenbrechen.

Quanteneffekte, so die Idee, dominierten beim Urknall, und deshalb muss die Relativitätstheorie durch eine Quantentheorie der Gravitation ersetzt werden – eine „Weltformel", die bislang erst in Ansätzen skizzierbar ist. Aber Hawking und Hartle fanden zumindest eine spekulative Näherungslösung, die ganz neue Möglichkeiten eröffnete – gewissermaßen eine grenzenlose Einsicht, die nicht von einer Singularität versperrt wird.

„Wäre die Grenze des Universums nur ein normaler Punkt in Raum und Zeit, könnten wir über ihn hinausgehen und das dahinter gelegene Gebiet zu einem Teil des Universums erklären. Wäre dagegen der Rand des Universums eine Art Riss, eine Region, in der die Raumzeit bis zur Unkenntlichkeit zerstaucht und die Dichte unendlich wäre, hätten wir große Schwierigkeiten, sinnvolle Randbedingungen zu definieren", schrieb Hawking später.

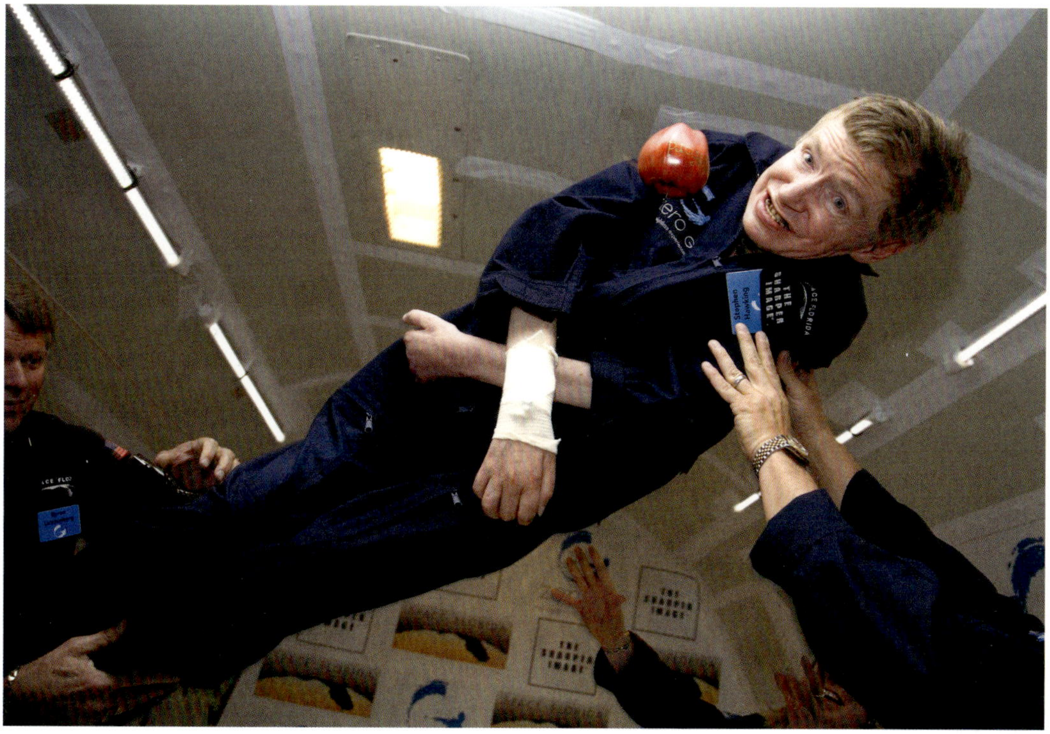

Freier Geist: *Nach Jahrzehnten im Rollstuhl genoss Hawking am 26. April 2007 acht Parabelflüge mit jeweils 30 Sekunden Schwerelosigkeit (Auch Newtons Apfel schwebte frei.). Bald möchte er sogar Weltraumtourist werden. Denn im All sieht er langfristig die Zukunft der Menschheit. Hochfliegend sind auch Hawkings kosmologische Theorien – doch alles andere als leicht (zu verstehen).*

Daher nahm er kurzerhand an, dass das Universum gar keinen Rand und keine Grenze besitzt. Dieser „Keine-Grenzen-Vorschlag" („No-Boundary Proposal") überwindet in gewisser Weise die in der Physik seit Isaac Newton übliche Unterscheidung von Anfangs- oder Randbedingungen einerseits und Naturgesetzen andererseits. Er macht die Randbedingungen gewissermaßen zu einem Teil der Gesetze. Denn eine Quantentheorie der Gravitation eröffnet die Möglichkeit, dass die Raumzeit keine Grenze hat.

„Es wäre also gar nicht notwendig, das Verhalten an der Grenze anzugeben. Es gäbe keine Singularitäten, an denen die Naturgesetze ihre Gültigkeit einbüßten", erläutert Hawking diesen schwierigen und aufregenden Gedanken. „Man könnte einfach sagen: Die Grenzbedingung des Universums ist, dass es keine Grenze hat."

› Kosmische Demokratie

„Wenn die Gesetze der Physik an den Singularitäten zusammenbrechen, können sie das überall tun. Man besitzt nur dann eine wissenschaftliche Theorie, wenn die Gesetze der Physik überall gelten, auch zu Beginn des Universums", betont Hawking und verdeutlicht das mit einer Analogie, die so ähnlich schon der britische Schriftsteller George Orwell formuliert hatte: „Dies könnte man als Triumph für die Prinzipien der Demokratie ansehen: Warum sollte der Beginn des Universums von den Gesetzen ausgenommen sein, die an allen anderen Punkten gelten? Wenn alle Punkte gleichberechtigt sind, kann man nicht zulassen, dass einige als gleicher behandelt werden sollen als andere."

Eine autokratische Diktatur in herrischer Selbstgefälligkeit ist schon auf der Erde unerträglich. Doch im Universum wäre eine solche Gesetzlosigkeit verheerend. Denn aus einer Singularität könnte gewissermaßen alles entspringen – auch eine Horde wilder rosafarbener Elefanten, die alle Alfred heißen und aus Shakespeares *Hamlet* den Satz „Es gibt mehr Dinge zwischen Himmel und Erde, als unsere Schulweisheit sich träumen lässt" trompeten.

Wenn rosa Elefanten aus dem Urknall springen

„Wenn die Keine-Grenzen-Hypothese richtig ist, gäbe es keine Singularitäten, und die wissenschaftlichen Gesetze würden überall ihre Gültigkeit behalten, auch im Anfang des Universums", pointiert es Hawking. Allerdings mit einer wichtigen Einschränkung: „Ich möchte betonen, dass die Vorstellung von einer endlichen Raumzeit ohne Grenze nur ein Vorschlag ist: Sie lässt sich von keinem anderen Prinzip ableiten. Wie jede andere wissenschaftliche Theorie mag ihre Entstehung ästhetische oder metaphysische Gründe haben, doch ihre Bewährungsprobe kommt, wenn überprüft wird, ob sie Vorhersagen macht, die mit den Beobachtungsdaten übereinstimmen."

Hawkings Keine-Grenzen-Hypothese ist also nicht die fertige Lösung des Problems der Singularitäten, sondern die Idee oder eine mögliche Voraussetzung zu einer solchen Lösung. Ob sich diese Idee bewahrheitet, kann man nicht am Schreibtisch gemäß mathematischer Geschmacksurteile entscheiden. Wissenschaftliche Überprüfungen sind nötig. „Der ultimative Test ist, ob die Vorhersagen mit den Beobachtungen übereinstimmen. In der Vergangenheit war Kosmologie ein Gebiet, in dem wilde theoretische Spekulationen nicht durch Beobachtungen eingeschränkt wurden. Aber jetzt setzen präzise Messungen den theoretischen Modellen enge Grenzen."

Noch keine Lösung – aber ein Weg dorthin

› Besichtigung: Die Werkstatt der Quantenkosmologie

Stephen Hawkings Vorschlag, die von ihm selbst stark gemachte Urknall-Singularität auszuhebeln und somit die Entstehung des Universums zu erklären, ist raffiniert, aber auch kompliziert. Im Detail ist sie kaum verständlich ohne die schwierige mathematische Physik dahinter (und mit ihr für Nichtspezialisten erst recht nicht ...). Mutige Interessenten können im Folgenden einen kurzen Blick hinter die Kulissen der Quantenkosmologie von Hawking werfen und auf seinen Zugang der sogenannten Euklidischen Quantengravitation mit Pfadintegralen und imaginärer Zeit (es gibt auch noch einige andere Ansätze, die nicht auf allen Annahmen Hawkings beruhen). – Ansonsten bitte besser zum nächsten Unterkapitel weiterblättern!

Die quantenkosmologische Werkstatt von Hawking & Co. hat einige spezielle Voraussetzungen oder Werkzeuge, ohne die sie nicht produktiv wäre:

Bizarr: Alles Mögliche ist auch real

Die Viele-Historien-Interpretation als eine bestimmte Deutung der Quantentheorie und gleichsam die Arena für die Quantenkosmologie: Entwickelt wurde und wird sie seit 1986 maßgeblich von James Hartle und Murray Gell-Mann (der für das Quark-Modell der Materie den Physik-Nobelpreis erhielt); die jüngste Arbeit dazu wurde erst im Sommer 2011 abgeschlossen. „Das ist die einzige Formulierung der Quantentheorie heute, die logisch widerspruchsfrei ist, die mit allen bekannten Ergebnissen von Experimenten übereinstimmt, die sich mit anderen Bereichen der modernen Physik vereinbaren lässt wie der Speziellen Relativitätstheorie und den Feldtheorien, die allgemein genug ist, um in der Kosmologie Anwendung zu finden und sich für eine Theorie der Quantengravitation generalisieren lässt", preist Hartle die Vorzüge dieser Interpretation gegenüber konkurrierenden Ansätzen. Die Grundidee ist, dass Hartle zufolge: „Es gibt keine Ereignisfolge, die durch die Gesetze der Physik besonders legitimiert wäre. Alle Ereignisse sind möglich, einige wahrscheinlicher als andere. Die Quantenkosmologie muss sich bewähren, indem sie die Dinge benennt, die mit sehr hoher Wahrscheinlichkeit von der Theorie vorhergesagt werden." Mehr noch: In gewisser – und philosophisch höchst kontrovers diskutierter – Hinsicht sind alle möglichen Geschichten gleichermaßen real (wenn auch nicht für uns) und überlagern sich. Wechselwirkungen einzelner Quantensysteme mit ihrer Umwelt (das nennt man Dekohärenz) erzeugen die uns vertraute „klassische Welt", auch wenn das Universum nach wie vor ein Quantensystem – oder die Superposition von Quantensystemen – ist. Ein schwieriges Thema, über dessen „Realitätsgehalt" sich die Physiker selbst nicht im klaren sind. Aber sie können damit rechnen, und für die Praxis genügt das zunächst einmal. „Es gibt weder innere Widersprüche noch solche mit den Experimenten. Sicherlich mag man mehr fordern. Aber unser Ansatz ist allgemein genug, um einen Rahmen für die moderne Physik zu liefern, Quantengravitation und Kosmologie eingeschlossen. Die dürfen wir nicht aufschieben, bis vielleicht einmal eine Formulierung der Quantentheorie existiert, die theoretische Vorurteile besser befriedigt", sagt Hartle und hält es mit dem ehemaligen US-Präsidenten Theodore Roosevelt, der sagte: „Man muss tun, was man kann, mit dem, was man hat und wo man ist."

Die Pfadintegral-Methode als ein spezielles Verfahren zur Berechnung der Wahrscheinlichkeiten dieser Historien: Sie wurde 1948 von dem späteren Physik-Nobelpreisträger Richard Feynman entwickelt und ist äquivalent zu den Formulierungen der Quantentheorie von Werner Heisenberg und Erwin Schrödinger, in mancher Hinsicht aber praktischer anzuwenden. Die einfache Grundidee dahinter: In der klassischen Physik legt ein Teilchen genau einen Weg zwischen zwei Punkten zurück; in der Quantenphysik gibt es dagegen extrem viele Wege, zum Teil sogar sehr verschlungene Pfade. Diese Wege nimmt das Teilchen bizarrerweise sogar alle (Superpositionsprinzip), wie Experimente tatsächlich zeigen. (Das ist in der Alltagswelt nicht erfahrbar, sondern wäre ungefähr so, als würde ein Skifahrer mit dem rechten Bein rechts und dem linken links um einen Baum fahren.) All die verschiedenen Quantenwege sind zwar gleichberechtigt, aber nicht gleich wahrscheinlich. Der wahrscheinlichste Weg ist in der Regel derjenige, der in der klassischen Physik den einzigen darstellt. Und mit der Pfadintegral-Methode kann man die verschiedenen Wahrscheinlichkeiten berechnen.

Die Weltformel der Quantenkosmologie

Die Wheeler-DeWitt-Gleichung ist die „Grundformel" der Quantenkosmologie (wenn auch nur näherungsweise gültig, denn eine exakte „Weltformel" kennt niemand). Sie wurde in den 1960er Jahren von den amerikanischen Physikern Bryce DeWitt und John Archibald Wheeler formuliert, und zwar als eine Verallgemeinerung der Schrödinger-Gleichung. Diese 1926 von dem österreichischen Physiker Erwin Schrödinger formulierte „Wellenfunktion" ist die Grundgleichung der Quantenphysik für die Materie. Die Wheeler-DeWitt-Gleichung (strenggenommen sind es unendlich viele) gilt dagegen für das ganze Universum einschließlich seiner Geometrie. Mit ihren – freilich unbekannten – Randbedingungen und Lösungen wollen die Kosmologen die ganze Geschichte (beziehungsweise die Superposition aller Historien) des Universums beschreiben, auch den Urknall. In ihrer einfachsten Schreibweise lautet die Wheeler-DeWitt-Gleichung (beziehungsweise ihre Zwangsbedingung): $H \Psi = 0$. Dabei steht H für den sogenannten Hamilton-Operator und Ψ für die Wellenfunktion des Universums; einen Zeitparameter gibt es erstaunlicherweise darin nicht, was nebenbei bemerkt darauf hindeuten könnte, dass die Zeit im Grunde eine Illusion ist. $H \Psi = 0$ ist allerdings nur eine Art Abkürzung. (Ganz Unerschrockene, die mehr darüber wissen möchten, und über die Themen dieses Exkurses insgesamt, finden im Buch *Hawkings neues Universum* des Autors viele weitere Erläuterungen hochdosiert …)

Kosmologische Modellbildung: *Physikalische Erklärungen basieren einerseits auf Naturgesetzen und andererseits auf Rand- oder Anfangsbedingungen. In der Kosmologie ist dies im Prinzip ebenfalls so. Doch müssten in ihr im Grunde sogar die Gesetze und Randbedingungen erklärt werden. Vielleicht sind letztere auch selbst eine Art Naturgesetz, wie Hawking spekuliert. Viele seiner Arbeiten basieren auf der Euklidischen Quantengravitation und der Keine-Grenzen-Bedingung. Es gibt aber auch konkurrierende Ansätze. Hinzu kommt das Problem des Wahrscheinlichkeitsmaßes, wenn man wissenschaftliche Voraussagen machen und überprüfen will. Die meisten kosmologischen Modelle verwenden einen Bottom-up-Ansatz, Hawking hat ergänzend einen limitierenden Top-down-Ansatz entwickelt, der von Eigenschaften des Universums ausgeht, die wir heute beobachten. Das alles klingt sehr abstrakt – und ist es auch. Mehr Fleisch aufs Gerippe aber in diesem Kapitel.*

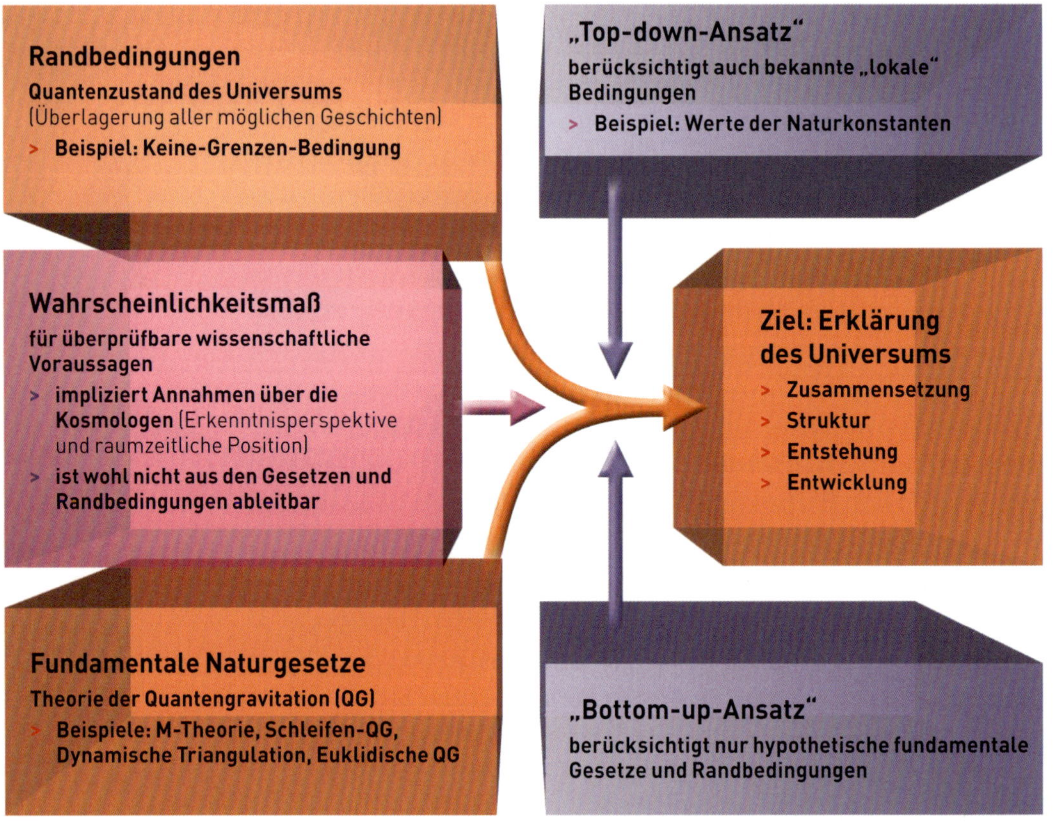

Die Keine-Grenzen-Bedingung („Quantenzustand des Universums") als spezifische Randbedingung, um die Wheeler-DeWitt-Gleichung und die Pfadintegral-Methode auf das ganze Universum anzuwenden und die Urknall-Singularität zu vermeiden: Hier integriert man nämlich nicht über die Wege von Teilchen, sondern über die möglichen Entwicklungszustände oder -verläufe des Universums insgesamt – also über seine Historien. Die Quantenkosmologie beschreibt somit eine Überlagerung aller von den Naturgesetzen und den spezifischen Randbedingungen erlaubten Möglichkeiten, und mit der Wheeler-DeWitt-Gleichung und der Pfadintegral-Methode lassen sich deren Wahrscheinlichkeiten abschätzen. „Man summiert also verschiedene mögliche Geschichten für das Universum auf, das heißt verschiedene gekrümmte Raumzeiten. Diese würden die Geschichte des Universums und aller in ihm enthaltenen Objekte repräsentieren", fasst es Hawking zusammen. Allerdings darf man nur über solche Historien integrieren, die keine Singularitäten besitzen, denn sonst brechen die Rechnungen zusammen und jede Abschätzung der Wahrscheinlichkeit versagt. Und genau das besagt die Keine-Grenzen-Annahme. Sie macht aus der Not gewissermaßen eine Tugend, indem sie als Randbedingung postuliert, dass die Raumzeit keinen „Rand" beziehungsweise „keine Grenze" hat – das heißt keine Anfangssingularität. Mit anderen Worten: In der Quantenkosmologie kann die Pfadintegral-Methode nur dann das gesamte Universum beschreiben – mehr noch: alle möglichen Historien des Universums, die sich in einer Superposition befinden –, wenn die Urknall-Singularität keine Rolle spielt.

Raum ohne Rand

Die imaginäre Zeit als eine mathematische Operation, um überhaupt sinnvolle Rechnungen ausführen zu können: Dabei wird die normale Zeitvariable t mit dem Faktor i multipliziert, das heißt durch $i \cdot t$ ersetzt (die imaginäre Zahl i ist definiert als $i^2 = -1$). Dann führt man die Rechnungen aus und ersetzt anschließend $i \cdot t$ durch eine neue Zeitvariable T. Diese Operation, t durch $i \cdot t$ zu ersetzen, heißt Wick-Rotation, benannt nach dem italienischen Physiker Gian-Carlo Wick. Durch sie wird die vierdimensionale Raumzeit in einen vierdimensionalen Raum umgewandelt, in dem sich die physikalischen Berechnungen als Integrale über alle möglichen vierdimensionalen Geometrien ausführen lassen. Denn ohne die Wick-Rotation versagt die Pfadintegral-Methode in der Quantenkosmologie, weil die Ergebnisse falsch, sinnlos oder zumindest nicht

Wie die Zeit zum Raum wird

eindeutig werden. Die Einführung der imaginären Zeit, die Hawking auch in seinem Bestseller *Eine kurze Geschichte der Zeit* erwähnt hatte, und die bei den Lesern wohl die größten Verständnisschwierigkeiten oder Missverständnisse auslöste, ist also notwendig, um die Pfadintegral-Methode anzuwenden. Diese funktioniert nämlich nur, wie Hawking betont, „wenn man Geschichten wählt, die in der imaginären Zeit stattfinden und nicht in der realen Zeit, in der wir uns selbst wahrnehmen. Die Wahrscheinlichkeiten aller Teilchengeschichten mit bestimmten Eigenschaften, etwa dass sie zu bestimmten Zeitpunkten bestimmte Örter passieren, werden aufsummiert. Das Ergebnis muss dann auf die reale Raumzeit, in der wir leben, rückextrapoliert werden. Dies ist nicht gerade ein vertrautes Verfahren in der Quantentheorie, führt aber zu den gleichen Ergebnissen wie andere Methoden."

› Die Magie des Imaginären

„In realer Zeit gibt es nur zwei Möglichkeiten: Entweder erstreckt sich die Zeit unendlich weit in die Vergangenheit, oder sie beginnt mit einer Singularität", fasst Hawking die grundlegende Alternative in der modernen Kosmologie zusammen. Diese Unterscheidung zwischen Ewigkeits- und Anfangskosmologien ist nicht neu, sondern wurde und wird in der Philosophie und Theologie seit vielen Jahrhunderten diskutiert. Hawkings Keine-Grenzen-Vorschlag eröffnet eine weitere Möglichkeit, indem er gleichsam einen theoretischen Schritt zur Seite tritt. „Man kann sich aber auch eine andere Zeitrichtung vorstellen, die in rechten Winkeln zur realen Zeit verläuft", sagt Hawking. „Diese nennt man die imaginäre Richtung der Zeit. In der imaginären Richtung der Zeit muss es keine Singularitäten geben, die einen Anfang oder ein Ende des Universums bilden."

Keine imaginäre Zahl von Apfelsinen

Das mag für Laien fast wie Magie wirken, ist aber handfeste und auch gar nicht umstrittene Mathematik – allerdings trotzdem nicht anschaulich fassbar. Dennoch ist die imaginäre Zeit weniger geheimnisvoll und extravagant, als es zunächst den Anschein hat. Sie stellt in erster Linie ein rechnerisches Hilfsmittel dar. Doch sie nur als Trick abzutun, würde zu kurz greifen, wie Hawking betont. „Man könnte meinen, imaginäre Zahlen seien lediglich eine mathematische Spielerei, die nichts mit der realen

Welt zu tun habe", schrieb er und räumte ein, dass man „keine imaginäre Zahl von Apfelsinen kaufen oder eine imaginäre Kreditkartenrechnung erhalten" könne. Aber die imaginäre Zeit hat sehr wohl eine praktische Bedeutung (übrigens nicht nur bei Berechnungen in der Kosmologie). „Wie sich herausstellt, sagt ein mathematisches Modell, das die imaginäre Zeit einbezieht, nicht nur Effekte voraus, die wir bereits beobachtet haben, sondern auch solche, die wir noch nicht haben messen können, von deren Vorhandensein wir aber aus anderen Gründen überzeugt sind."

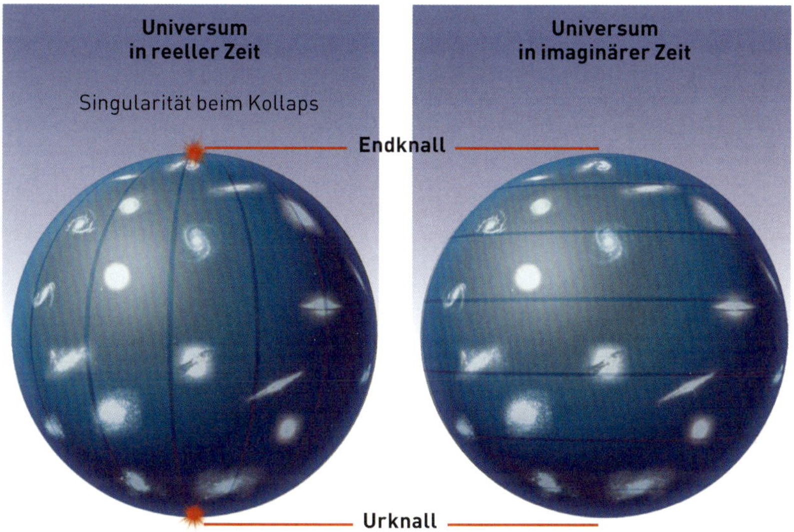

***Reelle und imaginäre Zeit:** Wird das Universum im Rahmen der Allgemeinen Relativitätstheorie beschrieben, hat es im Urknall eine Singularität, in der die Naturgesetze außer Kraft sind – und ebenso im Endknall, falls es dazu käme. Das ist mit dem Schnittpunkt von Längengraden an den Polen vergleichbar (links). Doch in der Natur kann eine Singularität aufgrund ihrer unendlichen Dichte, Energie und Krümmung nicht existieren – sie ist ein mathematisches Artefakt, das den Zusammenbruch der Theorie markiert. Daher suchen Kosmologen nach singularitätsfreien Modellen. Hawking entwickelte ein solches („Instanton") mithilfe der imaginären Zeit. Diese steht gleichsam senkrecht zur uns vertrauten reellen Zeit und hat – wie bei den Breitengraden – keine Singularität (rechts).*

Mithilfe der imaginären Zahlen wird die reale Zeit also gleichsam verräumlicht: Die imaginäre Zeitkoordinate ist dann quasi eine Raumkoordinate. Das macht einen entscheidenden Unterschied. Erst dadurch lässt sich die unphysikalische Singularität vermeiden.

Kosmologen veranschaulichen die Raumzeit des expandierenden Universums gerne mit einer Art Trichter, dessen Erweiterung nach oben die Ausdehnung des Alls symbolisiert (siehe Grafik *Zwei Welten*). Unten, an der engsten Stelle ist er abgeschnitten. Diese Kante, der Rand, versinn-

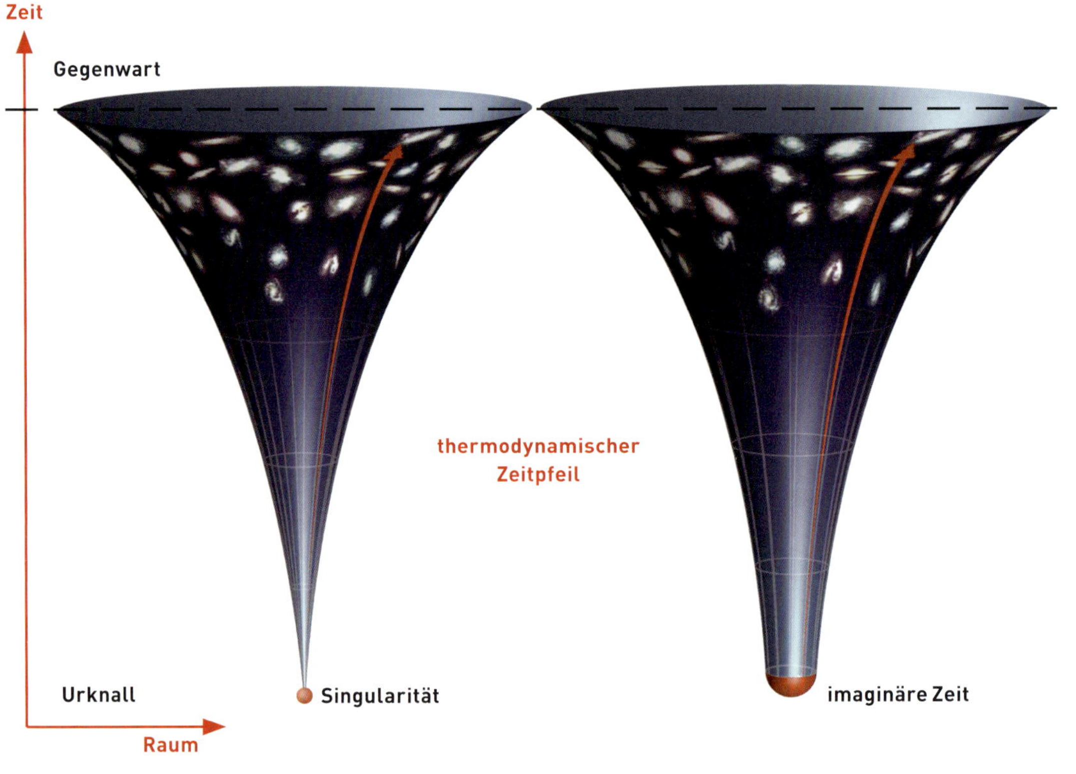

Zwei Welten: *Das Universum begann im Rahmen plausibler Annahmen der Allgemeinen Relativitätstheorie mit einer ominösen Urknall-Singularität (links). Das haben Stephen Hawking und Roger Penrose zwischen 1965 und 1970 bewiesen. 1983 gelang es Hawking mit James Hartle, diese Singularität in einem quantenkosmologischen Modell mit der „Keine-Grenzen-Bedingung" zu ersetzen (rechts). Als Beginn hat es ein Instanton mit imaginärer Zeit, das die unphysikalische „Spitze" der Singularität gleichsam „abrundet". Auch wenn einige Details dieses Modells heute nicht mehr realistisch erscheinen, hat es doch gezeigt, dass eine Erklärung des Urknalls prinzipiell möglich ist. Das war eine große Pionierleistung.*

bildlicht die Singularität. Oder man denkt sich den Trichter auf einen Punkt spitz zulaufend, dann steht dieser für die Singularität. Hawkings Keine-Grenze-Hypothese besagt aber, dass das Universum keinen Rand beziehungsweise Grenze oder Singularität hat. Stattdessen wird der harte Rand oder die dornige Punktspitze abgerundet, das heißt wie bei einem Federball durch eine Halbkugel ersetzt. Und genau dazu ist die imaginäre Zeit erforderlich. Denn diese Halbkugel, im physikalischen Jargon gesprochen ein sogenanntes Instanton, hat vier Raumdimensionen.

Das Instanton besitzt keinen Rand, keine Grenze in Raum und Zeit. Deshalb ist es sinnlos zu fragen, was dahinter kommt. Genauso unsinnig wie die Frage, was südlich des Südpols liegt. „Der Südpol ist ganz ähnlich wie jeder andere Punkt auf der Erdoberfläche", erläutert Hawking. „Zumindest wurde mir das gesagt. Ich habe zwar schon die Antarktis besucht, nicht aber den Südpol selbst." Und so, wie die Naturgesetze am Südpol in Kraft sind, sollte das auch beim Urknall der Fall gewesen sein.

Zu fragen, was südlich des Südpols liegt, ist sinnlos

„Das würde den alten Einwand beseitigen, dass die Naturgesetze am Anfang des Universums keine Gültigkeit hatten. Stattdessen wäre auch dieser Anfang den Naturgesetzen unterworfen. Die Idee, die Jim Hartle und ich entwickelt haben, beschreibt die spontane Quantenentstehung des Universums ähnlich wie die Bildung von Gasblasen in einem Kochtopf mit Wasser", versuchte es Hawking in seinem Buch *Das Universum in der Nussschale* anschaulich zu machen (ähnlich auch in Hawkings jüngstem Werk *Der Große Entwurf*). „Die Keine-Rand-Bedingung schränkt die möglichen Geschichten des Universums exakt auf diejenigen Raumzeiten ein, die keinen Rand in der imaginären Zeit haben. Mit anderen Worten: Die Randbedingung des Universums ist, dass es keinen Rand hat."

Und James Hartle drückt das so aus: „Wenn man die Zeitrichtungen mithilfe imaginärer Zahlen misst, erhält man eine vollkommene Symmetrie zwischen Zeit und Raum, eine mathematisch sehr schöne und natürliche Idee. Diese mathematische Einfachheit der imaginären Zeit liegt dem Keine-Grenzen-Ansatz zugrunde – einer Hypothese mit der einfachsten aller möglichen Anfangsbedingungen des Universums."

Die (real) zeitlosen Instanton-Modelle vermeiden jedenfalls die leidige Frage, was vor dem Urknall war. „Zeit ist definiert durch das Intervall zwischen Ereignissen", lässt Hawking seine Computerstimme verkünden.

„Es gibt keinen externen Maßstab der Zeit, bei dem das Universum plötzlich mit dem Urknall begann. Daher hat die Frage, was eine Minute vor dem Urknall geschah, keinen Sinn. Die Zeit war nicht definiert."

› Die Bedeutung des Menschen

Dass Hawking die schwierige Frage nach der Natur der Zeit aufwirft, ist schon Herausforderung genug (mehr dazu im folgenden Kapitel). Und dass es vor dem Urknall wirklich keine Zeit gegeben hat, wird inzwischen kontrovers diskutiert. Hinzu kommen aber auch noch viele diffizile Fragen nach kosmischen Wahrscheinlichkeiten, Wirklichkeiten und unserem Durchblick.

Der Viele-Historien-Interpretation der Quantenphysik zufolge herrscht geradezu eine Überfülle von Möglichkeiten für das Universum. „Was hebt dann aber das besondere Universum, in dem wir leben, aus der Menge aller möglichen Universen hervor?", fragt Hawking und überlegt: „Sicherlich der Umstand, dass viele mögliche Geschichten des Universums nicht jene Sequenz von Galaxien- und Sternbildung durchlaufen, die für die Entwicklung von uns Menschen entscheidend war. Zwar gibt es die Möglichkeit, dass sich intelligente Wesen auch ohne Galaxien und Sterne entwickeln, aber sie erscheint doch recht unwahrscheinlich. So bedeutet die bloße Tatsache, dass wir als Wesen existieren, die fragen können: ‚Warum ist das Universum so, wie es ist?', eine Einschränkung, der die Geschichte, in der wir leben, genügen muss. Daraus folgt nämlich, dass sie zur Minderheit jener Geschichten gehört, in denen Galaxien und Sterne entstehen. Dies ist ein Beispiel für das sogenannte Anthropische Prinzip. Es besagt, das Universum müsse mehr oder weniger so sein, wie wir es sehen, denn wäre es anders, gäbe es niemanden, der es beobachten könnte."

Ist das Universum so, wie es ist, weil wir es beobachten?

Das Anthropische Prinzip hilft also dabei, aus der unübersichtlichen Fülle kosmischer Möglichkeiten eine Auswahl zu treffen. Es wirkt wie ein Sieb, um von den vielen Historien jene auszuwählen, die für unser Universum relevant sind. Es ist aber kein Anthropozentrismus, der den Menschen für den Mittelpunkt der Welt hält, wie Hawking betont. „Wir sind nur an der Teilmenge jener Geschichten interessiert, in denen sich intelligentes Leben entwickelt. Es muss nicht unbedingt menschliche Züge besitzen. Kleine grüne Außerirdische täten es auch, täten es vielleicht sogar besser. Die Menschheit hat keine sehr gute Bilanz an intelligentem Verhalten aufzuweisen."

Es gibt wohl andere, wahrscheinlichere Möglichkeiten für den Zustand des Universums, also mit unserer Existenz unvereinbare Historien, doch in diesen könnten wir nicht leben. Insofern treffen wir durch unsere Beobachtungen eine Art Vorauswahl, und somit braucht die Geschichte unseres Universums kein typischer Strang im unvorstellbar reichhaltigen Bündel der Superpositionen sein. (Inzwischen

Das Zittern der Raumzeit: *Gravitationswellen, die sich als oszillierende Stauchungen und Streckungen von Abständen durchs All ausbreiten, sind wohl die allerersten Signale vom Anfang unseres Universums. Sie können verraten, was genau im Urknall geschah und ob dies zu Hawkings Modell passt. Doch ob Raumsonden diese ultrafeinen Signale jemals erhaschen können, ist unklar. Bald werden aber bereits Gravitationswellendetektoren auf der Erde die Erschütterungen der Schwerkraftbeben ermessen, die bei der Kollision von Schwarzen Löchern ausgelöst werden. Das Bild zeigt eine Momentaufnahme einer aufwendigen Computersimulation eines solchen Ereignisses.*

hat Hawking die Rolle des Menschen für die kosmologische Theoriebildung mit seinem „Top-down-Ansatz" sogar noch einmal verstärkt, siehe Exkurs *Hawkings Sicht von oben*, Seite 138.)

Warum sollte unsere Geschichte wahrscheinlich sein?

Mit der Quantenkosmologie und der Keine-Grenzen-Hypothese, so argumentieren Stephen Hawking und Jim Hartle, lassen sich im Prinzip Voraussagen über unser Universum machen, die man mit astronomischen Beobachtungen überprüfen kann. Das klingt in der Theorie gut, ist in der Praxis aber sehr schwierig. Zum einen ist der quantenkosmologische Apparat bislang nämlich sehr grob und basiert auf vielen vereinfachenden Annahmen. Sonst wären die komplizierten Rechnungen überhaupt nicht möglich. Und zum anderen handelt es sich ja immer nur um Wahrscheinlichkeitsaussagen. (Wofür es in vielen kosmologischen Modellen noch nicht einmal Konsens über

Sterne und Staub: *Wenn die Naturkonstanten nur geringfügig anders wären, könnten keine Sonnen entstehen – wie hier in der 400 Lichtjahre fernen Dunkelwolke bei Rho Ophiuchi im Sternbild Schlangenträger mit nur 300.000 Jahre alten Sternen (aufgenommen von dem Weltraumteleskop Spitzer in der Infrarotstrahlung). Hawking vermutet deshalb, dass es andere Universen gibt, von denen die meisten extrem lebensfeindlich sind.*

ein Wahrscheinlichkeitsmaß für Voraussagen gibt; auch Hawkings Vorschlag von 2007 ist umstritten.) Wieso aber sollten wir uns in der wahrscheinlichsten aller möglichen Entwicklungsgeschichten des Universums wiederfinden?

Hawking ist sich dieser Schwierigkeit schmerzhaft bewusst: „Welche Prinzipien wählen einen Zustand unter den vielen möglichen Zuständen aus, in denen das Universum existieren könnte, und geben uns somit einen Mechanismus an die Hand, Vorhersagen zu treffen oder verschiedene Eigenschaften des Universums, das wir heute sehen, in Beziehung zueinander zu setzen?"

IM KONTEXT

- Die Keine-Grenzen-Bedingung ist Hawkings Vorschlag für den Quantenzustand des Universums. Demnach gibt es keinen Rand der Raumzeit, das heißt keine Singularität im Urknall. Mit dieser Annahme lassen sich quantenkosmologische Berechnungen des ganzen Universums ausführen.
- Diese Berechnungen basieren bei Hawking & Co. auf weiteren, keineswegs unumstrittenen Voraussetzungen: der Wheeler-DeWitt-Gleichung, der Pfadintegral-Methode und der Wick-Rotation, die die Zeit ins Imaginäre transformiert, quasi verräumlicht. Hinzu kommt noch eine spezielle Deutung der Quantentheorie, die Viele-Historien-Interpretation, der zufolge das Universum eine Überlagerung aller Möglichkeiten sein könnte.
- Diese Aufzählung zeigt schon, dass Hawkings Quantenkosmologie viel Zündstoff bietet, physikalisch wie philosophisch. Sie brachte ihm nicht nur Anerkennung, sondern auch heftige Kritik ein. Inzwischen gibt es zudem zahlreiche weitere quantenkosmologische Ansätze, die teilweise andere Annahmen machen und auch zu unterschiedlichen Schlussfolgerungen kommen. Doch Konkurrenz belebt das Geschäft und ist, wie konstruktive Kritik, ein Gütesiegel und Schrittmacher der Wissenschaft.
- Die Keine-Grenzen-Bedingung ist sicherlich ein theoretischer Durchbruch: Er zeigt nämlich exemplarisch, dass die Urknall-Singularität nicht das letzte Wort sein muss, wenn es darum geht, den Beginn unseres Universums zu erklären. Insofern hat Hawkings Vorschlag bereits einen bleibenden Platz in der Geschichte der Kosmologie errungen. Eine ganz andere Frage ist allerdings, ob sie unsere Welt auch wirklich korrekt beschreibt – und wie sich das nachweisen lässt.

Die Saat der Zeit

Im Alltag erscheint sie vertraut und geradezu selbstverständlich – und doch ist sie ein großes Rätsel: die Zeit. Weshalb erinnern wir uns nicht an die Zukunft, warum „fließt" die Zeit stets in dieselbe Richtung, oder kann sie sich auch umkehren? Diese Fragen führen zurück zum Urknall sowie bis zum möglichen Ende des Universums – und darüber hinaus.

› Die Macht der Unordnung

Milch vermischt sich im Kaffee – die Entropie steigt

Wer sieht, wie sich aus Kompost ein roter Apfel formt, aus einer Kaffeetasse Milchtropfen in die Höhe hüpfen und aus Splittern am Boden ein Glas aufersteht, der fühlt sich wohl im falschen Film – oder betrachtet einfach einen solchen, weil der nämlich rückwärts läuft. Und selbst die zyklischen Prozesse in der Natur wie der Mondlauf oder die Jahreszeiten sind eingebettet in nicht umkehrbare Entwicklungen. Diese Irreversibilität lässt sich überall beobachten. Wegen ihr ist es auch viel unwahrscheinlicher und komplizierter, dass etwas entsteht und sich weiterentwickelt, als dass es zu Schutt und Asche wird.

Das kann man physikalisch sogar in Zahlen fassen – mit der Entropie. Diese physikalische Größe ist ein Maß für die Unordnung eines Systems. Und Unordnung ist viel wahrscheinlicher als Ordnung. Für einen kompakten Milchtropfen im Kaffee gibt es beispielsweise viel weniger Möglichkeiten der molekularen Kombinatorik als für eine gute Durchmischung. Deshalb, so der Zweite Hauptsatz der Thermodynamik (der Erste beschreibt die Erhaltung der Energie), kann die Entropie im Durchschnitt nur zunehmen.

Die Entstehung von Ordnung an einzelnen Orten widerspricht dem Hauptsatz vom Entropie-Wachstum nicht, sondern erfolgt auf Kosten einer höheren Unordnung im gesamten System. Die Entropie kann zwar global (im Gesamtsystem) im Allgemeinen nicht abnehmen, wohl aber lokal (an einzelnen Stellen). Die Ausbildung von komplexen

Strukturen, also Ordnung, ist deswegen zwar möglich, aber eben nur, weil sie mit einer größeren Unordnung in der Umgebung einhergeht. Konkret: Wer seinen Schreibtisch aufräumt, muss mehr Kopfsalat essen, der wiederum seine Energie von den Kernfusionsprozessen im Zentrum der Sonne bezogen hat und so weiter – der Schreibtisch wird dann zwar ordentlicher, aber eben auf Kosten eines größeren Chaos im Sonnensystem.

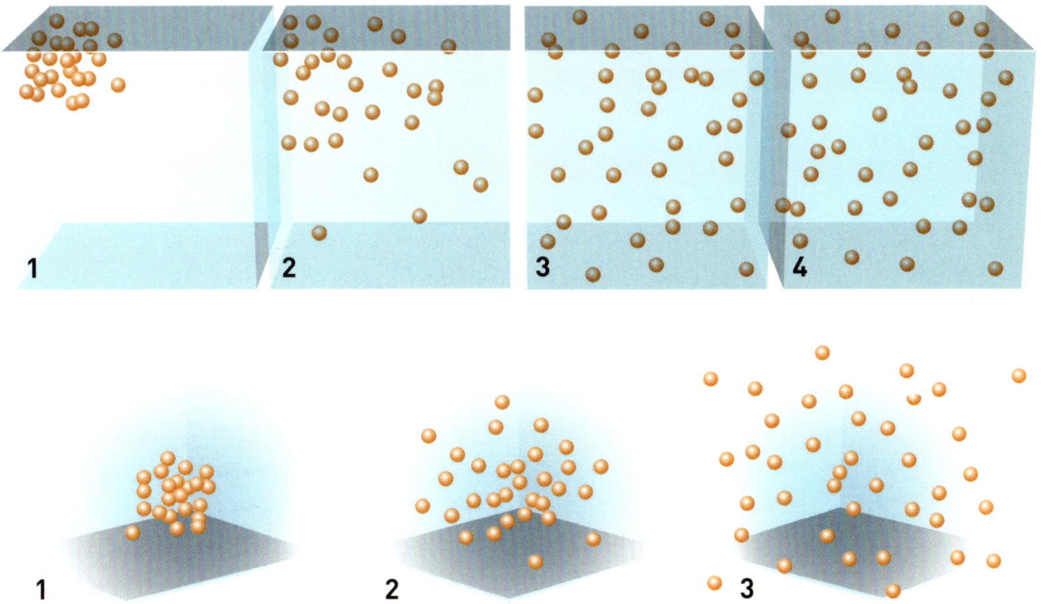

Wachsende Unordnung: *Die Entropie – das physikalische Maß für die Unordnung eines Systems – kann statistisch nur zunehmen und zeigt deshalb sogar die Richtung der Zeit an („thermodynamischer Zeitpfeil"). Wird in einem leeren, abgeschlossenen Raum beispielsweise eine Gasflasche geöffnet, verteilen sich die Gas-Moleküle alsbald gleichförmig über das gesamte Volumen (oben, von 1 bis 3). Dann ist das thermodynamische Gleichgewicht als Zustand maximaler Entropie erreicht und ändert sich in überschaubaren Zeiträumen makroskopisch nicht mehr (4). Das gilt zumindest für geschlossene Systeme. In offenen Systemen kann auch die Zahl der Freiheitsgrade und somit Molekül-Konfigurationen zunehmen. Unklar ist, ob der expandierende Weltraum (unten) schematisch als geschlossenes System betrachtet werden kann, ob sich darin ein Gleichgewicht ausbildet und wie sich die Entropie überhaupt sinnvoll definieren lässt.*

Mehr Ordnung schafft noch mehr Unordnung

Stephen Hawking hat zur Illustration dieses Phänomens in seiner *Kurzen Geschichte der Zeit* folgende Überschlagsrechnung angestellt, die ähnlich auch für dieses Buch gilt: „Wenn Sie sich an jedes Wort in diesem Buch erinnern, sind in Ihrem Gedächtnis etwa zwei Millionen Informationseinheiten gespeichert. Die Ordnung in Ihrem Gehirn ist um zwei Millionen Einheiten angewachsen. Doch während Sie das Buch gelesen haben, sind mindestens tausend Kalorien geordneter Energie – in Form von Nahrung – in ungeordnete Energie umgewandelt worden – in Form von Wärme, die Sie durch Wärmeleitung und Schweiß an die Luft abgegeben haben. Dies wird die Unordnung des Universums um ungefähr zwanzig Millionen Millionen Millionen Millionen Einheiten erhöhen – also ungefähr um das Zehnmillionenmillionenmillionenfache der Ordnungszunahme in Ihrem Gehirn. Und das gilt nur für den Fall, dass sie sich an *alles*, was in diesem Buch steht, erinnern." (Das wäre vielleicht ein guter Grund, sofort die Lektüre zu beenden.)

Der Zweite Hauptsatz markiert daher eine Richtung der Zeit – oder der Entwicklungen in der Zeit, was nicht dasselbe sein muss. Doch er ist nicht die Lösung des Problems der Zeitrichtung, sondern sein Kern. Denn alle bekannten fundamentalen Naturgesetze sind zeitsymmetrisch: Sie enthalten keine bevorzugte Zeitrichtung; sie unterscheiden nicht zwischen Zukunft und Vergangenheit. Jeder Prozess könnte also auch umgekehrt ablaufen. Warum aber tut er es nicht?

Man kann diese Frage als unsinnig zurückweisen, wenn man wie Hawking thermodynamisch argumentiert: „Die Unordnung wächst mit der Zeit, weil wir die Zeit in der Richtung messen, in der die Unordnung wächst." Doch das ist keine Lösung, wie auch Hawking betont: „Warum muss es die thermodynamische Zeitrichtung überhaupt geben?" Die Entwicklungen könnten ja auch abwechselnd vorwärts und rückwärts gehen – oder überhaupt nicht stattfinden.

› Die mysteriöse Zeitrichtung

„Warum erinnern wir uns an die Vergangenheit, aber nicht an die Zukunft?", brachte Stephen Hawking die Asymmetrie unserer Zeiterfahrung auf den Punkt. Für diese Unumkehrbarkeit, die Irreversibilität vieler Prozesse und somit die Zeitrichtung, hat der britische Physiker Arthur Stanley Eddington bereits 1927 den Begriff „Zeitpfeil" („arrow of time") geprägt.

Tatsächlich gibt es viele verschiedene zeitgerichtete Phänomene (siehe Exkurs *Zehn Zeitpfeile* auf der nächsten Seite). Sie scheinen auf den ersten Blick wenig miteinander zu tun zu haben. Doch diese Prozesse zeigen (zumindest gegenwärtig) alle in dieselbe temporale Richtung: von der Vergangenheit in die Zukunft.

Wer hat den Zeitpfeil abgeschossen?

Sind sie, oder wenigstens ein paar davon, unabhängig voneinander? Dann müsste man verschiedene Zeitpfeile unterscheiden und sich fragen, ob sie notwendig immer die gleiche Richtung haben. Oder gibt es nur einen einzigen Pfeil – beziehungsweise einen gemeinsamen Ur- oder Superzeitpfeil, auf den sich alle anderen zurückführen lassen? Dann müsste man herausfinden, welcher das ist und wie er „abgeschossen" wurde.

Auf diese Fragen gibt es zwar Antworten – aber niemand weiß, ob die richtige darunter ist. Jedenfalls widersprechen sich die gegenwärtig diskutierten Erklärungsversuche teilweise. Und wie meistens in der Wissenschaft wirft eine Antwort zudem gleich mehrere neue, noch schwierigere Fragen auf.

Viele Kosmologen und Physiker, darunter auch Hawking, sehen jedenfalls einen engen Zusammenhang zwischen der Zeitrichtung und der Ausdehnung des Universums. Demnach würde die Expansion die anderen Zeitpfeile mit sich ziehen oder erst auslösen und so der Zeit gewissermaßen ihren Spielraum eröffnen.

In den am weitesten entwickelten Theorien einer Quantenkosmologie kommt, auch in Hawkings Ansatz, die Zeit als fundamentale Größe sogar überhaupt nicht vor. Das heißt, sie taucht als eigenständiger physikalischer Parameter in den Gleichungen nicht auf (siehe Seite 101). Hier übernimmt die kosmische Expansion quasi die Rolle der Zeit und erweitert vielleicht sogar den Spielraum für die Zunahme der Entropie.

Doch falls die Ausdehnung des Universums die Zeitrichtung anzeigt oder sogar vorgibt – was wäre dann, wenn der Weltraum eines Tages zu schrumpfen begänne?

EXKURS

› Zehn Zeitpfeile

Dass die Zeit eine Richtung hat, zeigt sich auf vielfältige Weise.

› **Der psychologische:** Wir erinnern uns an die Vergangenheit, die unverrückbar erscheint, aber nicht an die Zukunft, die für uns noch nicht feststeht. Wir erleben einen unumkehrbaren „Fluss" der Zeit, der uns von der Geburt bis zum Tod treibt.

› **Der kausale:** Wirkungen kommen nie vor ihren Ursachen, und diese haben zusammenhängende Strukturen.

› **Der evolutionäre:** Komplexe natürliche, aber auch kulturelle Systeme unterliegen einer gerichteten Entwicklung und oft auch Differenzierung. Exponentielles Wachstum wird (vorübergehend!) nur in sogenannten selbstorganisierten Systemen beobachtet – von Bakterienkolonien bis zur Wirtschaft.

› **Der radioaktive:** Dem exponentiellen Wachstum steht der Zerfall von radioaktiven Elementen gegenüber, deren Zahl exponentiell abnimmt, was ebenfalls eine Zeitrichtung anzeigt.

› **Der elektromagnetische:** Strahlung breitet sich von einer Stelle konzentrisch aus, trifft aber nie von allen Seiten in einem Punkt zusammen. (Das gilt auch für Schallwellen oder Wellen, die entstehen, wenn man einen Stein ins Wasser wirft.)

› **Der thermodynamische:** Die Entropie in einem geschlossenen System wird maximal, das heißt das System strebt seinem thermodynamischen Gleichgewicht entgegen. Kaffee kühlt beispielsweise auf die Umgebungstemperatur ab, und hineingegossene Milchtropfen bleiben nicht zusammen, sondern verteilen sich gleichmäßig.

› **Der teilchenphysikalische:** Der Zerfall bestimmter Partikel (der Kaonen in Pionen) lässt indirekt auf eine Zeitasymmetrie schließen, weil er andere Symmetrien der Elementarteilchenphysik verletzt (von Ladung und Spiegelung, die mathematisch mit der Zeitsymmetrie verknüpft sind).

› tfuäl sträwkcür tieZ eid nneW

„Was geschähe, wenn das Universum in seiner Ausdehnung innehielte und anfinge, sich zusammenzuziehen?", fragte sich Hawking bereits Anfang der 1980er-Jahre. Und damit war er nicht der erste. Der Kosmologe Thomas Gold von der Cornell University – einer der Väter des Steady-State-Modells – hatte schon 1958 spekuliert, dass der Zeitpfeil mit der Ausdehnung des Weltraums zusammenhängt und sich umkehren könnte, wenn das All kontrahiert. Ein solcher Kollaps zu ei-

- **Der quantenphysikalische:** Messungen – oder ganz allgemein die Wechselwirkungen mit der Umwelt (Dekohärenz) – stören ein Quantensystem, bei dem sich alle möglichen Zustände überlagern, und führen dazu, dass nur ein einziger klassischer Zustand beobachtet wird. Dieser irreversible „Kollaps der Wellenfunktion" beschreibt beispielsweise, warum Schrödingers berüchtigte Katze nicht zugleich tot und lebendig ist, obwohl im Reich der Quanten solche seltsamen Zwitterzustände die Regel sind. (Allerdings könnte sich die Realität auch in verschiedene, fortan voneinander unabhängige und getrennte Paralleluniversen aufspalten, so dass alle Alternativen realisiert werden – in der einen Welt ist die Katze tot, in der anderen lebendig; doch diese Aufspaltung würde auch wieder eine Zeitrichtung markieren.) Stephen Hawking ist übrigens kein Freund solcher Quantenkollaps-Interpretationen. Er schrieb: „Wenn ich jemanden von Schrödingers Katze sprechen höre, greife ich nach meinem Gewehr".
- **Der gravitative:** Die Schwerkraft bildet Strukturen aus – beispielsweise Galaxien und Sterne aus winzigen Dichteschwankungen im einst fast homogenen Urgas des Universums. So können selbst Schwarze Löcher entstehen: „Einbahnstraßen" der Materie, Orte höchster Entropie und vielleicht sogar irreversible Informationsvernichter.
- **Der kosmologische:** Der Weltraum dehnt sich seit dem Urknall aus.

Da alle Zeitpfeile in dieselbe Richtung weisen, liegt es nahe, nach einem Superzeitpfeil zu suchen. Erfolgversprechende Kandidaten sind der quantenphysikalische, der kosmologische und der thermodynamische Zeitpfeil. Der thermodynamische ist wohl mindestens für den psychologischen und evolutionären verantwortlich. Auch für Schwarze Löcher und somit für gravitative Prozesse lässt sich eine Entropie definieren (Seite 174).

nem Endknall erscheint unvermeidlich, wenn die Gesamtmasse des Universums einen kritischen Wert übersteigt oder wenn die Dichte der Vakuumenergie (beziehungsweise Einsteins Kosmologische Konstante) negativ ist. Zwar sprechen die astronomischen Beobachtungen der letzten Jahre gegen beides, aber die Kollaps-Möglichkeit wird sich vermutlich niemals völlig ausschließen lassen.

Unabhängig davon, ob der Endknall kommen wird oder nicht: Die Erforschung der Konsequenzen eines in sich zusammenstürzenden Universums hat für das Verständnis der Zeit eine große Bedeutung.

„Die entscheidende Frage ist, ob Golds Vorstellung von der Zeitumkehr einen Sinn hat oder nicht – und nicht, ob unserem Universum tatsächlich ein Endknall bevorsteht", sagt der australische Philosoph Huw Price, der ein viel beachtetes Buch über das Problem des Zeitpfeils geschrieben hat (*Time's Arrow and Archimedes' Point*, 1996). „Falls der Zweite Hauptsatz der Thermodynamik seine Richtung umkehrt, wenn das Universum kontrahiert, würde das Universum in ein Zeitalter der Wunder eintreten. Strahlung würde in Sternen zusammenlaufen, Äpfel würden sich in Komposthaufen bilden und zu Bäumen aufsteigen, und Menschen würden aus ihrer Asche auferstehen, jünger werden und schließlich ungeboren werden."

Kann sich die Richtung der Zeit umkehren?

Auch Hawking malte sich ein solches Szenario aus: „Das würde für die Menschen, die die Kontraktionsphase noch erleben, eine Fülle Science-Fiction-artiger Möglichkeiten eröffnen. Würden sie beobachten, wie sich die Scherben von Tassen auf dem Fußboden zusammenfügen und auf den Tisch zurückspringen? Würden sie sich an die Aktienkurse von morgen erinnern und ein Vermögen an der Börse verdienen können?"

Tatsächlich kam Hawking 1985, also nachdem er mit James Hartle seine Keine-Grenzen-Bedingung vorgeschlagen hatte, zu der Überzeugung, dass sich der thermodynamische Zeitpfeil umkehrt und die Zeit rückwärts läuft, wenn sich der Weltraum zusammenzieht. „Ich war der Meinung, das Universum müsse in einen gleichförmigen und geordneten Zustand zurückkehren, wenn es zu kollabieren begänne. Dann würden die Menschen in der Kontraktionsphase ihr Leben rückwärts leben. Sie stürben, bevor sie geboren würden, und würden jünger, während das Universum sich zusammenzöge."

› Hawkings größter Fehler

Wenn die Überlegungen einer temporalen Symmetrie richtig wären, würde die Zeit kommen und gehen wie alles andere im Universum – zumindest, falls es kollabiert. Eine solche Vorstellung mag einen ästhetischen Reiz haben. Doch die meisten Kosmologen waren nicht von Hawkings Ansicht überzeugt. Roger Penrose brachte schon früh gewichtige Argumente vor, warum ein Endknall – und Schwarze Löcher – ganz anders als der Urknall sind und eine maximale Entropie besitzen. In seinem Buch *Zyklen der Zeit*, in deutscher Übersetzung 2011 erschienen, spekuliert er zwar auch über eine Auflösung der Zeit und sogar über einen neuen Urknall in ferner Zukunft. Aber das hat weder etwas mit einem Endknall zu tun noch mit einer Zeitumkehr.

Hawkings Modell wurde schon in den 1980er-Jahren heftig kritisiert. Das ist nicht bösartig, sondern der normale Gang der Wissenschaft: Nur so sind beständige Überprüfungen und Verbesserungen möglich.

***Monströse Raumzeitfalle:** Supermassereiche Schwarze Löcher sind die größten Entropie-Ansammlungen im Universum. Sie existieren im Zentrum der meisten Galaxien, so auch in der elf Millionen Lichtjahre fernen Riesengalaxie Centaurus A (NGC 5128) im Sternbild Kentaur. Ihr Schwarzes Loch ist so schwer wie 200 Millionen Sonnen. Das Foto zeigt die Elliptische Galaxie mit ihrem charakteristischen äquatorialen Staubband im sichtbaren Licht sowie ihre rund 13.000 Lichtjahre langen Jet-Strahlen im Röntgen- (innen) und Radiobereich (außen). Diese Teilchenströme werden in der Umgebung des Schwarzen Lochs erzeugt und sind eine Art „Todesschrei“ der hineinstürzenden Materie.*

Im Gegensatz zu politischen und religiösen Ideologen, die notorische Rechthaber sind und die Wahrheit gepachtet zu haben glauben, gehören Zweifel und Irrtümer zum täglichen Geschäft der Wissenschaft. Wenn sie gut ist und funktioniert. Die Wege zur Erkenntnis sind oft steinig und steil oder führen in Sackgassen. Warum sollte das bei Hawkings Forschungen anders sein?

Don N. Page, heute Physik-Professor an der kanadischen University of Alberta in Edmonton, ahnte schon früh, dass Hawking von zu stark vereinfachten Annahmen ausging. Nach seiner Dissertation, bei der Hawking Zweitgutachter war, kam Page für einige Jahre nach Cambridge und wohnte bei Hawking und dessen Familie, um ihn zu unterstützen. Page sah keine überzeugenden Gründe für die Annahme einer kosmologischen Zeitumkehr.

Erst musste Hawking überzeugt werden …

Hawking war skeptisch und setzte seinen Studenten Raymond Laflamme auf das Problem an. Aber dessen Berechnungen widersprachen Hawkings Auffassung ebenfalls. „Er erklärte: ‚Nein, ich habe etwas anderes erwartet'", erinnerte sich Laflamme später, der heute an der kanadischen University of Waterloo forscht. „Ich erwiderte: ‚Aber ich habe das herausbekommen, Stephen.' Ich ging an die Tafel und erläuterte meine Lösung. Er fragte: ‚Haben Sie auch an diesen Sonderfall gedacht?' Darauf ich: ‚Oh – darauf bin ich gar nicht gekommen.' Ich ging also wieder fort und rechnete den Fall durch, auf den er mich aufmerksam gemacht hatte. Nach ein paar Wochen war ich wieder zur Stelle. Ich sagte: ‚Ich habe nichts anderes herausbekommen, Stephen. Ich habe immer noch die gleiche Lösung wie neulich.' Er erklärte: ‚Nein, nein, so geht das nicht. Haben Sie daran gedacht?' Und ich sagte: ‚Oh nein, den Fall habe ich vergessen.' Also machte ich mich wieder an die Arbeit und begann alles noch einmal durchzurechnen. Und wieder kam dieselbe Lösung heraus. Also suchte ich Stephen abermals auf. So ging das wohl zwei oder drei Monate weiter. Schließlich sagte er: ‚Vielleicht ist eine Ihrer Näherungen nicht gültig.' Deshalb beschlossen ein Kollege und ich, die Sache mit Computern durchzurechnen. Es dauerte lange, die Programme zu schreiben und sie durchzuchecken. Aber am Ende erhielten wir wieder die gleiche Lösung. Da kam Don Page herein und sagte: ‚Ich bin daran sehr interessiert, Raymond, denn bei mir kommt ziemlich genau dasselbe raus, wenn auch auf einem ganz anderen Weg.' Deshalb verabredeten wir, Stephen davon zu überzeugen, dass wir in diesem speziellen Bereich Recht hatten." Und so gingen die beiden schrittweise vor. Sie machten Hawking zunächst die Ausgangsformeln plausibel, bevor sie ihm das Ergebnis mitteilten, damit er es nicht gleich wieder verwarf. „Gemeinsam bearbeiteten wir Stephen etwa einen Monat lang, bis wir ihn schließlich so weit überzeugt hatten, dass er uns Recht gab."

... und gestand dann seinen Fehler ein

„Ich hatte meinen größten Fehler begangen, zumindest meinen größten Fehler in der Physik. Es stellte sich heraus, dass ich von einem zu einfachen Modell des Universums ausgegangen war", räumte Hawking im Rückblick ein. „Aus der Keine-Grenzen-Bedingung folgte, dass die Unordnung auch während der Kontraktionsphase zunehmen würde. Danach kommt es zu keiner Umkehrung des psychologischen und des thermodynamischen Zeitpfeils während der Kontraktion des Universums oder im Innern Schwarzer Löcher." Und er ergänzte mit dem ihm eigenen Humor: „Die Zeit wird sich nicht umkehren, wenn das Universum in die Kontraktionsphase eintritt. Die Menschen werden auch weiterhin älter werden, so dass es zwecklos ist, auf den Kollaps des Universums zu warten in der Hoffnung, zu seiner Jugend zurückzukehren."

Laflamme erhielt 1988 seinen Doktortitel. 1993 publizierte Hawking mit ihm und Glenn W. Lyons vom Los Alamos National Laboratory in New Mexico den ausführlichen Nachweis in der Fachzeitschrift *Physical Review*. Das Ergebnis entspricht den gängigen Vorstellungen von einem kollabierenden Universum, wie sie die britischen Physiker Martin Rees, Paul Davies und Roger Penrose entwickelt haben. Danach kehrt sich der Zeitpfeil nicht um, sondern bleibt erhalten. Hypothetische Astronomen der Zukunft würden also beobachten, wie die Galaxien sich immer näher kommen und die Temperatur des Weltraums steigt. Schwarze Löcher würden jedoch weiter Materie verschlingen und dabei ständig größer werden, bis sie im finalen Stadium des Universums verschmelzen und immer mehr Raum einnehmen. Der Endknall wäre somit kein Spiegelbild des gleichförmigen Urknalls, sondern extrem inhomogen, das heißt aufgrund der bis zuletzt stark schwankenden Masseverteilung durch die Schwarzen Löcher und deren Raumzeit-Deformationen gleichsam zerknittert. Auch die Entropie würde bis zum Schluss wachsen, denn ihr größter Anteil steckt in den Schwarzen Löchern.

„Was soll man tun, wenn man feststellt, dass man einen solchen Fehler begangen hat?“, schrieb Hawking bereits in seiner *Kurzen Geschichte der Zeit*. „Manche Menschen geben nie zu, dass sie Unrecht haben, und finden ständig neue, oft sehr widersprüchliche Argumente, um ihren Standpunkt zu vertreten.“ Andere behaupten, sie hätten die falsche Auffassung niemals favorisiert oder nur, um ihre Unhaltbarkeit zu zeigen. „Mir erscheint es weit besser und klarer, wenn man schwarz auf weiß zugibt, dass man sich geirrt hat. Man denke an Einstein, der die Kosmologische Konstante, die er einführte, um ein statisches Modell des Universums aufrechterhalten zu können, als größten Fehler seines Lebens bezeichnete.“

› Der große Brunch

Ob Hawkings Fehler wirklich einer ist, kann trotz seiner sicherlich berechtigten Korrektur noch immer bezweifelt werden. (Auch Einsteins „größte Eselei“ war insofern gar keine, als die Kosmologische Konstante ja doch in seinen Feldgleichungen vorkommt und heute sogar der einfachste Kandidat zur Erklärung der mysteriösen Dunklen Energie ist.) „Es hat den Anschein, dass Hawking ursprünglich gar keinen Fehler gemacht hat“, meint zumindest H. Dieter Zeh von der Universität Heidelberg. „Sein Fehler war vielmehr, dass er wegen einer halbherzigen Verwendung der Quantentheorie einen Fehler sah und immer noch einen sieht, wo gar keiner ist.“

War der Irrtum doch ein Irrtum?

Der emeritierte Physik-Professor, vielleicht der renommierteste Zeitpfeil-Experte weltweit, hat zusammen mit Claus Kiefer von der Universität Köln andere Schlussfolgerungen aus quantenkosmologischen Modellen gezogen. „Im Rahmen einer halbklassischen oder gar klassischen Theorie ist Hawkings Betrachtungsweise konsistent“, sagt Kiefer. „Der springende Punkt ist aber, dass die Grundgleichung in der Quantenkosmologie prinzipiell keinen Unterschied zwischen Urknall und Endknall machen kann.“ Anfang und Ende des Universums wären, wenn das zutrifft, wie exakte Spiegelbilder. „Das sind in der Theorie der Quantengravitation dieselben Zustände“, sagt Zeh. Er verschmilzt daher die Begriffe „Big Bang“ (Urknall) und „Big

Crunch“ (Endknall, „Das Große Knirschen“) augenzwinkernd zum „Big Brunch“.

„Urknall und Endknall lassen sich nur unterscheiden, wenn eine klassische Raumzeit existiert. Das ist in unserem Modell der Quantenkosmologie jedoch nicht der Fall“, betont Claus Kiefer. Daher würden – so die verblüffende Konsequenz – auch Schwarze Löcher nicht ewig weiterwachsen, sondern im kollabierenden Universum wieder zu Sternen werden, die von allen Seiten Licht einsammeln und sich schließlich in Urgas zurückverwandeln. Solche Formulierungen sind allerdings problematisch. Denn aus der Innensicht eines solchen Universums kann man davon nichts bemerken. Auch die Zeit im Bewusstsein eines Beobachters muss dem kosmischen Zeitpfeil folgen. Und dessen Umkehr kann niemand erleben, weil Quanteneffekte im Umkehrpunkt eines kollabierenden Universums alles auslöschen. Ein unbarmherziger Mechanismus würde die Welt, wie wir sie kennen, förmlich ausradieren. Aber auch das ist umstritten. Somit bleibt die Frage nach der Zeitumkehr vorläufig offen. Und ob unser Universum jemals kollabieren wird, ist sowieso unklar. Immerhin kann man bei allen Unsicherheiten doch festhalten: Die Zeit wird es schon richten.

Die Frage nach der Zeitumkehr bleibt vorläufig offen

› Warum fließt die Zeit vorwärts?

So rätselhaft wie das Ende der Zeit, ist auch ihr Anfang. Woher stammt überhaupt die (vielleicht nur vorübergehende oder lokale) Asymmetrie der Zeit – oder zumindest der Prozesse in der Zeit?

Die Frage ist auch deshalb so schwierig, weil die meisten Naturgesetze zeitsymmetrisch sind, also keinen Unterschied zwischen Vergangenheit und Zukunft machen. Es hat jedenfalls den Anschein, dass sie vorwärts wie rückwärts gleichermaßen funktionieren. Wenn sie aber keine Zeitrichtung auszeichnen, dann muss es für diese einen anderen, tieferen Grund geben. Denn in den komplexen Systemen der Natur und Zivilisation lassen sich bekanntlich nur eindeutig gerichtete Prozesse beobachten: Blüten werden zu Äpfeln, die später verfaulen; Milch tropft in den schwarzen Kaffee und macht ihn braun; ein Glas fällt vom Tisch und zerspringt in tausend Scherben.

Im Wesentlichen kann man drei Arten von Antworten unterscheiden.

› **Nichtreduzierbarkeit:** Die Zeitrichtung könnte ein essenzielles, grundlegendes Merkmal der Zeit sein, also kein von etwas anderem ableitbares oder irgendwie sonst erklärbares Phänomen. Zeit würde dann einfach vergehen und wäre unabhängig beispielsweise von der Entropie oder der Ausdehnung des Weltraums.

› **Gesetze:** Vielleicht gibt es ein fundamentales, aber noch unbekanntes Naturgesetz, das zeitasymmetrisch ist. So hofft Roger Penrose, aus einer Theorie der Quantengravitation würde ein solcher Superzeitpfeil folgen. Andere Wissenschaftler – wie der russisch-belgische Nobelpreisträger Ilya Prigogine – lokalisieren Zeitpfeile in den Eigenzeiten komplexer Systeme fern vom thermodynamischen Gleichgewicht, für die sie spezielle Gesetzmäßigkeiten postulieren. Das löst aber das kosmologische Problem nicht.

› **Randbedingungen:** Die meisten Physiker nehmen an, dass die Irreversibilität der Natur nicht auf zeitasymmetrischen Gesetzen beruht, sondern eine Folge spezifischer, sehr unwahrscheinlicher Anfangs- oder Randbedingungen ist. Wenn diese nicht ein außerordentlicher Zufall sind, wird das Problem zurück bis zur Entstehung des Universums verschoben.

Der Urknall muss sehr ordentlich gewesen sein

Auch Stephen Hawking meint, dass der Zeitfluss letztlich den Urknall als Quelle hatte. Er müsste also, in einem präzisen thermodynamischen Sinn, außerordentlich ordentlich gewesen sein. „Der Zweite Hauptsatz der Thermodynamik ergibt sich aus dem Umstand, dass stets mehr ungeordnete Zustände als geordnete existieren", fasst Hawking zusammen und verdeutlicht dies mit dem Beispiel von Puzzle-Teilen in einer Schachtel: „Es gibt eine und nur eine Anordnung, in der sich die Teile zu einem Bild zusammenfügen. Dagegen existiert eine sehr große Zahl von Kombinationen, in denen Teile ungeordnet sind und kein Bild ergeben."

Ähnlich die Moleküle der Milch im Kaffee: Sie könnten sich wieder zu einem Tropfen zusammenballen. Sie tun dies zwar nicht, weil es sehr viel unwahrscheinlicher ist. Doch dass es sehr viel unwahrscheinlicher ist, liegt nicht an den Naturgesetzen, sondern an den Randbedingungen. Der Physiker Robert Wald von der University of Chicago brachte dies lakonisch so auf den Punkt: „Warum existiert der thermodynamische

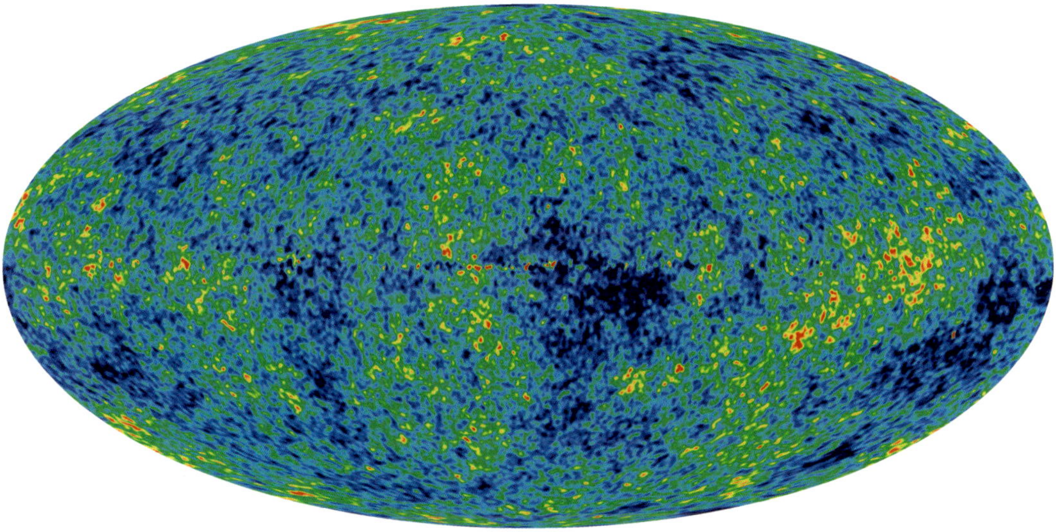

Kosmischer Fingerabdruck: *Die Kosmische Hintergrundstrahlung, das Relikt des ersten Lichts, erfüllt den Weltraum sehr gleichmäßig im Radiowellenbereich und ist nur drei Grad über dem absoluten Nullpunkt kalt. Sie hat Temperaturschwankungen von wenigen Hunderttausendstel Grad, die geringe Dichteschwankungen im Urgas widerspiegeln. Dieses über den ganzen Himmel verteilte Fleckenmuster (die Karte repräsentiert die gesamte, auf die Fläche projizierte „Himmelshohlkugel") wurde hier in verschiedenen Farben codiert (rot = wärmer). Daraus können Kosmologen – wie Kriminalkommissare bei der Fingerabdruck-Identifikation von Personen – die Kennziffern unseres Universums ermitteln: Alter, Zusammensetzung, Geometrie und vieles mehr. Die Dichteschwankungen waren die Keimzellen der Galaxien und stammen wahrscheinlich von winzigen Quantenfluktuationen, die durch die Ausdehnung des Weltraums ins Gigantische vergrößert worden sind. Die Gleichförmigkeit der Hintergrundstrahlung ist ein Hinweis auf eine extrem geringe Entropie des Urknalls und ein großes Rätsel. Die Karte hat die Raumsonde WMAP (Wilkinson Microwave Anisotropy Probe) in siebenjähriger Messzeit gewonnen.*

Zeitpfeil? Weil die gegenwärtige Entropie so gering ist! Und warum ist sie so gering? Weil sie früher noch geringer war!"

› Eine Zahl größer als unser Universum

Eine Erklärung der Zeitrichtung scheint also auf den Anfang unseres Universums zu verweisen. Der Urknall allerdings liegt in finsterer Vergangenheit – und dies ist nicht nur metaphorisch zu verstehen. Es wurde Licht – aber erst 380.000 Jahre nach dem Urknall, als sich das All so weit abgekühlt hatte, dass die heute noch messbare Kosmische Hintergrundstrahlung freigesetzt wurde. Da sie – abgesehen von winzigen Temperaturschwankungen in der Größenordnung von einem Hunderttausendstel Grad – homogen ist, muss die Materie damals außerordentlich gleichförmig verteilt und mit der Strahlung im thermischen Gleichgewicht gewesen sein. Das mutet auf den ersten Blick paradox an, wird ein solches Gleichgewicht doch oft für das Maximum

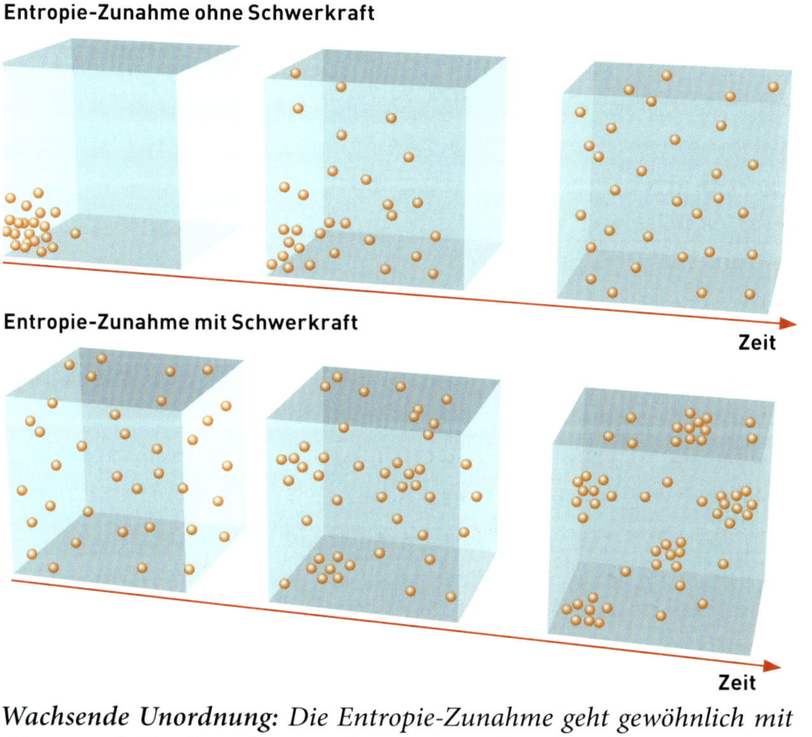

Wachsende Unordnung: *Die Entropie-Zunahme geht gewöhnlich mit Chaos und Gleichmacherei einher. So verteilt sich Gas mit der Zeit im gesamten verfügbaren Volumen (oben). Auf kosmologischen Skalen ist es aber umgekehrt: Das frühe Universum war sehr homogen, hatte aber eine extrem niedrige Entropie, wenn man die Schwerkraft mitberücksichtigt. Diese führt nämlich zu lokalen Verklumpungen des zunächst fast gleichförmig verteilten Urgases (unten). So sind die Sterne und Galaxien entstanden. Mit dieser Wirkung der Gravitation geht ebenfalls eine Zunahme der Entropie einher.*

der Entropie gehalten – wie beim Wärmetod des Universums, den sich Physiker im 19. Jahrhundert als das öde Ende des Weltalls ausgemalt hatten, bei dem nur noch Wärme übrig sei, sonst nichts.

Doch der Schein trügt: Der homogene Feuerball des frühen Universums besitzt keine hohe, sondern eine sehr niedrige Entropie! Denn in der Bilanz darf die Schwerkraft nicht vernachlässigt werden, was lange nicht erkannt wurde. Und diese hat die gegenläufige Tendenz: Verklumpung, nicht Homogenisierung.

Auf großräumigen Skalen zeigt Homogenität also keine hohe, sondern im Gegenteil eine sehr niedrige Entropie an, weil der Entropie-Anteil der Gravitation so gering ist. Die stärksten „Konzentrationen" der Schwerkraft, die Schwarzen Löcher, sind auch die größten Entropie-Ansammlungen. Der Gravitationskollaps führt, physikalisch gesprochen, also zur höchstmöglichen Unordnung. Ein einziges Schwarzes Loch mit einer Masse von einer Million Sonnen (wie beispielsweise im Zentrum der Milchstraße) hat hundertmal so viel Entropie wie alle bekannten Elementarteilchen im gesamten beobachtbaren Weltraum. Doch im frühen Universum waren Schwarze Löcher nicht vorherrschend, sonst wäre die Temperatur der Kosmischen Hintergrundstrahlung nicht überall nahezu gleich. Und das hat sich bis heute kaum geändert.

Unser Universum ist unglaublich unwahrscheinlich

Die außerordentliche Homogenität der Materieverteilung und die „Flachheit" des Weltraums (er erscheint im Großen und Ganzen ungekrümmt, siehe Grafik Seite 61) ist höchst erstaunlich, fast ein Wunder. Das hat als Erster Roger Penrose erkannt. Er konnte sogar beziffern, wie extrem unwahrscheinlich der tatsächliche Zustand unseres Universums ist im Vergleich zu allen denkbaren Konfigurationen von Materie und Energie: nur $1:10^{10^{123}}$. Diese doppelte Hochzahl 10 hoch 10 hoch 123 (10 hoch eine 1 gefolgt von 123 Nullen) ist unvorstellbar riesig. Wollte man diese vielen Nullen im Format dieses Buchs ausdrucken, wäre ein weitaus größerer Stapel nötig, als er im gesamten beobachtbaren Universum Platz hätte!

Ein Universum mit der gleichen Masse wie unseres, aber voll von Schwarzen Löchern, ist also extrem viel wahrscheinlicher als unseres. Doch ein solches sehen wir nicht – wir könnten auch gar nicht darin leben. Insofern ist $1:10^{10^{123}}$ sogar eine Voraussetzung für unser Dasein.

Wir existieren also in einer lebensfreundlichen Welt voller Ordnung (im thermodynamischen Sinn), weil der Urknall höchst „ordentlich" war. Und genau deshalb läuft das Universum wie ein „Uhrwerk" ab – mit einer eindeutigen Zeitrichtung. „Die Entdeckung des kosmologischen Ursprungs der geringen Entropie des Universums ist eine der größten Errungenschaften der Physik des späten 20. Jahrhunderts", kommentiert der Philosoph Huw Price von der University of Sydney. Doch wodurch wurde das Uhrwerk unseres Universums aufgezogen? Was verursachte die geringe Entropie des frühen Universums? Wie kam es zu diesem höchst speziellen U(h)rknall?

› Tote und menschenfreundliche Universen

Bloß weil etwas speziell erscheint, ist es deshalb doch nicht unmöglich. Und wenn alles, was möglich ist, auch wirklich wäre, dann bedarf das Spezielle keiner gesonderten Erklärung, denn dann wäre es ja notwendigerweise realisiert. Das klingt abstrakt, aber für Kosmologen ist das Abstrakteste zugleich oft ungeheuer konkret. Denn viele sind davon überzeugt, dass unser Universum nicht das einzige ist, sondern lediglich eines unter unzähligen. In dieser Gesamtheit von Universen, dem Multiversum, wäre alles – oder doch zumindest sehr vieles – möglich und gleichermaßen wirklich.

Vielleicht sollten wir uns also gar nicht über die große Ordnung beziehungsweise niedrige Entropie unseres Universums wundern, denn es könnte eines unter Myriaden sein. Die meisten Universen wären wohl totgeboren, weil sie beispielsweise Eigenschaften – Naturgesetze – haben, die niemals die Entstehung von Sternen ermöglichen. Zu solchen Eigenschaften zählt auch eine hohe Entropie. In diesen Universen könnten wir nicht leben. Insofern brauchen wir auch nicht über die lebensfreundlichen Bedingungen in unserem Universum zu staunen. Wir sind ja auch nicht überrascht, dass wir auf der Erde leben, und nicht auf Merkur oder Pluto, denn dort wäre es viel zu heiß oder zu kalt.

Bewohnen wir eine ganz besondere Ecke des Kosmos?

Dieses Argument, zuweilen Anthropisches Prinzip genannt, ist allerdings umstritten – und strenggenommen überhaupt keine wissenschaftliche Erklärung. Trotzdem hat es seine Sympathisanten. Dazu zählt auch Stephen Hawking, der es folgendermaßen definierte: „Wir sehen das Universum so, wie es ist, weil wir nicht da wären, um es zu beobachten, wenn es anders wäre."

Schon in den 1980er-Jahren hatte Hawking das Anthropische Prinzip herangezogen, um zu verstehen, warum wir die thermodynamische und kosmologische Zeitrichtung wahrnehmen können. Er wollte damit aber nicht den Ursprung der Zeitpfeile erklären. Tatsächlich reicht das Anthropische Prinzip dafür auch nicht aus. Das beobachtbare Universum ist nämlich sehr viel geordneter als für die menschliche Existenz nötig. Man kann das auch genauer sagen: Die Wahrscheinlichkeit dafür, dass sich unser gesamtes Sonnensystem mit der Erde und all ihren Lebensformen aus zufällig passend angeordneten Teilchen bildet, beträgt zwar nur $1:10^{10^{58}}$ – aber diese Wahrscheinlichkeit ist dennoch extrem viel größer als die $1:10^{10^{123}}$ für das ganze beobachtbare Universum. Das Anthropische Prinzip als Auswahlkriterium eines lebenstauglichen Universums aus dem multiversalen Reich der Möglichkeiten macht den tatsächlichen Entropie-Wert also überhaupt nicht plausibel.

Das Anthropische Prinzip erklärt vieles und doch nichts

› Ist die Welt eine riesige Schwindelei?

„Wenn ihr in die Saat der Zeit schauen und sagen könnt, welches Samenkorn wachsen wird, und welches nicht; so redet zu mir", lautet eine ergreifende Stelle in William Shakespeares Tragödie *Macbeth* (in der Übersetzung von Christoph Martin Wieland). Das Zitat könnte auch an Kosmologen gerichtet werden, die annehmen, dass es unzählige Universen gibt. Sie müssten begreiflich machen, aus welchen kosmischen Samenkörnern die uns vertraute Zeit heraustreiben könnte.

Die Idee einer solchen kosmischen „Saat der Zeit" ist älter als die Relativitätstheorie und die Urknall-Hypothese. Schon 1895 hatte der Wiener Physiker Ludwig Boltzmann überlegt, dass das ganze beobachtbare Weltall bloß eine zufällig entstandene Insel der Ordnung in einem viel größeren Ozean des Chaos sein könnte. In der modernen Kosmologie erfreut sich diese Idee wieder großer Beliebtheit, auch bei Stephen Hawking. Tatsächlich laufen viele miteinander konkurrierende Hypothesen auf eine solche Vorstellung hinaus: Der Urknall war vielleicht schlicht eine

EXKURS

› Die Ring-Parabel

Es geschieht nicht oft, dass komplizierte kosmologische Modelle an der vordersten Forschungsfront, die nur wenigen Spezialisten bekannt sind, bis in die Popkultur vordringen. Doch mit Stephen Hawking als „Botschafter“ gelingt selbst das: Er hatte mehrere Gastauftritte in der amerikanischen Zeichentrickserie *Die Simpsons*. Und in einer Episode sagt seine gelbgesichtig gezeichnete Comic-Version zu Homer Simpson: „Deine Theorie eines ringförmigen Universums ist interessant, Homer. Ich muss sie wohl klauen.“

Zwar ist Homer nicht der hellste Kopf, und der echte Hawking hat dieses Weltmodell bislang nicht verfochten – aber vielleicht tut er das bald. Doch nicht als Diebstahl geistigen Eigentums, sondern aus Einsicht und Überzeugung.

Hawking als Kultfigur: Hier sein Auftritt 1999 in der Zeichentrickserie Die Simpsons.

Allerdings meint „ringförmig“ nicht die gewöhnliche Gestalt eines Ehe-, Nasen- oder Rettungsrings, sondern einen „höherdimensionalen“ Ring, der von Mathematikern Hypertorus genannt wird. Wenn der Weltraum so geformt wäre, könnte man ihn theoretisch umrunden, das heißt immer geradeaus fliegen und am Ausgangspunkt zurückkommen. Aber die anschauliche Vorstellung versagt hier. Außerdem gäbe es im Universum kein Loch – so wie auch keines aus der Sicht fiktiver zweidimensionaler Lebewesen existieren würde, die in der zweidimensionalen Oberfläche eines gewöhnlichen dreidimensionalen Rings herumkrabbeln und ihre Welt auch nicht von „außen“ betrachten können. Die ringförmige Gestalt ist also eine mathematische Konstruktion, die sich der „gesunde“ Menschenverstand nicht ausmalen sollte, will er gesund bleiben. Dimensionsreduzierte Illustrationen wie auf dem Titelbild dieses Buchs helfen aber trotzdem – und weil selbst das unsere Hirnwindungen zu verknoten droht, wurde der stilisierte Weltraum-Ring auf dem Cover gleich noch zu einem Knoten verformt.

So fantastisch das Hypertorus-Modell des Universums auch anmutet: Es ist mit den besten kosmologischen Messdaten gut vereinbar und hat zudem noch gewisse theoretische Vorzüge. Falls beispielsweise die mutmaßliche Kosmische Inflation bei relativ geringen Energien begonnen hat, dann wären ihre Anfangsbedingungen Andrei Linde zufolge sehr speziell und unwahrscheinlich. Nur in einem Fall gäbe es diese Schwierigkeit nicht, hat der renommierte Kosmologe von der kalifornischen Stanford University entdeckt: wenn das Universum gleich nach dem Urknall eine ringförmige Struktur besaß.

Auch für das abgründige Rätsel der Zeitrichtung wäre ein ringförmiges Universum die Lösung. Das meint jedenfalls Brett McInnes von der Universität Singapur. „Die Inflation erschafft keinen Zeitpfeil, sondern setzt ihn voraus", kritisiert er anderslautende Erklärungsversuche. Selbst die Annahme eines Multiversums, wie es aus vielen Szenarien der Kosmischen Inflation folgt, hilft nicht weiter. McInnes teilt sie zwar und hält es für wahrscheinlich, dass Universen voneinander abstammen können oder sich aus einem ursprünglichen Quantenvakuum gewissermaßen abnabeln. Er spricht hier von „guten" und „schlechten" Babys. Nur die „guten" starten mit einer niedrigen Entropie und somit einem Zeitpfeil. Dieser kann sich McInnes zufolge allerdings nicht spontan bilden, sondern muss gleichsam ererbt sein, egal wie viele Generationen von Universen eventuell vorher schon existiert haben.

Doch der aus Australien stammende Physiker hat eine verblüffende Entdeckung gemacht: In der Mathematik existiert genau eine Klasse von Gebilden, die als Modell für kosmologische Raumzeiten eine ihnen notwendig innewohnende Asymmetrie besitzen – ganz unabhängig zunächst von jeder physikalischen Anwendung. Das lässt sich streng mathematisch beweisen. Diese Klasse wäre also quasi aus geometrischen Gründen der ideale Startblock für einen Superzeitpfeil – und sie hat eine ringförmige Gestalt!

Noch ist unklar, was dieses Ergebnis bedeutet, und ob es wirklich als Grundlage für eine Welterklärung taugt. Ein vielversprechender Ansatz ist es jedenfalls. Brett McInnes wurde daher auch 2007 nach Cambridge zu einer von Hawking veranstalteten Konferenz eingeladen, und hat Hawking und den vielen anderen anwesenden Spezialisten seine Überlegungen schmackhaft gemacht. Vielleicht lässt sich Hawkings Vorschlag für eine Urknall-Erklärung, die Keine-Grenzen-Bedingung, sogar mit dem Hypertorus-Modell vereinbaren – und sei es nur, dass sich aus dem Urring Universen abnabeln könnten, die der Keine-Grenzen-Bedingung genügen. Tatsächlich haben die Kosmologen Hirosi Ooguri, Cumrun Vafa und Erik Verlinde im Jahr 2005 Hawkings Ansatz auf ein Modell der Stringkosmologie angewendet, das wie Hawkings Weltmodell eine „imaginäre Zeit" besitzt – und eine ringförmige Gestalt. Vielleicht muss die moderne Schöpfungsgeschichte daher bald so formuliert werden: Im Anfang war der Ring.

statistische Fluktuation, also eine zufällige Schwankung, in einem chaotischen Quantenvakuum. Und zwar nur eine unter zahllosen anderen. Wobei mit jedem Urknall ein mehr oder weniger separates Universum entstand.

Wo sind die Spuren aus der Vergangenheit?

Aber warum ist „unsere" Zufallsschwankung so langlebig? Immerhin sind rund 13,7 Milliarden Jahre seit dem Urknall verstrichen. Viel wahrscheinlicher müsste es doch sein, dass die spontane Fluktuation erst vor wenigen Sekunden zustande kam – mit all den Pseudospuren einer vermeintlichen Vergangenheit: die Erinnerungen an frühere Steuererklärungen und Kindergeburtstage, die Fossilien von Dinosauriern, die Meteoriten aus der Anfangszeit des Sonnensystems und die Kosmische Hintergrundstrahlung vom Urknall selbst. Kurz: Ein solches Schwindel-Universum – oder bloß ein einziges Gehirn, das sich eine solche Pseudowelt einbildet – sollte sehr, sehr viel häufiger entstehen als ein hoch strukturiertes, geordnetes Weltall von mindestens 100 Milliarden Lichtjahren Durchmesser. Zumindest, wenn man den Zahlenvergleich von $1:10^{10^{58}}$ zu $1:10^{10^{123}}$ ernst nimmt.

Kosmologen können aus der Not freilich auch eine Tugend machen. Sean M. Carroll vom California Institute of Technology und Jennifer Chen von der University of Chicago haben genau das getan. Sie entwickelten 2004 ein Modell, demzufolge unser Universum tatsächlich nur eine Fluktuation unter unzähligen ist. Denn ein mit Dunkler Energie durchsetztes Vakuum – und das ist auch in unserem Universum der Fall – bringt immer wieder zufällige Fluktuationen hervor, die durch die Kosmische Inflation riesig werden, bis sie sich durch die ewige Ausdehnung, die die Dunkle Energie immer schneller vorantreibt, wieder völlig entleeren. Fülle und Leere folgen in diesem Modell also unaufhörlich – in jedem Universum des sich immer weiter verzweigenden Multiversums. Und solche Zyklen, so versuchten Carroll und Chen zu zeigen, sind wesentlich wahrscheinlicher als zufällige Fluktuationen von Dinosauriern oder ganzen Schwindel-Universen. Bis zur exakt Ewigen Wiederkehr unseres eigenen Universums wäre allerdings viel Geduld erforderlich – $10^{10^{56}}$ Jahre. Trotzdem gibt es in diesem Szenario keinen bevorzugten Zeitpfeil. „Denn in beiden Zeitrichtungen tauchen durch Fluktuationen Baby-Universen auf, entleeren sich und setzen ihrerseits Babys in die Welt", sagt Carroll. „In extrem großem Maßstab sieht ein solches Multiversum im Mittel zeitsymmetrisch aus – sowohl in der Vergangenheit wie in der Zukunft entstehen neue Universen und pflanzen sich unbegrenzt fort. Zu jeden von ihnen gehört ein Zeitpfeil, doch in der Hälfte aller Fälle weist er in die zu den übrigen entgegengesetzte Richtung."

Wer solche Zyklen ebenfalls für Schwindeleien hält, muss die Erklärung für die geringe Entropie des Alls woanders suchen. Vielleicht entspringt der Fluss der Zeit einer Quelle, die sich aus der reinen Geometrie des Universums ableiten lässt – oder eines Ur-Universums, falls ein ganzes Multiversum existiert (siehe Exkurs *Die Ring-Parabel*). Möglicherweise, und darauf deuten Hawkings neueste Forschungen hin, trägt die Saat der Zeit aber auch viel kuriosere Früchte – und geht sogar in unterschiedliche Richtungen auf.

IM KONTEXT

- Die Richtung der Zeit gehört zu den größten Rätseln der modernen Physik und Kosmologie. Ohne diesen ominösen „Zeitpfeil" könnten wir nicht leben, wie Hawking betont.
- Die Zeitrichtung hängt mit einem extrem unwahrscheinlichen, hohen Ordnungsgrad unseres Universums zusammen. Woher er stammt, ist unbekannt. Es herrscht aber weithin Konsens, dass er bereits mit dem Urknall entstanden sein muss.
- Viele Kosmologen, auch Hawking, versuchen ihn im Rahmen eines Multiversum-Modells zu erklären. Danach ist unser Universum nur eines unter unzähligen. In den meisten herrschen wohl ganz andere physikalische Bedingungen, so dass sie lebensfeindlich wären.
- Das Multiversum-Szenario wird immer beliebter, ist aber keineswegs bestätigte wissenschaftliche Erkenntnis und zurzeit auch noch zu spekulativ, als das man entscheiden könnte, welches der vielen einzelnen Modelle am plausibelsten ist. Ob das Szenario notwendig oder schon hinreichend für eine Erklärung der Zeitrichtung ist, lässt sich momentan ebenfalls nicht sagen.
- Einst war Hawking davon überzeugt, dass sich die Zeit umkehren müsste, wenn sich das Universum nicht weiter ausdehnt, sondern in sich zusammenstürzt. Später hat er diese Überlegung als seinen größten Fehler widerrufen. Inzwischen nimmt er wie die meisten Kosmologen an, dass die Zeitrichtung immer gleich bleibt, egal wie das Universum endet. Allerdings gibt es auch andere Auffassungen. Eine Erklärung des Urknalls wird dieses Problem lösen müssen.

Hawkings neuer Kosmos

Eine kuriose Idee sorgt für Diskussionsstoff: Vor dem Urknall könnte ein Universum kollabiert sein, dessen Zeit unserer Zeitrichtung entgegengesetzt war. Und vielleicht sieht das Weltall jenseits unseres Beobachtungshorizonts ganz anders aus. Außerdem macht Hawking neuerdings die Rolle des Menschen in der Kosmologie stark.

› Spurensuche im Rauch des Urknalls

„Wir leben in einem guten Zeitalter. Wir mögen zwar nur hochentwickelte Affen auf einem kleinen Planeten sein, doch wir sind in der Lage, das Universum als Ganzes zu betrachten, und das macht uns zu etwas Besonderem", lässt Hawking seine künstliche Stimme im englischen Original auf der 2010 erschienenen DVD *Geheimnisse des Universums* ertönen. „Ich kann mich zwar nicht bewegen und muss mithilfe eines Computers sprechen, aber mein Geist ist frei. Gedanklich kann ich durch das Universum reisen und mich mit seiner Geschichte befassen. Ich hatte schon immer ein klares Ziel: Ich will herausfinden, wie das Universum funktioniert und warum es überhaupt existiert. Zum Glück gibt es überall Hinweise. Der wichtigste befindet sich direkt über unseren Köpfen."

Im Rauch des Urknalls stecken subtile Nachrichten

Hawking meint damit die Kosmische Hintergrundstrahlung aus der Frühzeit des Universums – Mikrowellen, die den ganzen Himmel erfüllen. Sie birgt subtile Nachrichten vom „Rauch des Urknalls", aus dem auch wir entstanden sind, wie Hawking sagt. „Das ist eine ziemlich fantastische Geschichte und viel faszinierender, als alles, was sich unsere Vorfahren ausgedacht haben."

Die wispernden Nachrichten vom Urknall sind die winzigen – nur wenige Hunderttausendstel Grad messenden – Temperaturschwankungen in der Hintergrundstrahlung. Anhand ihres Verteilungsmusters ließen sich nicht nur die fundamentalen Kenngrößen des Alls

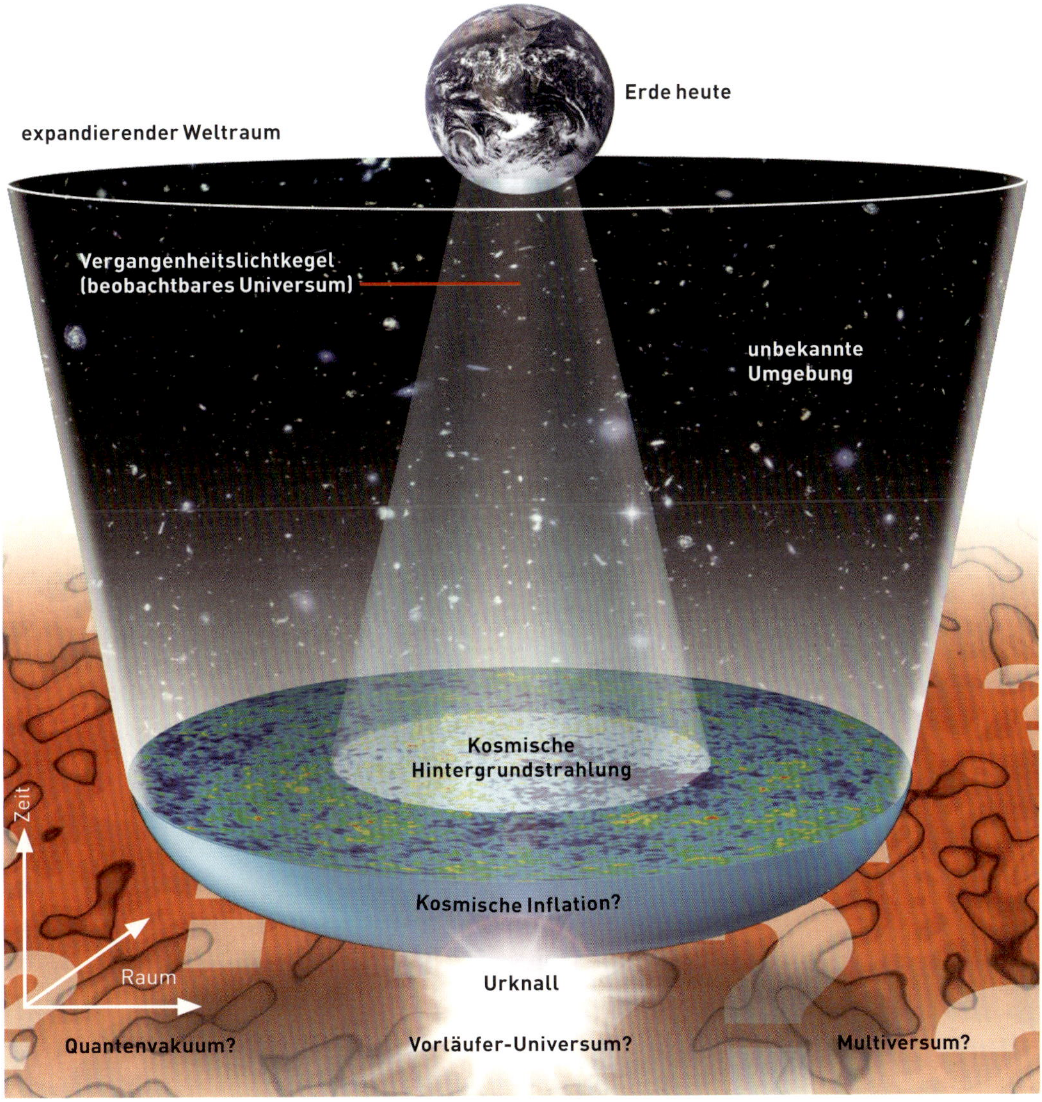

Blick in die Tiefe der Raumzeit: *Aufgrund der Endlichkeit der Lichtgeschwindigkeit können wir nur einen kleinen Teil des Universums erkunden. Die Kosmische Hintergrundstrahlung umschließt unseren Beobachtungshorizont („Vergangenheitslichtkegel") wie ein undurchdringlicher Vorhang. Sie ist das erste Licht im All. In ihr verbergen sich schwache Spuren aus der Zeit vor ihrer Entstehung 380.000 Jahre nach dem Urknall – vielleicht von einer hypothetischen exponentiellen Expansion des Weltraums, der Inflation, vom „zündenden Funken" des Urknalls selbst oder sogar von anderen Universen. Ob das All jenseits unseres Horizonts ähnlich oder ganz anders beschaffen ist wie in dem Milliarden Lichtjahre messenden Bereich um uns herum, ist unbekannt.*

errechnen, sondern sie helfen auch, kosmologische Modelle zu testen. Daher ist es wichtig, präzise Vorhersagen zu machen, bevor die Ergebnisse der noch genaueren Messungen vorliegen, an denen Astrophysiker weltweit gerade arbeiten. Denn wenn ein Modell die Feuerprobe überprüfter Prognosen besteht, hat es gute Erfolgsaussichten. Eine nachträgliche Anpassung der Modelle an die Datenlage ist mit Hilfshypothesen hingegen meistens irgendwie möglich und somit wenig aussagekräftig. Auch Stephen Hawking und seine Mitarbeiter mischen in diesem Wettstreit der konkurrierenden Weltmodelle munter mit – seit einigen Jahren sogar wieder besonders intensiv.

› Rätsel und Rückschläge

Stephen Hawkings Keine-Grenzen-Vorschlag war ein konzeptueller Durchbruch und wurde von vielen Forschern aufgegriffen. Aber er hatte auch einige Schwächen.

So gibt es noch keine durch Beobachtungen bestätigte Theorie der Quantengravitation. Hawkings Vorschlag beruht daher auf einigen spekulativen Annahmen. Doch das gilt für alle konkurrierenden Modelle. Die vielleicht größte Schwierigkeit des Hawking-Hartle-Modells ist die physikalische Interpretation der imaginären Zeit und der Übergang von ihr zur realen Zeit. Zwar lässt sich die vierdimensionale Raum-Halbkugel des Instantons mathematisch nahtlos an den Raumzeit-Trichter des expandierenden Universum anfügen. Aber was bedeutet die Beschreibung für die Realität? Wie entsprang die Zeit aus der Zeitlosigkeit? Das ist bis heute unbeantwortet. Und vielleicht sogar die falsche Frage.

Wie entsprang die Welt aus der Zeitlosigkeit?

Unabhängig vom konkreten Modell ist nämlich auch unklar, was ein „Anfang der Zeit" eigentlich bedeuten soll. Denn die Zeit begann nicht, ähnlich wie ein Konzert anfängt, mit einem Zeitpunkt 0 – es „gab" ja definitionsgemäß kein Vorher und somit auch keinen Vorgang des Beginnens. Bestimmte Fragen kann man für Anfangskosmologien eigentlich gar nicht mehr stellen. Adolf Grünbaum, Philosoph an der University of Pittsburgh, verglich das mit der Frage „Wann hast du deine Frau zu schlagen begonnen?", wenn der Befragte sie niemals schlug oder überhaupt nicht verheiratet ist. Zu fragen, was vor dem Urknall war, wäre demnach unsinnig – genauso wie die Frage nach der Mutter eines Vereins, obwohl jedes einzelne Vereinsmitglied eine Mutter hat. Doch wie oder warum es zum Urknall beziehungsweise zum ersten Moment kam, das will man doch wissen – und in der Analogie mit der Vereinsgründung ist eine solche Fragestellung ja auch sinnvoll und beantwortbar.

Ein weiteres und viel konkreteres Problem: Inzwischen passen die genauer gemessenen kosmologischen Kennzahlen nicht mehr zum ursprünglichen Modell aus den Anfängen der 1980er-Jahre. Dieses ging von einer aus heutiger Sicht zu hohen Materiedichte aus und hat auch die ominöse Dunkle Energie nicht berücksichtigt, die gegenwärtig für eine beschleunigte Ausdehnung des Weltraums sorgt. Die Indizien dafür haben Astronomen erst 1998 entdeckt.

Zuvor sah es sogar so aus, als wäre das Universum offen, mit ewiger Expansion und negativer Raumkrümmung (siehe Seite 61). Das brachte auch das Szenario der Kosmischen Inflation in Schwierigkeiten, weil es einiger Tricks oder unplausibler Annahmen bedarf, um die rapide Raumausdehnung mit einer hyperbolischen Geometrie zu vereinbaren. Zusammen mit Neil Turok, der damals auch an der Cambridge University forschte und jetzt Direktor des Perimeter-Instituts im kanadischen Waterloo ist, entwickelte Hawking 1998 ein Modell, das ein offenes Universum mitsamt Inflation zu beschreiben vermochte. Es ging von der Keine-Grenzen-Bedingung aus, war aber nicht besonders realistisch. Und wurde wenig später obsolet, als mit der Entdeckung der Dunklen Energie und einer genaueren Vermessung der Kosmischen Hintergrundstrahlung deutlich wurde, dass das Universum nahezu „flach“ sein muss.

Das Modell von 1998 war schon Monate später Makulatur

Als hartnäckige Schwierigkeit erwies sich auch, dass Hawkings ursprüngliches Modell nicht gut zum Szenario der Kosmischen Inflation passte, das damals gerade erst entwickelt worden war. Obwohl nicht unumstritten, sind die meisten Forscher – auch Hawking und seine Mitarbeiter – inzwischen davon überzeugt, dass eine solche Inflation unser Universum erst groß gemacht hat. Doch das Keine-Grenzen-Modell sagte voraus, dass der wahrscheinlichste Anfangspunkt ein Universum mit der kleinstmöglichen Vakuumenergie und der größt-

EXKURS

› Hawkings Sicht von oben

Hinter Hawkings neuem kosmologischen Modell stecken anspruchsvolle mathematische Konzepte und theoretische Annahmen. Zur bewährten Pfadintegral-Methode und Keine-Grenzen-Bedingung kommt nun der „Top-down-Ansatz". Er weist dem Menschen eine wichtige Rolle in der Kosmologie zu.

Erste Ideen dazu hat Hawking 2003 auf einer Konferenz im kalifornischen Davis vorgestellt und – schon im Vortragstitel – *Cosmology from the top down* genannt. Das steht im Gegensatz zu den üblichen „Bottom-up-Ansätzen", die einen Anfangszustand des Universums postulieren und zu berechnen versuchen, inwiefern sich die kosmische Entwicklung daraus mit den Beobachtungsdaten von heute in Übereinstimmung bringen lässt. Der Top-down-Ansatz hingegen geht von unserer gegenwärtigen Perspektive aus und berücksichtigt alle möglichen quantenphysikalischen Entwicklungsgeschichten. „Diese Geschichten des Universums hängen davon ab, was beobachtet wird – im Gegensatz zur üblichen Annahme, dass das Universum eine einzigartige, beobachterunabhängige Geschichte hat", betont Hawking. „Der Top-down-Ansatz führt daher zu einem kosmologischen Rahmen, in dem unsere Existenz – oder wenigstens damit einhergehende Eigenschaften des Universums wie eine klassische Raumzeit – wieder in eine zentrale Position gelangt."

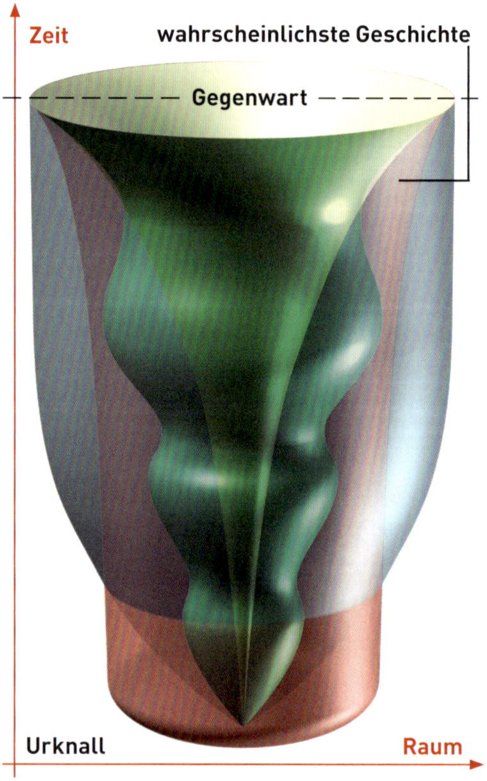

***Viele Geschichten:** In Hawkings Quantenkosmologie hat das Universum nicht nur eine Geschichte, sondern viele mögliche, die sich alle überlagern. Sie lassen sich berechnen und besitzen verschiedene Wahrscheinlichkeiten. Die Beobachtung der Eigenschaften des Alls heute erlauben dann Rückschlüsse auf die Vergangenheit – vielleicht sogar darauf, wie es zum Urknall kam. Dieser „Top-down-Ansatz" arbeitet sich gleichsam von der Gegenwart in die Tiefe der Zeit hinab. Er steht im Gegensatz zu den üblichen „Bottom-up-Ansätzen", die einen bestimmten Anfangszustand im Urknall postulieren und untersuchen, ob sich dieser mit den Beobachtungen jetzt vereinbaren lässt.*

Das Universum hängt gleichsam von uns ab. Jedenfalls in dem Sinn, dass unsere Existenz eine Raumzeit voraussetzt, die klassisch und groß ist – ein Weltraum eben, der Sterne beherbergen kann. Und das ist in der Quantenkosmologie keine triviale Annahme. Diese Spielart des Anthropischen Prinzips, das die menschliche Perspektive in den Mittelpunkt rückt, ist unter Kosmologen sehr umstritten – wie auch die Viele-Historien-Interpretation der Quantenphysik, die hinter Hawkings Überlegungen steckt. In Davis gab es so manches betretene Gesicht.

Der Mensch als Maß aller Dinge? Das klingt extravagant und ist es auch. Denn hinter dem aufwendigen mathematischen Apparat steht ein auf uns – oder andere intelligente Beobachter – bezogener Selektionseffekt: Vieles ist möglich – die vielen Geschichten der Quantenphysik –, aber nur weniges wird „ausgewählt", das heißt beobachtet, und damit relevant.

So esoterisch, wie sich der Top-down-Ansatz vielleicht anhört, ist er allerdings gar nicht. Das macht ein Vergleich mit Charles Darwins Evolutionstheorie deutlich: Auch sie erlaubt nicht die Vorhersage – die sie ja zeitlich gesehen eine Nachhersage wäre –, dass sich die Spezies Mensch mit großer Wahrscheinlichkeit auf der Erde entwickelt haben muss, sondern gibt eine evolutionsbiologische Erklärung für diese zur Tatsache gewordene Existenz. Der Top-down-Ansatz steckt also nicht einfach das ins Modell hinein, was er am Ende wieder herausbekommen möchte. Vielmehr formuliert er eine theoretische, auf Beobachtungen beruhende Einschränkung, die die kosmologische Modellbildung vereinfacht oder, wie Hawking vielleicht eher sagen würde, überhaupt erst ermöglicht.

Erst kürzlich hat Hawking sogar zwei für ihn anthropozentrische Interpretationen des Anthropischen Prinzips kritisiert: Zum einen das in der Kosmologie beliebte „Prinzip der Mittelmäßigkeit" seines Kollegen Alexander Vilenkin, der mit der Annahme, wir seien typische Beobachter, kosmologische Parameter zu erklären versucht. Hawking: „Das wäre, als müsste ich sagen, dass ich ein Chinese bin, weil es viel mehr Chinesen als Briten gibt." Zum anderen die Vorstellung, unser Weltall wäre das lebensfreundlichste aller möglichen Universen: „Wir hätten einen besseren Ort haben können."

Damit nicht genug. Auch wenn der Top-down-Ansatz seinen Blick von „oben" – aus der Perspektive unserer Gegenwart – hinab in die Tiefe der Zeit bis zum Urknall richtet, bleibt doch das Rätsel des Anfangs selbst bestehen. Mittlerweile haben Hawking, Hartle und Hertog es aber geschafft, den Top-down-Ansatz mit dem Keine-Grenzen-Vorschlag zusammenzubringen. Mehr noch, sie können auch das Szenario der Inflation integrieren. Und sogar die ominöse Dunkle Energie findet einen Platz. Sie wird einfach als zusätzliches Feld beschrieben, wie es auch viele andere Forscher tun.

möglichen Ausdehnung sei. „Dass ein unendlich großer, leerer und flacher Raum am wahrscheinlichsten aus dem Nichts entstanden sein soll, kann ich kaum glauben", kritisierte zum Beispiel der Kosmologe Alex Vilenkin mehrfach. Eigentlich sollte doch umgekehrt ein winziger Raum ins Dasein gelangen, der dann aufgrund einer hohen Vakuumenergie sofort mit einer Inflation begann und so rasch riesig wurde. Diese Probleme ließen Hawking keine Ruhe. Immer wieder griff er sie mit verschiedenen Kollegen auf. Vor einigen Jahren kam ihm dann die Idee, die „kurze Geschichte der Zeit" mit einem neuen methodischen Ansatz zu (be)schreiben – oder alle Geschichten (also die Überlagerung aller Quanten-Historien – mehr dazu im Exkurs *Hawkings Sicht von oben*).

Hawkings neuestes Modell ist ein großer Fortschritt

Zusammen mit seinem ehemaligen Doktoranden Thomas Hertog, der inzwischen an der Université Paris-Diderot sowie an den Solvay-Instituten in Brüssel forscht, und mit Jim Hartle hat Hawking nun ein neues Weltmodell vorgeschlagen. Es ist noch nicht vollendet, also „work in progress", und zum Teil spekulativ. Aber es geht deutlich über die früheren Modelle hinaus, ist realistischer, passt besser zu den Beobachtungsdaten und macht überprüfbare Voraussagen.

› Wortkarg am entscheidenden Punkt

Rückschlüsse auf die Entstehung des Alls sind zurzeit wieder der Schwerpunkt von Hawkings Arbeit. Auch in seinem neuen Bestseller, *Der Große Entwurf*, bringt er die großen Fragen der Kosmologie erneut ins Gespräch – und verspricht sie zu beantworten. Doch dort, wo es besonders interessant, aber zuweilen auch mysteriös wird, sind Hawking und sein Co-Autor Leonard Mlodinow erstaunlich wortkarg. Zwar skizzieren sie brillant, wie das gegenwärtige Wissen von den Naturgesetzen das Universum weitgehend erklären kann. Trotzdem bleibt es im Buch sehr vage, wenn sich dann alles auf die große Frage zuspitzt, wie und warum denn das Weltall überhaupt entstanden ist (mehr dazu in den Exkursen *Alles aus Nichts?* und *Wie kam die Urknall-Energie in die Welt?*). Über den Urknall, den entscheidenden Punkt für alles weitere, schreiben Hawking und Mlodinow wenig.

Diese Wortkargheit ist eigentlich verwunderlich, denn Hawking hat darüber viel zu sagen. Ebenso problematisch: Die Erklärung des Urknalls ist keineswegs so weit gediehen, wie es *Der Große Entwurf* suggerieren mag. Es sind nicht nur wesentliche Punkte ungeklärt oder umstritten, sondern es gibt auch einige konkurrierende Modelle, die sich drastisch von Hawkings Szenario unterscheiden. Kurz: Das letzte Wort ist hier noch lange nicht gesprochen; es lässt sich nicht einmal komplett buchstabieren.

Selbst grundlegende Fragen sind noch offen: Ob der Urknall nun der Anfang von allem war, nicht nur von unserem Universum. Ob mit ihm Raum und Zeit ins Dasein kamen oder er umgekehrt eine – wenn auch heftige – Episode in einer umfassenderen Raumzeit markierte. Und ob die Zeit endlich, ewig, kreisförmig oder eine Illusion ist; oder ob sie gar einen „Pseudoanfang" besitzt, das heißt mikroskopisch immer existiert, selbst in einem Quantenvakuum, aber eine makroskopische Richtung („Zeitpfeil") erst mit einem Urknall entfaltet. Nicht einmal in Hawkings eigenem Szenario ist das bereits entschieden. Insofern sind einfache beziehungsweise vereinfachte Botschaften zwar gut fürs Bücher-Marketing, aber sie erschweren die Orientierung.

Ist die Zeit endlich, ewig kreisförmig oder eine Illusion?

› Der Urschwung

In einem Alter, in dem sich andere Forscher auf den Ruhestand vorbereiten, startete Hawking ungeachtet seiner schweren gesundheitlichen Beeinträchtigungen noch einmal richtig durch. Ende November 2007 veröffentlichte er mit Hartle und Hertog einen kurzen, bis zum Februar 2008 noch mehrfach überarbeiteten Artikel in der einschlägigen Internet-Datenbank arXiv mit dem Titel *The No-Boundary Measure of the Universe*, der anschließend im 100. Band der Fachzeitschrift *Physical Review Letters* gedruckt wurde. Im Dezember 2007 stellten sie ihre Überlegungen auf der hochkarätigen Konferenz *The Very Early Universe* in Cambridge der Fachwelt vor. Und im März 2008 folgte die umfangreiche Abhandlung *The Classical Universes of the No-Boundary Quantum State* mit ausführlichen Berechnungen, die noch im selben Jahr im Fachjournal *Physical Review D* erschien. Darin wird gezeigt,

EXKURS

› Alles aus nichts?

„Spontane Erzeugung ist der Grund, warum etwas ist und nicht einfach nichts, warum es das Universum gibt, warum es uns gibt“, schrieben Stephen Hawking und Leonard Mlodinow in ihrem populärwissenschaftlichen Buch *Der Große Entwurf*. Das ist eine doppelte Aussage. Dass sich, erstens, die Natur durch Selbstorganisation entwickelt, ohne ein Design und einen Designer zu benötigen, haben wissenschaftliche Erkenntnisse inzwischen klar belegt. Doch, zweitens, ob quasi alles aus nichts – oder gar: dem Nichts? – entstanden sein könnte, wirft schwierigste metaphysische Fragen auf.

Aus nichts kommt nichts, heißt es oft; und wo etwas ist, da kann nicht nichts sein. Sogar die Schöpfung aus dem Nichts („creatio ex nihilo“) ist streng genommen keine, sondern setzt ja einen Schöpfer voraus, der die Welt dann gleichsam in sich selbst trägt oder aus sich selbst heraus schafft. („Schöpfung aus dem Nichts“ ist ohnehin als Dogma gemeint im Kontrast zu älteren Vorstellungen, denen zufolge ein Schöpfer die Welt aus einem formlosen, aber bereits unabhängig vorhandenen Urstoff geschaffen hatte.) Doch die vielleicht fundamentalste Frage überhaupt – „Warum aber ist etwas und nicht vielmehr nichts?“, wie sie der Philosoph und Mathematiker Gottfried Wilhelm Leibniz einst formuliert hatte – wird durch theologische Klimmzüge allenfalls verschoben, nicht beantwortet. Wahrscheinlich gibt es überhaupt keine Antwort ... und auch nicht das absolute „Nichts“.

Wenn Physiker manchmal davon sprechen, dass es „etwas“ gibt, weil „das Nichts“ instabil sei, denken sie weniger an Metaphysik als an Potenziallandschaften, Symmetriebrüche und Phasenübergänge, wie sie in der Elementarteilchenphysik gängig sind. „Nichts“ meint dabei den einfachsten physikalischen Zustand, zuweilen Quantenvakuum genannt. Für eine Entstehung unseres Universums – und vielleicht auch vieler anderer – aus einem solchen fast leeren Raum spricht tatsächlich einiges. Doch ist dieser Grundzustand zwar wenig – gleichsam das Minimum, das die Gesetze der Physik „erlauben“ –, aber sicherlich nicht nichts. Er enthält etwas (Quantenfluktuationen) und ist ja selbst etwas (eine mehrdimensionale Mannigfaltigkeit).

Sprechen Hawking und Mlodinow also von „spontaner Erzeugung“ und schreiben sie im Hinblick auf die spekulative „Weltformel“ der M-Theorie, diese sei „der einzige Kandidat für eine vollständige Theorie des Universums. Wenn sie endlich ist – und das gilt es noch zu beweisen –, dann ist sie das Modell eines Universums, das sich selbst erschafft“, so klingt das großspuriger, als es tatsächlich ist. „Mit ‚Nichts‘ meinen wir den Vakuumzustand in der Quantenfeldtheorie“, erläutert Mlodinow. Aus dem absoluten Nichts kann das Universum – oder Multi-

***Mächtiges Multiversum:** Wie Gasblasen aus kochendem Wasser (im Foto) bilden sich zahllose Universen aus dem energiereichen Vakuum der Kosmischen Inflation. Das vermuten zumindest Hawking und viele weitere Kosmologen.*

versum – demzufolge also nicht ins Dasein gesprungen sein.

Natürlich lässt sich weiter fragen, woher denn das Quantenvakuum stammt. Vielleicht von einem grundlegenderen Vakuum, aus dem quasi fortwährend neue Universen wie Gasblasen im siedenden Wasser hervorblubbern – jedes mit seinem eigenen Urknall und mit seinen Naturgesetzen und -konstanten. Das kann im Rahmen der Ewigen Inflation, aber auch der M- oder Stringtheorie beschrieben werden (und neuerdings sogar in einer Kombination von beiden). Dann ist es gar nicht mehr so erstaunlich, dass aus dieser Unmenge an Möglichkeiten, die im Vakuum stecken, auch ein lebensfreundliches Universum entsteht, das Menschen hervorbringen konnte – darunter einen, der das alles in einem „Großen Entwurf" skizziert. Trotzdem bleibt die Fülle des Seins letztlich (metaphysisch) unerklärlich und zufällig.

Tatsächlich hat Hawking dies ähnlich gesehen und damit auch Absoluterklärungen und Allwissenheitsfantasien eine Absage erteilt: Bereits im Juni 1987 betonte er in einem Vortrag, den er in Cambridge anlässlich des 300. Jahrestags der Veröffentlichung von Isaac Newtons epochalem Werk *Philosophiae Naturalis Principia Mathematica* hielt: „Auch wenn die Wissenschaft möglicherweise das Problem zu lösen vermag, wie das Universum begonnen hat, nicht beantworten kann sie die Frage: Warum macht sich das Universum die Mühe zu existieren?"

wie sich ein homogenes und isotropes – also auf großen Skalen gleichförmiges – Universum mit Kosmologischer Konstante, Materie und klassischer Raumzeit mit der Kosmischen Inflation und einem Instanton vereinbaren lässt.

Dabei haben Hawking & Co. sowohl die Raumzeit als auch die Beobachter in ihr – also Kosmologen wie sie selbst – quantenmechanisch beschrieben. Mithilfe der Keine-Grenzen-Bedingung gelang der Nachweis, dass ein Universum, wie wir es beobachten, eine Phase der Kosmischen Inflation durchlaufen haben muss. Die klassische Raumzeit heute, die mit der Allgemeinen Relativitätstheorie beschrieben wird, macht die Inflation sogar zwingend notwendig, wenn man eine von Hawking eingeführte statistische Gewichtung der Beobachtungsdaten in den Top-down-Ansatz einspeist. „Was wir fanden, ist, dass Entwicklungsgeschichten mit Inflation die höchste Wahrscheinlichkeit besitzen", fasst Thomas Hertog eines der Hauptresultate zusammen. Das war ein Erfolg, auch wenn in den ersten Abschätzungen die Inflation meistens zu kurz währte.

Die Kosmische Inflation war notwendig

Und die Rechnungen zeigen noch mehr: Im Gegensatz zu dem ursprünglichen Instanton-Modell von Hawking und Hartle aus dem Jahr 1983 gibt es jetzt auch Modelle, bei denen das Instanton eine Art „Brücke" zwischen einem kontrahierenden Vorgänger-Universum und unserem expandierenden All darstellt. Demnach wäre der Urknall kein absoluter Anfang, sondern ein Übergang. Dies wird in der Kosmologie traditionell „Bounce" genannt. Das lässt sich im Deutschen mit „Rückprall", „Umschwung" oder sogar „Urschwung" (in der Entsprechung zu „Urknall") wiedergeben. Wichtig dabei: Der Bounce durchläuft keine Singularität. (Nebenbei: Solche singularitätsfreien Übergänge existieren sogar in Bounce-Modellen, die allein auf der Allgemeinen Relativitätstheorie beruhen, wenn die Kosmologische Konstante hinreichend groß ist. Außerdem haben einige Kosmologen seit Ende der 1980er-Jahre Bounce-Modelle auch im Rahmen von Quantengravitation-Modellen vorgeschlagen. „Urschwünge", obgleich im Detail sehr verschieden, scheinen sich also aus sehr vielen unterschiedlichen theoretischen Annahmen und Grundlagen zu ergeben.)

Der Urknall war ein Übergang

Falls das Universum beim Urschwung eine gewisse Mindestgröße besaß – viel kleiner als der Durchmesser eines Atomkerns –, haben

***Trio universale:** Die Kosmologen James B. Hartle, Stephen Hawking und Thomas Hertog (von links) arbeiten schon seit vielen Jahren zusammen. Nun haben sie ein Modell entwickelt, demzufolge „vor“ dem Urknall ein Universum mit umgekehrter Zeitrichtung kollabiert ist.*

quantengravitative Effekte möglicherweise gar keine Rolle gespielt. Das würde den Kosmologen das Leben sehr erleichtern. Sie könnten dann viel einfacher überprüfbare Voraussagen ableiten und bräuchten nicht unbedingt auf eine „Weltformel“ zu warten. „Die Stringtheorie wäre dann nicht nötig für die Kosmologie“, sagt Hawking. Dennoch wäre eine Theorie der Quantengravitation keineswegs überflüssig, wie er außerdem betont. Denn ohne sie bleibt unerklärlich, was in Schwarzen Löchern geschieht.

Relikte aus der Zeit vor dem Urknall

Wenn der Urknall tatsächlich ein Bounce war, also ein Übergang zwischen einem kollabierenden und einem (unserem) expandierenden Universum, dann stellt sich die Frage: Was war davor geschehen? Vielleicht lässt sich das niemals herausfinden. Doch ein wie auch immer erhärtetes kosmologisches Modell könnte durchaus gewisse Aussagen machen. Mehr noch: Vielleicht existieren im All sogar noch Spuren des Vorgänger-Universums – eingraviert beispielsweise im Gravitationswellenhintergrund oder, indirekt, im Temperaturverteilungsmuster der

Kosmischen Hintergrundstrahlung. Manche Modelle, die den Urknall als Übergang beschreiben, haben dies bereits vorausgesagt.

Hawking hielt ein Vorgänger-All zunächst für eine Illusion

Hawking und seine Kollegen sind jedoch skeptisch, was solche kosmischen Fossilien betrifft. Zum einen ist es schwierig, die Natur der Instanton-Beschreibung zu interpretieren. Da das Instanton zeitlos ist – beziehungsweise nur die imaginäre, also verräumlichte Zeit hat –, wird die Rede von einem „Davor" in gewisser Hinsicht sogar sinnlos. Außerdem bleibt die Frage nach der Realität eines Vorgänger-Universums. In einem Vortragsmanuskript vom Juli 2007 formulierte Hawking einen Vergleich mit der experimentell gut erforschten Paarerzeugung von

EXKURS

› Wie kam die Urknall-Energie in die Welt?

Die kurze Antwort: Vielleicht gar nicht. Die Begründung ist allerdings ziemlich kompliziert und spekulativ. Insofern könnte die Antwort auch lauten: Man weiß es nicht. Und: Vielleicht ist die Frage sogar physikalisch sinnlos.

Jetzt etwas ausführlicher: Am besten, man unterscheidet zwei Aspekte der Frage:

Erstens: Ist unser Universum ein offenes oder geschlossenes System? Wenn es ein geschlossenes ist, kam die Energie überhaupt nicht in die Welt, sondern war immer schon in ihr. Es ist aber unklar, ob sich ein „kosmischer Energieerhaltungssatz" widerspruchsfrei definieren lässt. Im Rahmen der Allgemeinen Relativitätstheorie macht das große Schwierigkeiten. Wenn jedoch unser Universum mit anderen Universen in Verbindung steht oder der Urknall aus einem Urvakuum entsprang und sich vielleicht in Schwarzen Löchern wiederholt, dann ist unser Universum ein offenes System. Dann könnte seine Energie von einem Vorläufer-Universum stammen oder ein Relikt des „falschen Vakuums" sein, das im Szenario der Kosmischen Inflation auftaucht.

Zweitens: Besitzt unser Universum überhaupt eine positive Gesamtenergie? Überraschenderweise vielleicht nicht! Denn der positiven Energie der Strahlung, der Materie und so weiter steht die mathematisch als negative Energie beschreibbare Schwerkraft gegenüber. Und die Bilanz scheint sich gerade ausgleichen, also „null" zu ergeben. Davon sind viele Kosmologen überzeugt. Mehr noch: Das könnte sogar der Schlüssel zum Verständnis des Urknalls sein. Denn dann wäre vielleicht „alles" – oder jedenfalls das ganze Universum – aus fast „nichts" entstanden. Ohne Grund, Zweck und Ziel. Zufällig. Ganz spontan. Einfach so.

Elektronen und Positronen in einem elektrischen Feld. Normalerweise interpretiert man sie als Entstehung der Teilchen aus Energie. Mathematisch lässt sich aber auch sagen, dass beide Teilchen sich aus dem Unendlichen kommend begegnen und wieder entfernen. Dies wäre dann eine Analogie zum Vorgänger-Universum. „In einer ähnlichen Weise sollte man der Kontraktionsphase des Universums keine physikalische Bedeutung zuschreiben, sondern einfach sagen, das Universum wurde beim Bounce quantenphysikalisch erzeugt", meinte Hawking.

In den nachfolgenden Artikeln mit Hartle und Hertog ist davon jedoch nicht mehr die Rede. Vielmehr wird die Realität eines Universums

Wobei das „Nichts" eine Art Quantenvakuum ist: ein öder, nahezu leerer Raum quasi ohne Prozesse mit einer Zeitrichtung. Das lässt sich mithilfe der von Werner Heisenberg entdeckten und inzwischen experimentell glänzend bestätigten Unschärferelation von Energie und Zeit verstehen: Je genauer die Zeit von subatomaren Partikeln bestimmt ist, desto ungenauer ist ihre Energie und umgekehrt.

Damit wird überhaupt erst der radioaktive Zerfall verständlich. Gemäß der klassischen Physik könnte sich nämlich kein Teil eines Atomkerns einfach selbstständig machen. Doch das geschieht – beispielsweise bei der Freisetzung von Alpha-Strahlung (Helium-Kernen). Denn in der Quantenphysik hat ein subatomares Partikel manchmal kurzfristig mehr Energie, als es die klassische Physik „erlaubt", und so überspringt oder durchtunnelt es gleichsam die Energiebarriere.

Analog dazu könnte sich die Entstehung oder „Freisetzung" unseres ganzen Universums mit der Energie-Zeit-Unschärfe erklären lassen. Auf diesen kühnen Gedanken sind 1973 unabhängig voneinander der ukrainische Physiker Piotr Fomin und der amerikanische Physiker Edward Tryon gekommen. Die bis heute aktuell gebliebene und auch von Stephen Hawking aufgegriffene Grundidee: Wenn die Gesamtenergie des Universums sehr genau bestimmt ist, nämlich Null, dann ist die Zeit sehr „unscharf", nämlich beliebig lang. Hat das Universum also keine Energie, kann es zufällig als Quantenfluktuation entstehen und sehr lange existieren: Es wäre aus dem Quantenvakuum ins Dasein gesprungen, ähnlich wie ein radioaktives Teilchen quantenphysikalisch aus seinem Atom herausspringt. „Das Universum ist einfach eines der Dinge, die manchmal geschehen", brachte es Tryon auf den Punkt.

vor dem Bounce ernsthaft erwogen – „zumindest im gleichen Sinn von Realität, wie andere Modelle von anderen Universen sprechen, die mit der Inflation entstanden sind und nicht mit unserem wechselwirken", schrieben die Forscher salomonisch.

› Bizarre Gegenzeit

Von all diesen aufregenden Möglichkeiten hat Hawking im Buch *Der Große Entwurf* nicht berichtet. „Er meint, dass dies keinen Einfluss auf unser gegenwärtiges Universum hat", kommentiert Leonard Mlodinow (dass dies aber nicht so sein muss, wird gleich noch zur Sprache kommen). Wenn nämlich die Inflation lange genug angedauert hat, sind alle Spuren aus der Zeit vorher ins Unkenntliche zerstreut worden. Und vielleicht konnten Informationen aus dem Vorläufer-Universum auch prinzipiell nicht zu uns gelangen. Denn in ihm könnte der Zeitpfeil umgekehrt sein.

Verkehrte Zeit im Universum vor dem Urknall

Tatsächlich wurden die Kosmologen beim Lösen ihrer Gleichungen und bei den Näherungsrechnungen im Computer von einem Aspekt besonders überrascht: Die Zeitrichtung des Vorläufer-Universums ist der in unserem Universum entgegengesetzt. Jedenfalls, wenn man sie wie üblich als Zunahme der Entropie definiert. (Im vorigen Kapitel war vom thermodynamischen Zeitpfeil bereits ausführlich die Rede.) „Die thermodynamischen Pfeile zeigen vom Bounce in verschiedene Richtungen", sagte Hartle im Dezember 2007 auf der Konferenz *The Very Early Universe* in Cambridge und demonstrierte dies mit zwei dicken roten Pfeilen, die er in das Raumzeit-Modell des kontrahierenden und expandierenden Universums eingezeichnet hatte. „Ereignisse der einen Seite haben kaum einen Effekt auf die Ereignisse der anderen."

Dieser Gedanke ist neu. Hawking hatte ihn in dem Vortrag vom Juli 2007 sogar noch als mathematisches Artefakt interpretiert. Er kam auch in den früheren Bounce-Modellen und Vorläufer-Universum-Hypothesen nicht vor. Bei diesen weist der thermodynamische Zeitpfeil immer in dieselbe Richtung, auch durch den Urknall hindurch.

In ihren Veröffentlichungen schreiben Hawking, Hartle und Hertog, dass der Urknall mit einer gewissen Wahrscheinlichkeit einem Bounce

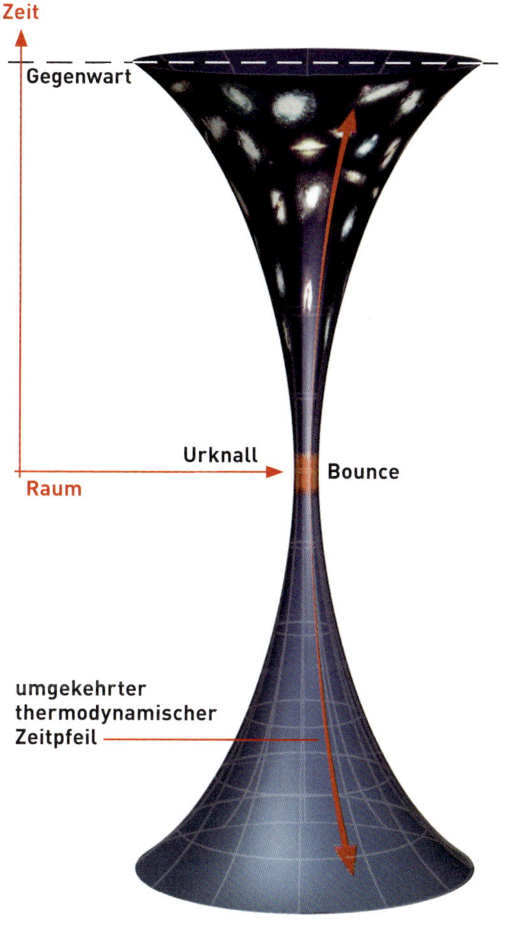

Brücke zu einem fremden Universum: *Zwischen 2007 und 2011 entwickelte Hawking mit Hartle und Hertog ein neues kosmologisches Modell. Wie in seinen früheren Ansätzen kann auch hier die ominöse Singularität durch ein Instanton ersetzt werden. Doch möglicherweise existierte ein kollabierendes Universum vor dem Urknall. Er wäre dann ein Übergang (Bounce) zu diesem Vorgänger-Weltraum, in dem die Zeit kurioserweise die umgekehrte Richtung hat.*

entsprang (manche Historien münden auch in einer Singularität und werden als unrealistisch verworfen). Ob dabei zwei temporal gegenläufige Universen miteinander kollidierten oder das Vorläufer-Universum seine Zeitrichtung wechselte und zu unserem wurde, lässt sich schwer sagen. Vielleicht sprangen ja beide Universen auch aus der Zeitlosigkeit ins Dasein und entwickelten sich im strengen Wortsinn voneinander weg. Das neue Weltmodell wirft also noch viele fundamentale Fragen auf. Und die hängen wesentlich davon ab, was eigentlich die Zeit ist.

Temporaler Gegenverkehr

So seltsam die Möglichkeit temporal entgegengesetzter, aber durch einen Bounce verbundener Universen auch sein mag: Auf sie stieß vor kurzem in einem modifizierten Modell auch Don Page von der University of Alberta im kanadischen Edmonton. Und inzwischen haben noch weitere Forscher Hawkings neuen Ansatz aufgegriffen. Kazuya Fujio und Toshifumi Futamase von der Tohoku-Universität im japanischen Sendai erweiterten es zum Beispiel auf homogene anisotrope geschlossene Universen – also Räume, die nicht in allen Richtungen gleichmäßig erscheinen. Auch in ihrem Modell muss eine Inflation stattgefunden haben. (Dass die entgegengesetzten Zeitpfeil-Universen zwar extravagant, aber nicht abwegig sind, zeigen außerdem Berechnungen von Martin Bojowald an der Pennsylvania State University – er fand nun ebenfalls solche Lösungen, arbeitete aber mit ganz anderen Voraussetzungen, nämlich einem Modell im Theorierahmen der Schleifen-Quantengravitation.)

› Außerirdische in einem früheren Universum

Fest steht: Die kosmische Rückwärtszeit versperrt den Blick ins Vorläufer-Universum. In einem der Artikel wird das Szenario – typisch Hawking – folgendermaßen formuliert: „Könnten wir Informationen von außerirdischen Intelligenzen empfangen, die vor dem Bounce lebten, und die sie mittels Gravitationswellen, Neutrinos oder Kisten aus extrem haltbarer Materie geschickt haben?“ (Eine solche besondere Materie wäre nötig, weil infolge der hohen Temperaturen im brachialen Urschwung keine Atomkerne existierten.) Eine Antwort geben die Forscher leider nicht.

Winzige Schwankungen im Urschwung

Immerhin zeigen ihre Rechnungen, dass es im Bounce winzige Energieschwankungen gegeben haben müsste. Und dass diese Quantenfluktuationen in die entgegengesetzten Zeitrichtungen anwachsen würden. In unserem Universum wären sie durch die Kosmische Inflation extrem aufgeblasen worden und hätten die bis heute beobachtbaren Temperaturschwankungen in der Kosmischen Hintergrundstrahlung erzeugt, die Keimzellen der Galaxienbildung.

Wenn die thermodynamischen Zeitpfeile auch die Kausalität anzeigen, also die Richtung von Ursache und Wirkung, dann scheint das Vorgänger-Universum keine Auswirkungen auf unser Universum zu haben, „sonst müssten sie sich gleichsam in der Zeit zurückbewegen können“, argumentieren die Forscher. „Wir meinen das wirklich ernst“, betont Hertog auf Nachfrage. Aber im Fachartikel ist das gleichwohl mit einem Augenzwinkern formuliert: „Wenn nicht intelligente Außerirdische einen Weg finden, Informationen über Jahrmilliarden in der Zeit zurückzusenden, ist es sehr unwahrscheinlich, dass wir Botschaften von ihnen empfangen. Genauso, wie wir auch keine von intelligenten Aliens aus unser eigenen Zukunft erhalten."

Jim Hartle und Thomas Hertog haben die Idee der gegenläufigen Zeitrichtungen in einem ausführlichen Artikel 2011 noch genauer untersucht. Ihre Rechnungen basieren auf einem allgemeineren, umfassenderen Ansatz als die früheren von Hawking, Laflamme und Lyons (siehe Seite 121), bestätigten deren Ergebnis aber: Die Zeitrichtung kehrt sich, vom Urknall ausgehend, nicht um. Sie bleibt gleich – unabhängig davon, ob das Universum ewig weiter expandiert oder eines Tages in sich zusammenstürzt. Hartle und Hertog konnten außerdem nachweisen, dass auch in der Ewigen Inflation die Zeitrichtung nicht wechselt: Egal, wie viele Blasen-Universen neu entstehen und sich voneinander isolieren – in allen bleiben die Zeitpfeile identisch orientiert.

Alle Blasen haben dieselbe Zeitrichtung

Falls der Urknall jedoch ein Bounce gewesen ist, dann waren die Zufallsschwankungen der Raumzeit in dieser Umkehrphase am kleinsten und wuchsen weg vom Bounce an. „Die Keine-Grenzen-Bedingung sagt voraus, dass die Fluktuationen am Bounce gering sind und der Zeitpfeil vom Bounce weg zeigt, in beide Richtungen", schreiben Hartle und Hertog. „In allen Fällen gibt es entgegengesetzte Zeitpfeile weg vom Bounce." Die Fluktuationen führten zur kosmischen Strukturbildung durch das Wirken der Schwerkraft, zum Entropie-Wachstum, zur Ausbreitung elektromagnetischer Strahlung und so weiter – bis hin zur Unterscheidung von Ursache und Wirkung sowie von Vergangenheit und Zukunft im Bewusstsein. „Es ist schon eindrucksvoll, dass die alltäglichen Zeitasymmetrien der Welt vor rund 14 Milliarden Jahren entstanden sind und seither die Richtung beibehielten – als Folge des Quantenzustands des Universums", staunen die beiden Kosmologen.

Alle diese Zeitpfeile zeigen also vom Bounce weg – in beide Richtungen. Auch die Kosmische Inflation folgte auf den Bounce – in beide Richtungen. „Das steht im harten Gegensatz zur Kausalität in anderen Bounce-Modellen, in denen der Zeitpfeil durch den Übergang hindurch seine Richtung beibehält", betonen Hartle und Hertog. Tatsächlich ma-

chen manche dieser Modelle sogar die Voraussage, dass sich Spuren aus der Zeit vor dem Urknall noch heute als „Abdrücke“ in der Kosmischen Hintergrundstrahlung zeigen könnten. Im neuen Modell von Hawking, Hartle und Hertog gibt es hingegen kaum eine Chance, heute noch Einflüsse vom Vorgänger-Universum aufzuspüren. „Im Hinblick auf wissenschaftliche Voraussagen können wir die Epoche vor dem Urknall außer Acht lassen“, schreiben die Forscher. „Unsere Chancen, beispielsweise Nachrichten von Wesen auf der anderen Seite des Bounces zu empfangen, sind nicht größer als die, eine Botschaft zurück in die Zeit zu schicken, um dadurch Ereignisse zu verhindern, die später unerquickliche Folgen haben.“

› Das Spiel des Zufalls

Himmlische Botschaften zu erhalten, wäre also zu schön, um wahr zu sein – oder bloß Ausdruck einer verzweifelten Hoffnung, auf diese Weise der Wahrheit des Weltanfangs auf die Schliche zu kommen. Dennoch könnte der Himmel ein Einsehen haben. Denn darin – genauer: in der Hintergrundstrahlung – sind vielleicht bis heute zwar keine Zeugnisse des fremden Vorgänger-Universums, aber doch des Urschwungs eingraviert. Und diese könnten sogar schon bald für Schlagzeilen sorgen. Denn kosmologische Tests sind bereits möglich.

Ein ganzer Reigen neuer Forschungen

Das zeigen Hawking, Hartle und Hertog in ihren neuesten Arbeiten. Sie haben den Titel *The No-Boundary Measure in the Regime of Eternal Inflation* und *Local Observation in Eternal Inflation*. Sie wurden 2010 und 2011 in den führenden Fachzeitschriften *Physical Review D* beziehungsweise *Physical Review Letters* veröffentlicht. Darin berücksichtigen die Kosmologen auch zufällige Schwankungen des Skalarfelds, mit dem sie der Einfachheit halber die gesamte Materie und Energie im All beschrieben haben. Diese Fluktuationen sind aus Sicht der Quantenphysik unvermeidlich. Das macht das Modell realistischer, obwohl es noch immer stark vereinfacht ist. Die Kosmische Inflation scheint sich in diesem Szenario natürlicherweise zu ergeben. Sie ist also keine willkürliche Zutat. Das stützt das Vertrauen in die Keine-Grenzen-Bedingung beträchtlich.

Die neuen Modellrechnungen leisten noch mehr. Sie machen zwei Prognosen, die sich vielleicht schon in wenigen Jahren überprüfen lassen. Das sollte man nicht überbewerten, denn die Voraussagen sind nicht sehr präzise – und nicht eindeutig (aus ein paar anderen kosmologischen Modellen folgt Ähnliches). Aber sie zeigen doch, dass die Anstrengungen kein bloßes Glasperlenspiel darstellen. Sie weisen den Weg zu noch genaueren Tests. Und sie verdeutlichen schon jetzt, egal zu welchen Ergebnissen die Messungen kommen werden, dass sich konkurrierende Modelle nach und nach eingrenzen und mindestens teilweise auch ausschließen lassen.

› Überraschende Horizonterweiterung

Hawking, Hartle und Hertog haben in ihren neuen Rechnungen zwei recht wahrscheinliche und überraschende Alternativen gefunden.

Die erste: Modelle mit Ewiger Inflation prognostizieren signifikante Inhomogenitäten jenseits unseres Beobachtungshorizonts. Das bedeutet, dass dort gewaltige Materieverdichtungen oder Leerräume herrschen könnten und vielleicht auch ganz andere physikalische Bedingungen. Unser einsehbares All wäre dann also keineswegs typisch. Aber es müsste eine relativ lange Periode der Inflation durchlaufen haben. Das hat zwar den Nachteil, dass die Spuren vom Anfang der Inflation dann wohl ins Unkenntliche zerstreut wurden – und wie die Inflation begann, wäre wohl prinzipiell nicht mehr zu erkennen. Der Vorteil ist aber, dass die Temperaturschwankungen in der Hintergrundstrahlung ein charakteristisches Zufallsmuster besitzen müssen (statistisch gesprochen handelt es sich um eine sogenannte Gauß-Verteilung). Falls künftige Messungen dies erhärten und sich auch die anderen Annahmen von Hawking und seinen Kollegen halten lassen, dann leben wir in einem sich ewig selbst reproduzierenden Kosmos, der unendlich viele Blasen-Universen erzeugt. Ein winziger Ausschnitt von einem davon ist dann alles, was wir überhaupt betrachten können.

Hinter unserem Horizont könnte alles ganz anders sein!

Modelle, in denen die Inflation nicht ewig weitergeht – die zweite Alternative –, haben im Szenario von Hawking, Hartle und Hertog andere Konsequenzen: Sie prognostizieren geringfügige Diskrepanzen

***Botschaft vom Urknall:** Die europäische Raumsonde Planck hat bereits den gesamten Himmel im Mikrowellenwellenbereich in mehreren Frequenzen kartiert (das Oval zeigt die ganze „Himmelshohlkugel“). Sobald die Daten ausgewertet sind, wird man die Eigenschaften der Kosmischen Hintergrundstrahlung noch wesentlich genauer kennen als bislang. Dann lassen sich viele kosmologische Modelle überprüfen. Die Datenanalyse ist aber sehr aufwendig, weil viele Vordergrundquellen und besonders die Milchstraße (helles Band) einen störenden Einfluss haben. Hoch über und unter der galaktischen Ebene ist das Fleckenmuster des Mikrowellenhintergrunds jedoch sogar ohne statistische Auswertung zu erkennen. Vergrößert eingezeichnet sind außerdem die Positionen von sechs Messfeldern des Infrarot-Hintergrunds. Er stammt nicht vom Urknall, sondern hauptsächlich vom Licht der Urgalaxien und ersten Sterne.*

von der zufälligen Verteilung der Temperaturunterschiede. (Fachleute sprechen von „Non-Gaussianities“, weil sie von der Gauß-Verteilung des reinen Zufallsmusters abweichen.) Manche Kosmologen wollen in den Daten der Raumsonde WMAP bereits Anzeichen davon erspäht haben. Doch eine verlässliche Aussage wird erst die Planck-Mission treffen können (Veröffentlichung der ersten Daten 2012). Wenn es diese Abweichungen gäbe, dann wäre Hawking & Co. zufolge das Universum überall ähnlich beschaffen – auch in Bereichen jenseits unseres Horizonts. Diese Homogenität würde sich also weit über den für uns einsehbaren Teil des Alls hinaus erstrecken.

Die Erforschung des Weltalls reicht viel weiter als gedacht

Beide Voraussagen sind nicht nur für künftige Überprüfungen interessant, sondern auch ganz grundsätzlich. Denn sie beziehen sich auf Zeiten und Räume, die unseren Beobachtungshorizont prinzipiell überschreiten, obwohl sich innerhalb des erforschbaren Universums noch Spuren von ihnen erhalten haben könnten. Das ist eine überraschende und durchaus gute Nachricht: Die Erkundung des Weltalls reicht vielleicht sehr viel weiter, als normalerweise angenommen wird. „Von lokalen Beobachtungen könnten wir Schlüsse auf die Struktur des Universums außerhalb unseres gegenwärtigen Horizonts ziehen“, schreiben Hartle, Hawking und Hertog. Man darf also gespannt sein, welche Überraschungen den Kosmologen noch bevorstehen – in und über ihren Köpfen.

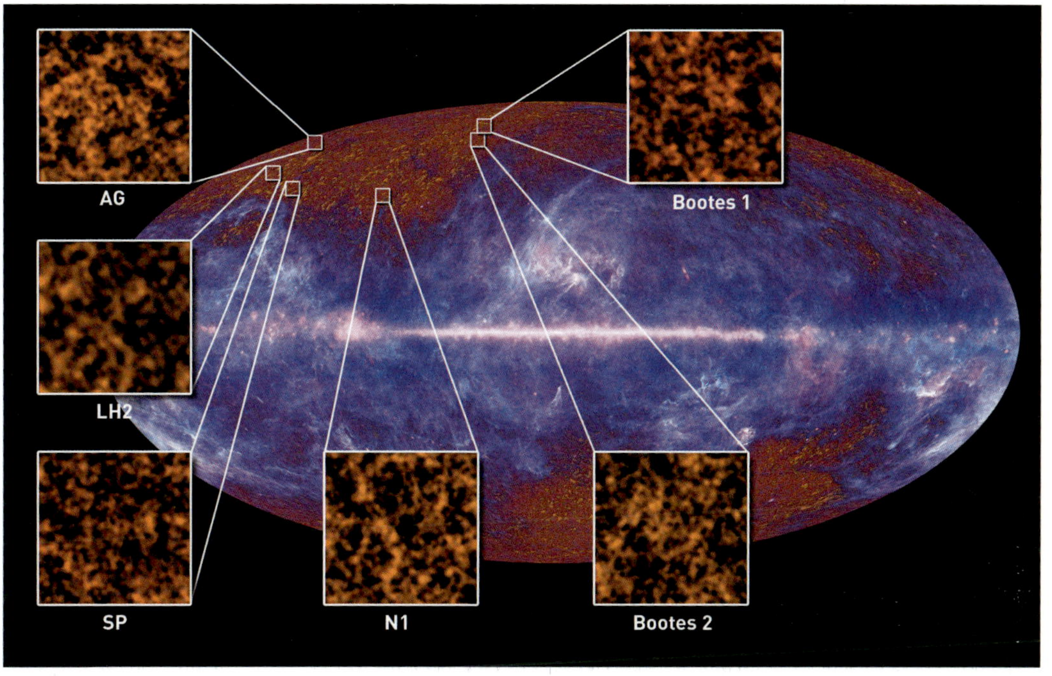

IM KONTEXT

- In den letzten Jahren hat Hawking seine früheren quantenkosmologischen Arbeiten teilweise revidiert und erweitert. Die Existenz des Menschen spielt dabei eine wichtige Rolle (Auswahleffekt durch den „Top-down-Ansatz").
- Auch die Kosmische Inflation und die Dunkle Energie, die zuvor schlecht in Hawkings Weltmodell passten, sind jetzt damit vereinbar. In den neuen Forschungen geht es also wieder einmal um's sprichwörtliche Ganze.
- „Vor" dem Urknall könnte ein kollabierendes Universum existiert haben – mit entgegengesetzter Zeitrichtung zu unserer.
- Hawkings neueste wissenschaftliche Arbeiten greifen weit hinaus ins Unbekannte und lassen sich vielleicht schon bald durch Messungen überprüfen.
- Hinter unserem kosmischen Horizont könnte das Universum ganz anders sein.
- Die Modellrechnungen von Hawking, Hartle und Hertog haben unter Kosmologen für Aufmerksamkeit und Aha-Erlebnisse gesorgt, sind aber nicht unumstritten und allgemein akzeptiert. Das gilt aber für alle konkurrierenden Weltmodelle. Neue Messungen und Durchbrüche in den Theorien werden dringend benötigt.

Schwarze Löcher – Schlünde der Raumzeit

Materie kann bis zur Unkenntlichkeit zerquetscht werden und sich vom restlichen Universum förmlich abnabeln. Solche finsteren Fallen, die Schwarzen Löcher, sind die exotischsten und zugleich einfachsten Objekte im All. Aber sie können sich irgendwann auflösen, und das beunruhigt Physiker enorm.

› Das Allereinfachste

„Man darf die Bedeutung eines griffigen Namens in der Wissenschaft nicht unterschätzen", sagte Stephen Hawking einmal. Er betonte, dass besonders der Begriff „Schwarzes Loch", der nicht nur in der Wissenschaft einen Siegeszug durchlief, sondern auch in der Populärkultur, „ein Geniestreich" gewesen sei. Die Bezeichnung wurde 1967 auf einer wissenschaftlichen Konferenz geprägt und von dem amerikanischen Physiker John Archibald Wheeler aufgegriffen. Daraufhin setzte sie sich rasch durch.

Tatsächlich sind Schwarze Löcher kohlrabenschwarz, weil sie selbst keinerlei Strahlung oder Materie abgeben; und sie sind gewissermaßen „Löcher" in der Raumzeit – aber das darf man nicht wörtlich nehmen. Dennoch: Schwarze Löcher ermöglichen einen Blick in die Abgründe der Welt und zugleich ein tieferes Verständnis der Wirklichkeit – und von uns selbst. Ohne Schwarze Löcher hätte sich das Universum nämlich ganz anders entwickelt oder wäre vielleicht gar nicht erst mit dem Urknall entstanden – und Menschen gäbe es nicht.

Ohne Schwarze Löcher hätte sich das Universum anders entwickelt

Schwarze Löcher sind ohne jede Übertreibung zugleich die einfachste und „gewichtigste" Sache der Welt. Gewichtig sind diese sonderbaren Himmelskörper, weil ihre Schwerkraft so hoch ist, dass ihnen nichts entkommen kann, weder Materie noch Strahlung mit seiner lichtschnellen, aber eben nicht unendlich großen Geschwindigkeit.

Und einfach sind sie, weil man nur drei physikalische Kenngrößen braucht, um sie vollständig zu beschreiben: Masse, Drehimpuls und elektrische Ladung (letztere ist in realistischen Situationen gleich Null, da sich Ladungen ausgleichen). Einfacher geht es nicht mehr. Kein anderes Objekt im Universum lässt sich mit so wenig Information vollständig charakterisieren. Das haben Hawking und seine Kollegen bereits in den 1960er-Jahren nachgewiesen. John Wheeler hat dies 1967 augenzwinkernd „Keine-Haare-Theorem" genannt: Alle Schwarzen Löcher sind einander so ähnlich wie kahlgeschorene Soldaten in Uniform. Ein Schwarzes Loch verrät daher auch nicht, was darin verschwunden ist.

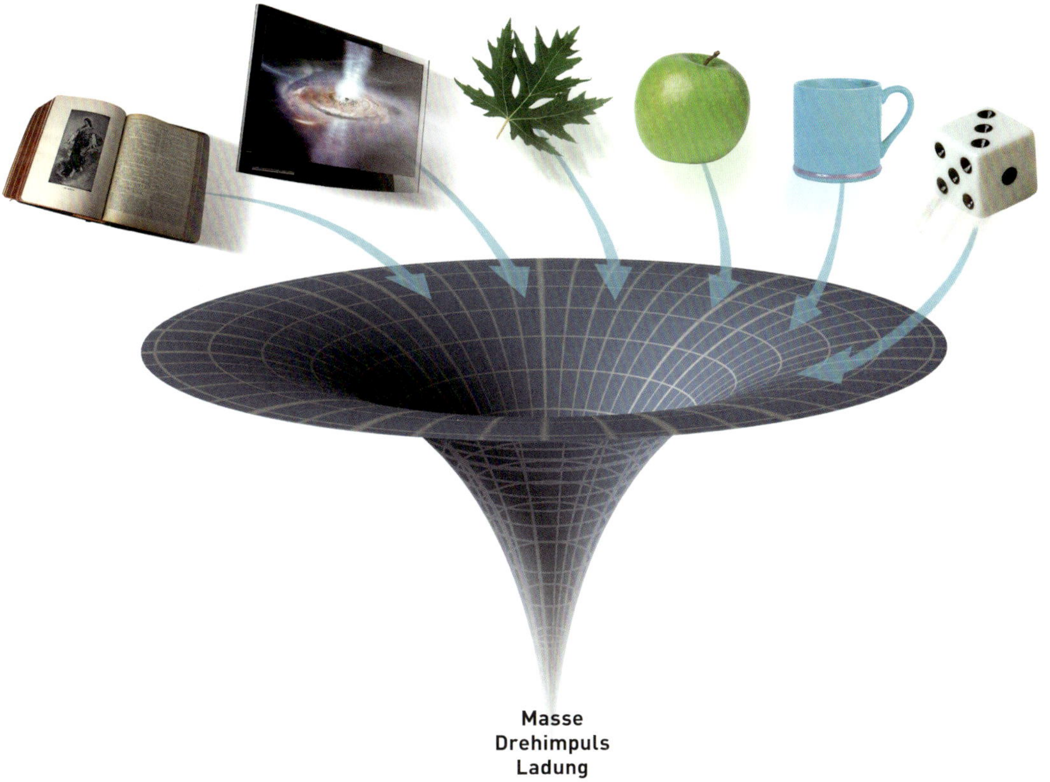

Schwarze Löcher haben keine Haare: *So heißt ein fundamentales Theorem der Physik. Gemeint ist, dass sich alle Schwarzen Löcher gleichen – abgesehen von höchstens drei Eigenschaften: Masse, Drehimpuls und Ladung. Alle anderen Kennzeichen der einstürzenden Materie und Energie scheinen auf Nimmerwiedersehen zu verschwinden.*

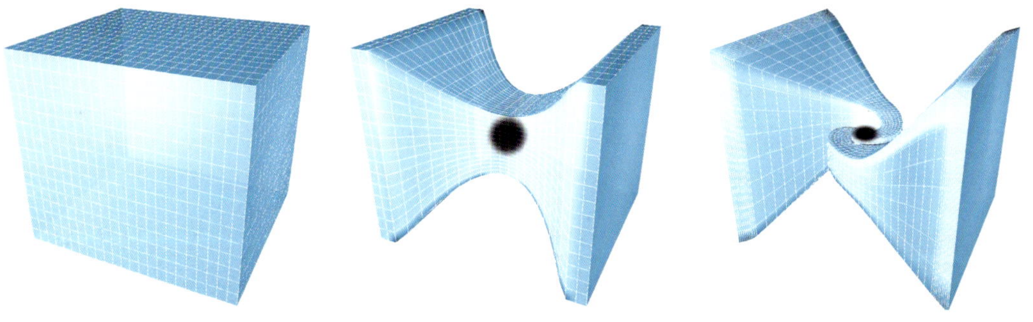

Verwirbelte Raumzeit: *Gemäß der Relativitätstheorie bilden Raum und Zeit eine Einheit und werden von Materie und Energie beeinflusst. Die „leere" Raumzeit (links) ist ungekrümmt. Doch von Massen wie einem Schwarzen Loch (Mitte) wird sie verzerrt, gleichsam „eingedellt". Rotierende Schwarze Löcher (rechts) schleppen bei ihrer Drehung die Raumzeit zusätzlich mit sich, als wäre diese zäher Honig. Ein solcher Effekt wurde bereits gemessen.*

› Schwerkraftfallen ohne Wiederkehr

Lange, bevor Schwarze Löcher ihre Bezeichnung bekamen, wurde schon über sie spekuliert. So dachte bereits 1784 der britische Pfarrer und Geologe John Michell auf der Grundlage von Isaac Newtons Gravitationstheorie über Sterne nach, die so massereich und so stark verdichtet sind, dass nicht einmal Licht von ihnen entweichen kann, und schätzte ihre Größe richtig ab. Unabhängig davon stellte der französische Mathematiker und Astronom Pierre Simon de Laplace 1795 eine ganz ähnliche Überlegung an. Auch die Vorstellung von supermassereichen Schwarzen Löchern, die 1964 aufkam, hat einen Vorläufer: 1801 berechnete der deutsche Astronom Johann Georg von Soldner die Ablenkung des Lichts bei einem Stern nach Newtons Gesetzen und spekulierte über die Möglichkeit, die er jedoch verwarf, dass die Sterne in der Milchstraße um ein zentrales finsteres Objekt kreisen.

Die theoretische Wiedergeburt der Schwarzen Löcher erfolgte 1916 – zunächst allerdings unbemerkt. Ein Jahr zuvor hatte Albert Einstein seine Allgemeine Relativitätstheorie vollendet. Deren Gleichungen sind ein extrem schwieriges und anspruchsvolles Terrain. Sie lassen sich nur für wenige Fälle exakt lösen. Der erste, der eine genaue Lösung ableitete, war Karl Schwarzschild. Der Direktor des Astrophysikalischen Observatoriums in Potsdam veröffentlichte 1916 zwei Artikel (und starb noch im selben Jahr), die allerdings lange Zeit kaum Beachtung fanden. Erst

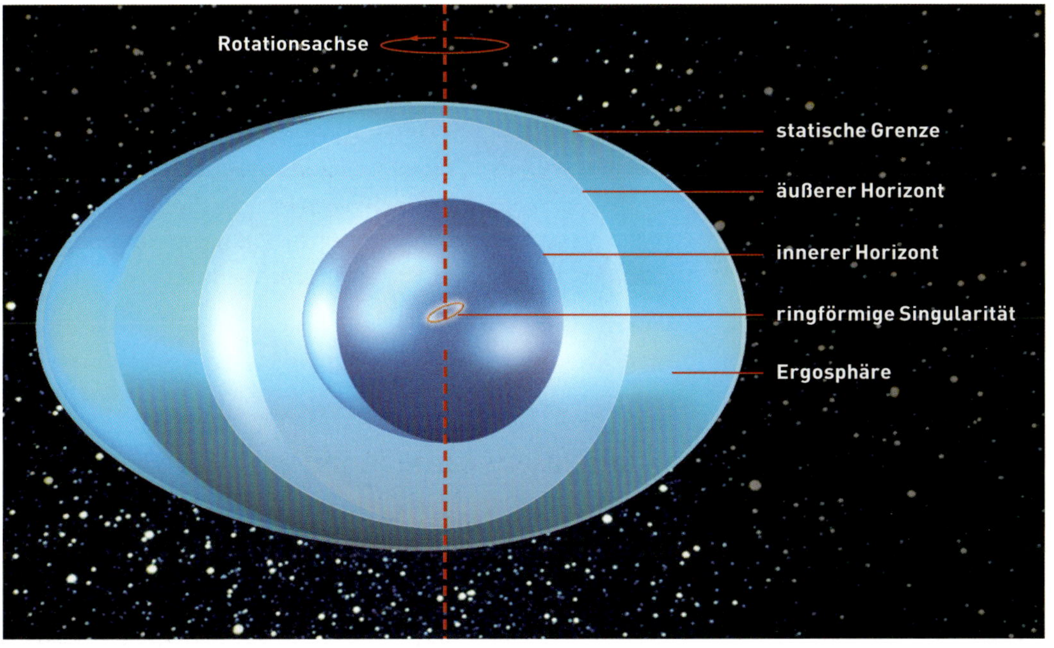

Rotierende Ruine: *Schwarze Löcher mit Drehimpuls sind komplizierter als ohne. Sie haben in der Relativitätstheorie eine ring-, nicht punktförmige Singularität. Und sie besitzen nicht nur einen einfachen Ereignishorizont als Grenze des Orts ohne Wiederkehr (äußerer Horizont), sondern auch einen inneren Horizont. Ab hier läuft die äußere Geschichte des Universums wie im Zeitraffer ab und die Domäne der Quantengravitation beginnt. Außerhalb des Schwarzen Lochs, zwischen äußerem Horizont und der sogenannten statischen Grenze, gibt es einen Bereich namens Ergosphäre. In ihm sind keine ruhenden, unbeweglichen Objekte mehr möglich, sondern sie müssen mit dem und um das Schwarze Loch rotieren, denn nicht einmal die Raumzeit steht hier still. Auch Objekte, die sich gegen die Rotationsrichtung bewegen, werden zur Umkehr gezwungen. Der Ergosphäre kann Materie und Licht aber noch entrinnen. Tatsächlich scheinen hauptsächlich hier die enormen Energien beim Einsturz von Materie freigesetzt zu werden, die die Umgebung Schwarzer Löcher oft prägen und teilweise über Milliarden Lichtjahre noch zu beobachten sind.*

Jahrzehnte später wurde klar, dass Schwarzschilds Formel die Größe eines Schwarzen Lochs beschreibt.

Der Rand eines Schwarzen Lochs ist eine imaginäre Grenze

Damit können Physiker auch den „Rand" beziehungsweise die Oberfläche eines Schwarzen Lochs berechnen. Es ist eine imaginäre Grenze und nichts, worauf man stehen könnte. Sie ist aber auch schrecklich real – gleichsam ein Ort ohne Wiederkehr. Alles, was sie passiert, kann der Schwerkraftfalle nicht mehr entkommen. Wolfgang Rindler von der Cornell University hat für diese Grenzfläche 1956 den Begriff „Ereignishorizont" vorgeschlagen. Er passt genau, denn ein Horizont – auch beim Blick über die Erdkugel – trennt Beobachtbares von Unbeobachtbarem. Ein Ereignishorizont schirmt alles, jedes Ereignis, das hinter ihm liegt, für einen Beobachter außerhalb vollkommen ab. Weil Schwarze Löcher einen Ereignishorizont haben, kann niemand in sie hineinspähen.

› Gefräßige Gruben und kreative Kräfte

Schwarze Löcher sind kein bloßes Fantasiegebilde, sondern bevölkern anscheinend massenhaft das All. Das haben Astronomen seit den 1960er-Jahren entdeckt. Denn Schwarze Löcher selbst sind zwar

EXKURS

› Die Erde als Murmel

Schwarze Löcher sind die größtmöglichen Verdichtungen. Mehr Masse lässt sich in einem bestimmten Volumen nicht konzentrieren. Die Größe eines Schwarzen Lochs (wenn es nicht rotiert oder geladen ist) hängt nur von seiner Masse m ab und lässt sich leicht mit einer Formel berechnen, die Karl Schwarzschild entdeckt hat. Der nach ihm benannte Schwarzschild-Radius R_S beträgt $R_S = 2Gm/c^2$. Dabei ist G Newtons Gravitationskonstante und c die Lichtgeschwindigkeit. Somit kann man für jedes Objekt, dessen Masse bekannt ist, ausrechnen, wie klein es wäre, wenn es sich zu einem Schwarzen Loch verdichten würde. Der Schwarzschild-Radius der Sonne beträgt nur knapp drei Kilometer, der der Erde etwa neun Millimeter – die Größe einer Murmel. Ein typisches Schwarzes Loch von zehn Sonnenmassen hat einen Halbmesser von 30 Kilometern. Und alle Sterne der Milchstraße hätten Platz in einem Schwarzen Loch mit rund 0,05 Lichtjahren Radius.

unsichtbar, aber sie machen sich aufgrund ihrer Gravitation indirekt bemerkbar: Sie beeinflussen die Bewegung von sichtbaren Objekten in ihrer Nähe. Außerdem stößt Materie, die in die Fänge einer solchen Schwerkraftfalle gerät, eine Art Todesschrei aus, bevor sie in die finstere Grube stürzt: energiereiche Röntgen- und Gammastrahlung, die sich mit Weltraumteleskopen über riesige Entfernungen messen lässt.

Die sogenannten stellaren Schwarzen Löcher – Ruinen toter Sterne – sind nur wenige Kilometer groß und vereinigen doch die Masse von drei bis etwa 15 Sonnen in sich. (Eine Sonnenmasse entspricht rund zwei Milliarden Milliarden Milliarden Tonnen oder dem 330.000-fachen der

Gefräßige Ruine: *Stellare Schwarze Löcher sind nur wenige Kilometer groß, haben aber die Masse mehrerer Sonnen. Sie entstehen beim Kollaps eines ausgebrannten Sterns. War dieser Teil eines Doppelsternsystems und bläht sich der Nachbarstern am Ende seines Lebens zu einem Roten Riesen auf, dann können seine äußeren Schichten in den Gravitationsschacht des Schwarzen Lochs hineingestrudelt werden. Bevor die Materie in die Raumzeit-Falle stürzt, sammelt sie sich in einer rotierenden Akkretionsscheibe um den Ereignishorizont an. Dort stößt sie eine Art Todesschrei aus – hochenergetische Röntgen- und Gammastrahlung, die empfindliche Satelliten-Teleskope messen können. Außerdem werden strahlenkegelartige Jets erzeugt, von starken Magnetfeldern gebündelt.*

Erdmasse). Viele Dutzend davon haben Astronomen in der Milchstraße und in einigen benachbarten Galaxien bereits aufgespürt – meist als eine Komponente in einem Doppelstern-System. Aus der gemessenen Bewegung des normalen Sterns lässt sich die Masse des unsichtbaren Begleiters errechnen.

Heiße Energieschleudern in Galaxienzentren

Stellare Schwarze Löcher sind allerdings wahre Leichtgewichte im Vergleich zu den supermassereichen Schwarzen Löchern. Diese stecken im Zentrum fast jeder Galaxie und besitzen einige Millionen bis über zehn Milliarden Sonnenmassen. Weil sie sich in der Frühzeit des Universums unglaublich viel Materie in kurzer Zeit einverleibt haben, sind sie rasant gewachsen. Dabei wurden irrsinnige Mengen an Strahlung frei. Das erklärt auch, warum die feurigen Zentren junger Galaxien (Quasare, Blazare) und sogenannte Aktive Galaxienkerne so hell sein können – so leuchtkräftig wie zehn oder 100 Milliarden Sonnen –, dass sie noch über Milliarden von Lichtjahren in Teleskopen sichtbar sind. Auf irdische Verhältnisse übertragen: Wenn eine Galaxie so klein wie Berlin wäre, dann hätte ihr aktives Zentrum nur die Ausmaße eines Staubkorns auf dem Brandenburger Tor, doch dieses Körnchen würde so grell scheinen wie alle Lichter der Großstadt zusammen.

Schwarze Löcher sind also nicht nur alles vernichtende Malströme, sondern auch extreme Energieschleudern. Wenn sie Materie verschlingen, werden in ihrer Umgebung enorme Mengen an Strahlung

Das Reich der Schwarzen Löcher: *Astrophysiker unterscheiden drei Größenklassen. Alle fangen „klein" an – durch den Gravitationskollaps massereicher Sterne. Wenn solche stellaren Schwarzen Löcher – die so groß sind wie der Bodensee – viel Materie schlucken, wachsen sie zu mittelgroßen heran. Manche von ihnen avancieren sogar zu supermassereichen Schwarzen Löchern durch noch mehr Nachschub an Gas, Staub und Sternen sowie durch die Verschmelzung mit stellaren und mittelgroßen Schwarzen Löchern. Fast jede große Galaxie beherbergt in ihrem Zentrum einen solchen Schwerkraftschlund von der Größe unseres Sonnensystems. Vielleicht gibt es sogar noch eine vierte Größenklasse ganz anderen Ursprungs: Schwarze Mini-Löcher. Sie wären in der Regel kleiner als ein Atomkern und sofort nach dem Urknall entstanden – oder könnten künftig in Teilchenbeschleunigern erzeugt werden.*

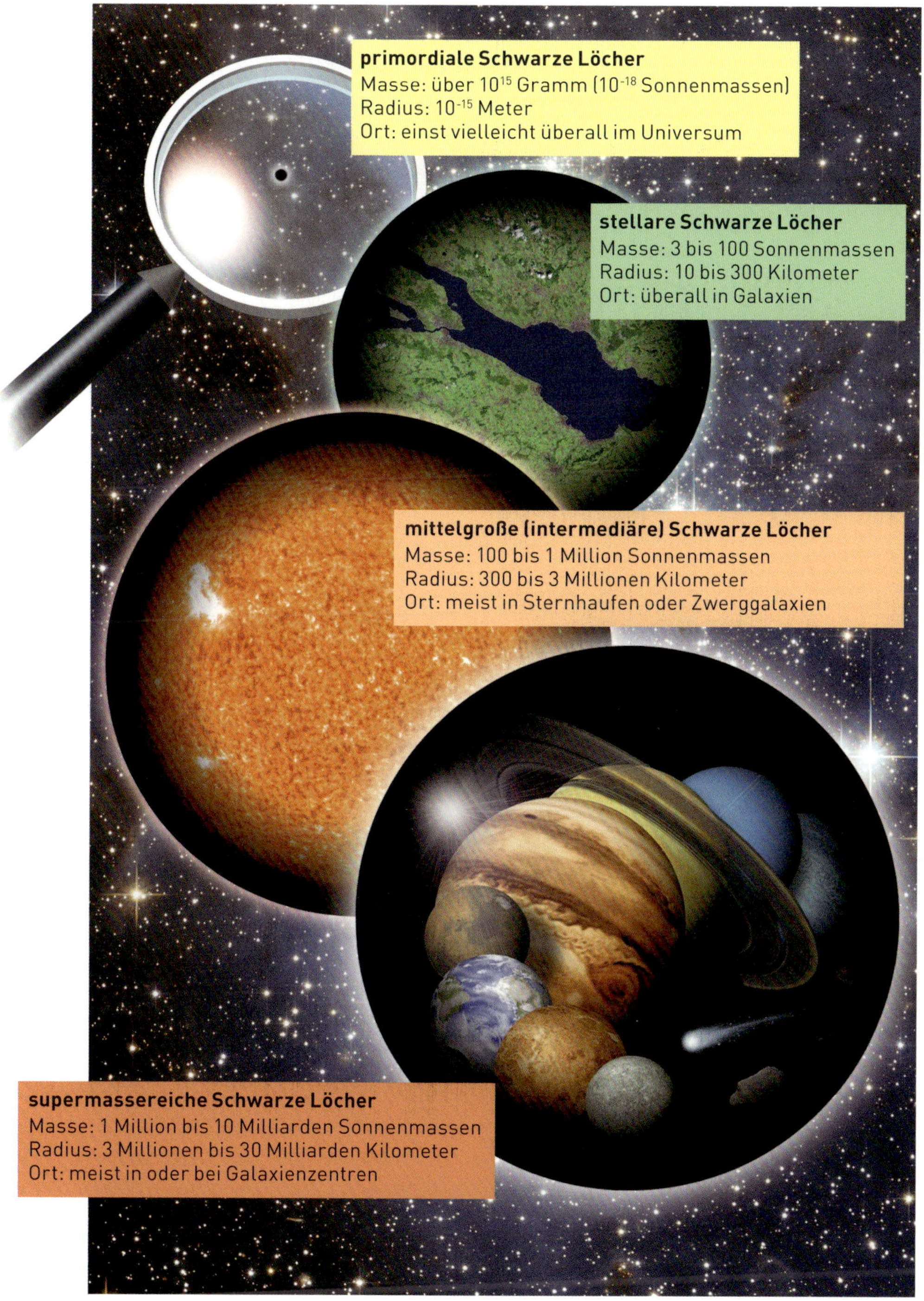
primordiale Schwarze Löcher
Masse: über 10^{15} Gramm (10^{-18} Sonnenmassen)
Radius: 10^{-15} Meter
Ort: einst vielleicht überall im Universum
stellare Schwarze Löcher
Masse: 3 bis 100 Sonnenmassen
Radius: 10 bis 300 Kilometer
Ort: überall in Galaxien
mittelgroße (intermediäre) Schwarze Löcher
Masse: 100 bis 1 Million Sonnenmassen
Radius: 300 bis 3 Millionen Kilometer
Ort: meist in Sternhaufen oder Zwerggalaxien
supermassereiche Schwarze Löcher
Masse: 1 Million bis 10 Milliarden Sonnenmassen
Radius: 3 Millionen bis 30 Milliarden Kilometer
Ort: meist in oder bei Galaxienzentren

freigesetzt. Außerdem entstehen hochenergetische Teilchenströme (Jets), die von Magnetfeldern gebündelt und oft fast auf Lichtgeschwindigkeit beschleunigt werden. Diese Jets schießen weit hinaus ins All, können Gaswolken aufheizen, durcheinander wirbeln und sogar die Entstehungsrate neuer Sterne entweder erhöhen oder verringern. Das macht Schwarze Löcher außerordentlich kreativ: Obwohl selbst die massereichsten im Zentrum der Galaxien nicht größer als unser Sonnensystem werden können, prägen sie ihre Umwelt über Tausende von Lichtjahren hinweg und beeinflussen so entscheidend die Entwicklung

***Kosmischer Leuchtturm:** Nicht nur um stellare, sondern auch um supermassereiche Schwarze Löcher rotieren Akkretionsscheiben. Und es entstehen hochenergetische Teilchenströme (Jets), die teilweise noch viele Tausend Lichtjahre entfernte Gaswolken zum Leuchten anregen. Dieses Foto zeigt den Jet der 50 Millionen Lichtjahre fernen Elliptischen Riesengalaxie M 87 im Sternbild Jungfrau. Solche Energiegewitter prägen das Erscheinungsbild und die Entwicklungsgeschichte (beispielsweise Sternentstehungsrate) ganzer Galaxien.*

ihrer Heimatgalaxien. Das ist sehr erstaunlich, denn das Größenverhältnis einer Galaxie zu ihrem finsteren Herz ist vergleichbar mit dem von der Erde zu einem einzelnen Menschen.

› Kollaps ins Bodenlose

Schwarze Löcher sind die Folge der brachialsten Vorgänge im All – der Explosion ausgebrannter Sterne. Das Schicksal der Sterne hängt grundsätzlich von ihrer Masse und Zusammensetzung ab (Grafik, Seite 167). Geht ihr „Brennstoff" zur Neige (die Kernfusion liefert nur bis zum Element Eisen Energie), blähen sie sich erst gewaltig auf und stürzen dann in sich zusammen. Das geschieht umso schneller, je massereicher ein Stern ist – Verschwendung führt gewissermaßen zu einem frühen Ende. Jeder Stern wird zu einem Roten Riesen (oder zu einem bläulichen). So auch unsere Sonne – aber erst in 7,6 Milliarden Jahren, und dann wird sie die Planeten Merkur, Venus sowie die längst tote, heiße Erde verschlingen.

Riesensterne mit der Masse unterhalb eines kritischen Grenzwerts – leichter als 1,4 Sonnenmassen – ziehen sich am Ende zu einem Weißen Zwerg zusammen. Das wird auch die Sonne tun. Solche „nackten" Sternkerne sind nicht viel größer als die Erde, aber wesentlich massereicher. Sie haben eine Dichte von über einer Tonne pro Kubikzentimeter und bestehen aus entarteter, dicht gepackter Materie: komprimierten Atomkernen in einem Elektronengas. Zu den bekanntesten Beispielen zählen die Begleiter der Sterne Sirius und Prokyon.

Eine Tonne pro Kubikzentimeter

Riesen mit mehr als dem 1,4-fachen der Masse unserer Sonne explodieren. Sie setzen für ein paar Minuten mehr Energie frei als alle friedlich leuchtenden Sterne einer ganzen Galaxie. Eine solche gewaltige Detonation heißt Supernova. Dabei werden die äußeren Schichten des ausgebrannten Sterns mit etwa 1000 Kilometer pro Sekunde ins All geschleudert. Die Trümmer bereichern den kosmischen Materiekreislauf und können als Rohstoff für die Bildung neuer Sterne und Planeten dienen. Auch die Erde entstand zum Teil aus der Asche solcher Sternexplosionen. Und in Meteoriten – also Steinen, die vom Himmel auf die Erde gefallen sind – haben Wissenschaftler sogar Spurenelemente mehrerer Supernovae nachgewiesen, deren Absprengsel in die Urkörper eingebaut wurden, aus denen unser Sonnensystem vor 4,6 Milliarden Jahren entstand.

Doch nicht alle Materie wird bei einer Supernova ins All geschleudert. Der Kern des Sterns kollabiert nämlich unter seiner eigenen Schwerkraft und bildet eine extrem dichte, kompakte Sternruine. In der Mehrzahl der Fälle ist dies ein sogenannter Neutronenstern. Wie sein Name schon andeutet, besteht er überwiegend aus Neutronen. Diese elektrisch neutralen Teilchen entstanden in Massen, als beim Kernkollaps die Elektronen gleichsam in die Protonen „hineingedrückt" wurden. Neutronensterne sind nur etwa 20 Kilometer groß und so dicht, dass ein Teelöffel ihrer Materie über 100 Millionen Tonnen wiegen würde. Die gesamte Wassermenge der fünf Großen Seen zwischen Kanada und den USA ließe sich problemlos in ein Spülbecken packen, wäre sie so stark komprimiert wie die Materie eines Neutronensterns.

Wenn es kein Halten mehr gibt

Überschreitet der Sternkern eine bestimmte Masse, die sogenannte Oppenheimer-Volkoff-Grenze, kommt der Kollaps aber nicht bei einem Neutronenstern zum Halten. Nicht einmal die Starke Wechselwirkung – die stärkste Naturkraft, die nur im subatomaren Bereich herrscht – kann der Gravitation dann noch Paroli bieten. Es gibt somit quasi keine Halten mehr und der Zusammenbruch der Materie führt ins Bodenlose. Dann entsteht ein Schwarzes Loch.

Entdeckt hat dies bereits 1939 der amerikanische Physiker Julius Robert Oppenheimer – der spätere „Vater" der ersten Atombombe – zusammen mit seinen Studenten Hartland Snyder und Michael Volkoff in Princeton. Die Oppenheimer-Volkoff-Grenze liegt bei etwa drei Sonnenmassen. Allerdings muss der ganze Vorläuferstern mindestens 30 Sonnenmassen besitzen, weil er den Hauptteil seiner Materie zuerst als Sternwind und dann bei der Supernova-Explosion ins All bläst.

Selbst Albert Einstein hatte sich geirrt

Kurioserweise widerlegte Oppenheimer – ohne zunächst überhaupt davon zu wissen – sogar Albert Einstein, auf dessen Relativitätstheorie sich die Berechnungen doch maßgeblich stützten. Der hatte zwei Monate vorher einen Artikel veröffentlicht, in dem er zeigen wollte, dass die Lösung von Karl Schwarzschild physikalisch unplausibel sei. Aber seine Annahmen waren zu simpel und unrealistisch. „Obwohl Einsteins

Überlegung in sich schlüssig ist, geht seine Schlussfolgerung am Thema vorbei", kommentierte der amerikanische Physiker Jeremy Bernstein später. „Mich hat sehr berührt, dass der damals sechzigjährige Einstein in seinem Artikel Tabellen mit numerischen Resultaten anführt, die er mit einem Rechenschieber gewonnen haben muss. Heute ist der Artikel so überholt wie dieses Instrument.".

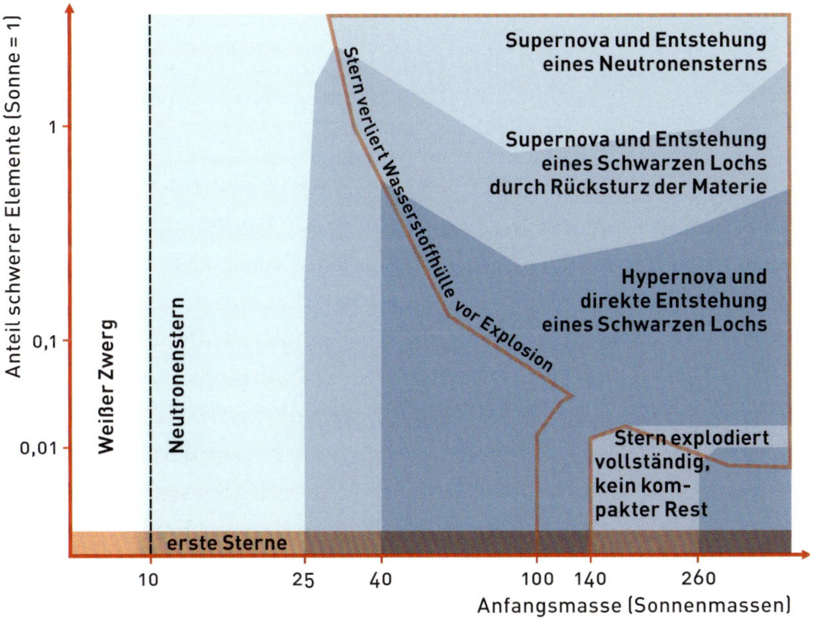

***Supernova oder Weißer Zwerg:** Das Schicksal der Sterne hängt vor allem von ihrer Anfangsmasse ab sowie vom Anteil an den Elementen, die schwerer sind als Wasserstoff und Helium. Die ersten Sterne im All (beige markierte Zone unten) bestanden nur aus diesen beiden leichtesten Elementen. Alle Sterne mit weniger als neun bis zehn Sonnenmassen enden unspektakulär als Weiße Zwerge. Massereichere explodieren dagegen als Super- oder gar Hypernova und sprengen ihre Außenschichten ins All (schon vorher verlieren die massereichsten ihre äußerste Wasserstoff-Hülle). Übrig bleibt eine kompakte Ruine: ein Neutronenstern oder ein Schwarzes Loch. Manche Sterne im frühen Universum wurden sogar vollständig zerrissen. Die Grafik zeigt nur das Schicksal von Einzelsternen. Komplizierter sind die Verhältnisse bei Doppelsternen, falls einer vom anderen Materie entreißt und sich einverleibt.*

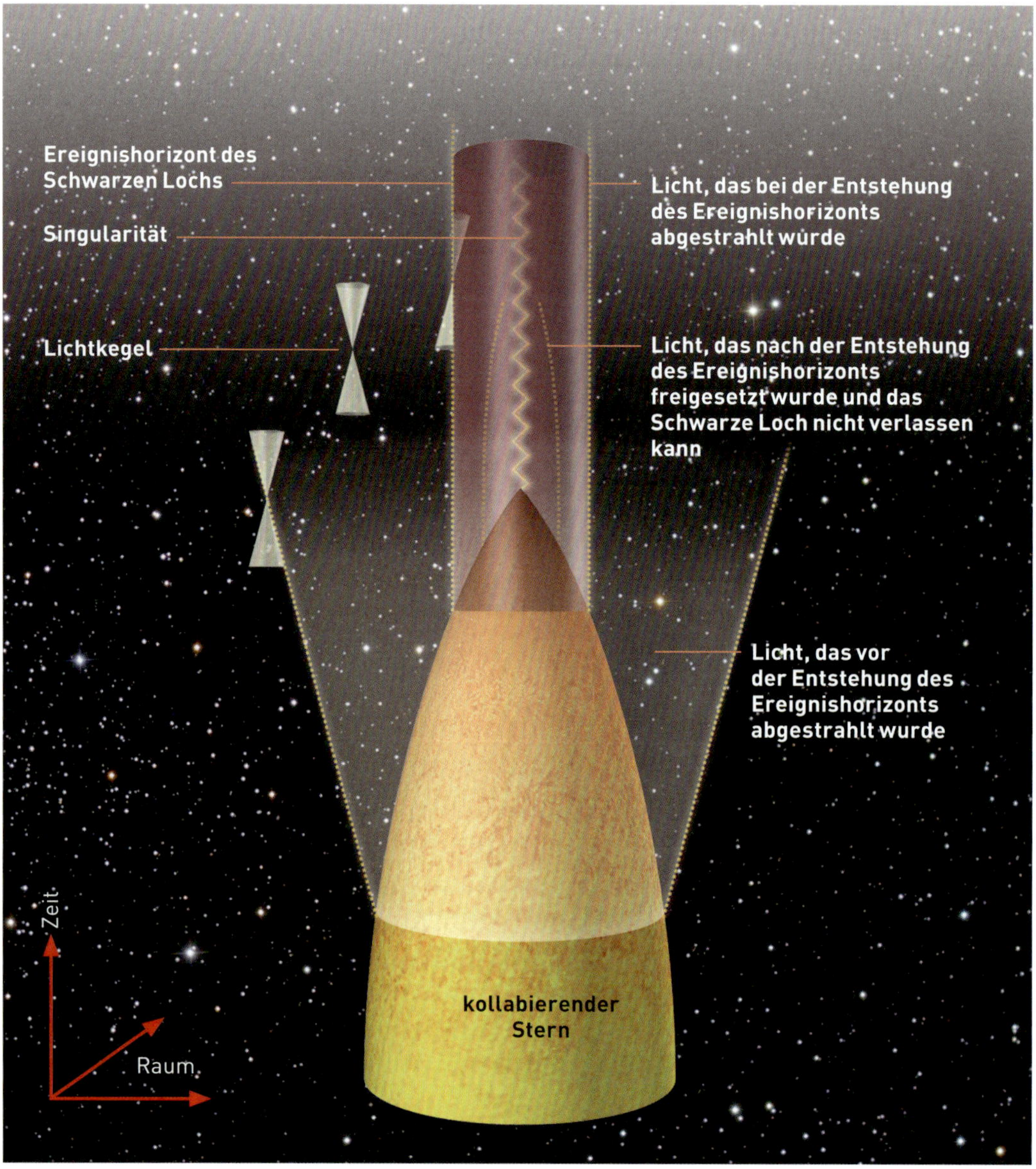

Sturz ohne Ende: *Schwarze Löcher entstehen beim Kollaps ausgebrannter massereicher Riesensterne, wenn die Schwerkraft der verdichteten Materie so groß ist, dass nicht einmal mehr Licht entrinnen kann (in der Relativitätstheorie wird das durch Lichtkegel beschrieben, die auch die Kausalität anzeigen). Im Rahmen der Relativitätstheorie wird alles in einer Singularität zermalmt und die Außenwelt ist völlig von den Vorgängen im Inneren eines Schwarzen Lochs – jenseits seines Ereignishorizonts – abgeschlossen.*

› Standbilder und Spaghettifizierung

Schwarze Löcher sind nicht nur die einfachsten, sondern auch die verrücktesten Objekte im All. Ihre Schwerkraft ist so hoch, dass sie gemäß der Relativitätstheorie Licht nicht nur krümmen, sondern in einem bestimmten Abstand sogar auf eine kreisförmige Bahn um sich herum zwingen können. In ihrer Umgebung sind sogar Rechts und Links vertauscht (Bild, Seite 170). Und in ihrem Inneren (streng mathematisch betrachtet) sogar Raum und Zeit. Man könnte sich dort gar nicht mehr frei im Raum bewegen oder standhaft an einem Ort verharren, sondern wird unaufhaltsam ins Zentrum gezogen, wo die Zeit gleichsam endet. In der unmittelbaren Umgebung rotierender Schwarzer Löcher wird die Raumzeit überdies derart verquirlt, dass theoretisch vielleicht sogar Zeitreisen möglich sind.

Am Ereignishorizont bleibt für Beobachter in sicherer Entfernung die Zeit geradezu stehen. Das ist eine Konsequenz der von Einstein entdeckten gravitativen Zeitdilatation. Alles, was in ein Schwarzes Loch fällt, verschwindet von außen betrachtet nicht hinter dem Horizont, sondern bleibt quasi daran „kleben" – als immer rötlicher und lichtschwächer werdendes Nachbild. Daher hießen Schwarze Löcher früher auch gefrorene Sterne.

In der Eigenzeit einstürzender Objekte geht es dagegen unaufhaltsam weiter, hinab in den Abgrund. Für neugierige Forschungsexpeditionen ist ein solcher tiefgründiger Abstieg aber nicht zu empfehlen. Zum einen könnten sie ihre Erkenntnisse sowieso nicht an die Außenwelt funken, da der Ereignishorizont nichts mehr frei gibt. Und zum anderen wäre selbst der aufopferungsvollste Versuch, das mysteriöse Zentrum eines Schwarzen Lochs zu erkunden, zum Scheitern verurteilt. Denn nichts

Absturz ohne Wiederkehr

kann den Gezeitenkräften eines Schwarzen Lochs widerstehen: Alles wird langgezogen wie Spaghetti und gnadenlos zerrissen. Das geschieht bei stellaren Schwarzen Löchern schon außerhalb des Horizonts. Die Grenze supermassereicher Riesenlöcher hingegen könnte man zunächst gefahrlos passieren. Bis alles im Zentrum zerschellt, vergeht bei letzterem bis zu einer Stunde an Eigenzeit. Für ein stellares Schwarzes Loch mit zehn Sonnenmassen beträgt die Gnadenfrist dagegen nur etwas mehr als eine tausendstel Sekunde.

Über das ominöse Innere der Schwarzen Löcher können also nur Theoretische Physiker Auskunft geben. Grässliche Dinge geschehen dort.

Alles wird zermalmt. Womöglich verschwinden selbst die Elementarteilchen. Wahrscheinlicher ist eine unglaublich dichte Energiekonzentration – oder das Ende der Raumzeit selbst. Aber vielleicht öffnet sich auch

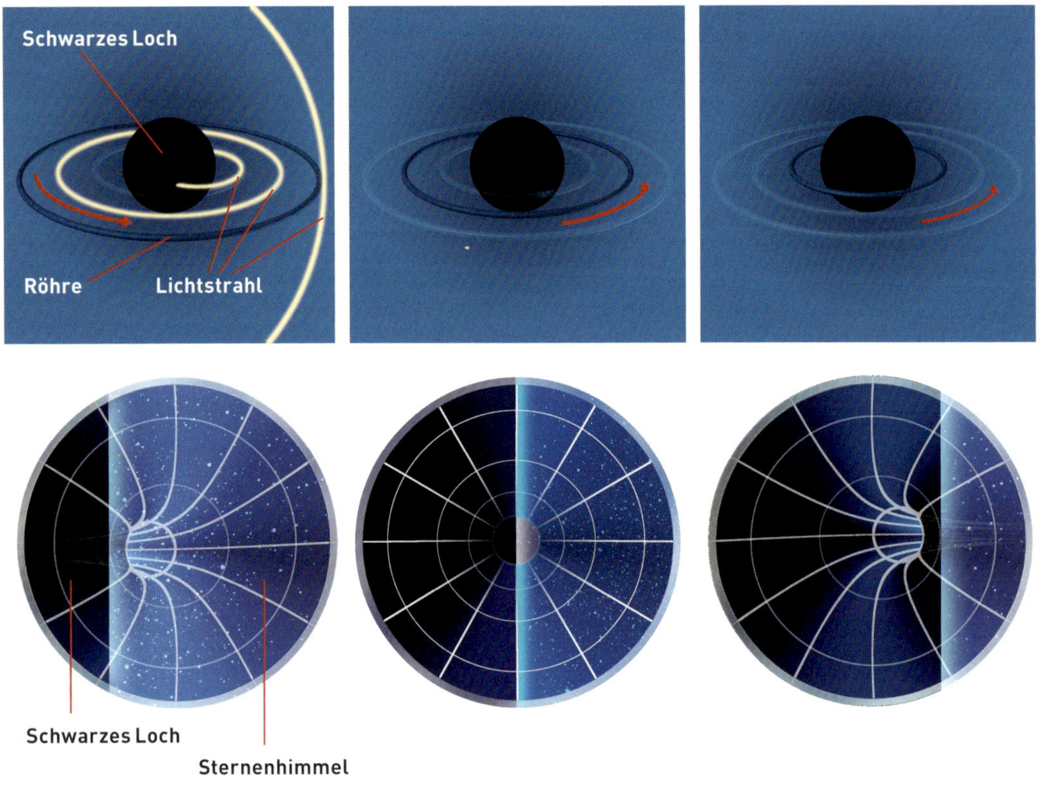

__Vertauschte Verhältnisse:__ In der Umgebung Schwarzer Löcher geht es aufgrund der extremen Krümmung der Raumzeit sehr seltsam zu. Lichtstrahlen werden beispielsweise verbogen. In einer Entfernung vom 1,5-fachen des Radius eines nichtrotierenden Schwarzen Lochs würde ein Lichtstrahl sich sogar im Kreis herum bewegen. Könnte man Röhren um das Schwarze Loch legen – und Theoretiker tun das mit ihren Rechnungen –, dann wird es noch bizarrer. Hat die Röhre einen Radius größer als der des Lichtkreises, ist alles wie gewohnt: Links bleibt Links und die Fliehkräfte zeigen nach außen (weg vom Schwarzen Loch), wenn man um das Gravitationszentrum Karussell fährt. In einer Röhre direkt um den Lichtkreis herum würde man hingegen keine Fliehkraft spüren; die Röhre erschiene von innen wie ein gerader Tunnel, und man könnte seinen eigenen Hinterkopf betrachten. Ist der Röhrenradius kleiner – ein instabiler Zustand! –, würde die Fliehkraft sogar nach innen deuten und die Röhre macht einen nach außen gekrümmten Eindruck. Das Gedankenexperiment beweist, dass selbst Rechts und Links relativ sind.

ein Tor durch Raum und Zeit und führt zu einem anderen Universum – oder zündet sogar einen neuen Urknall?

1964 bewies der Mathematiker Roger Penrose, dass Krümmungssingularitäten ein unvermeidliches Merkmal des Gravitationskollaps sind: Die Allgemeine Relativitätstheorie verliert im Zentrum Schwarzer Löcher ihre Gültigkeit, weil die physikalischen Parameter die Werte Null oder Unendlich annehmen. Zusammen mit Hawking hat Penrose dieses Resultat noch verfeinert und es auch auf den Urknall übertragen.

Was im Zentrum eines Schwarzen Lochs vor sich geht, lässt sich im Rahmen der Relativitätstheorie also nicht beantworten. Dafür ist eine Theorie der Quantengravitation nötig, für die es aber noch keine experimentell bestätigten Kandidaten gibt. Diese Theorie muss dann auch ein weiteres Rätsel lösen: Der Relativitätstheorie zufolge steckt nämlich die gesamte Masse eines Schwarzen Lochs in der Singularität. Dies ist eine abenteuerliche und eigentlich unhaltbare Vorstellung. Denn bei statischen Schwarzen Löchern ist die Singularität ein ausdehnungsloser Punkt, bei rotierenden ein unendlich dünner Ring. Wie können darin die riesigen Massen ganzer Sterne und Sternhaufen unterkommen?! Der Physiker John Wheeler brachte das Paradoxon mit dem Slogan „Masse ohne Masse“ auf den (singulären) Punkt.

Ein zentrales Rätsel: Masse ohne Masse

› Schwarze Löcher sind nicht ganz schwarz

Der Ereignishorizont eines klassischen Schwarzen Lochs schrumpft niemals. Er kann nur wachsen – wenn das Schwarze Loch etwas in sich aufnimmt. Das hat Hawking 1971 im Rahmen der Allgemeinen Relativitätstheorie bewiesen, allerdings nur qualitativ. Anderen Physikern gelang es erst ab 2002, das Ergebnis auch zu quantifizieren, das heißt Formeln für die Wachstumsrate anzugeben. Inzwischen kann man also exakt ausrechnen, wie der Horizont abhängig vom Einfall von Materie und Strahlung zunimmt.

Nach Hawkings erstem Resultat fiel dem israelischen Physiker Jacob Bekenstein eine Ähnlichkeit mit dem Zweiten Hauptsatz der Thermodynamik auf. Demnach kann die Entropie eines Systems im statistischen Mittel nur zunehmen (oder bleibt im Gleichgewicht konstant). Die En-

Wachsende Unordnung

tropie ist das physikalische Maß der „Unordnung“ (siehe Exkurs *Die Grabstein-Formel*). Bekenstein zeigte außerdem, dass die Entropie eines Schwarzen Lochs proportional zur Fläche seines Ereignishorizonts ist. Das klingt sehr abstrakt und ist es auch. Doch hinter dieser Überlegung verbarg sich – sogar ganz wörtlich – eine riesige Portion Sprengstoff, wie Hawking 1973 erkannte. Denn was eine Entropie hat, besitzt auch eine Temperatur. Und was eine Temperatur besitzt, muss Wärme abgeben. Das bedeutet: Schwarze Löcher sind doch nicht völlig schwarz, sondern senden Strahlung aus – wie gering auch immer. 1974 ließ Hawking dann die Bombe platzen – erst auf Vorträgen, dann in einer Fachpublikation: Schwarze Löcher können am Ende sogar explodieren!

Warum Hawking weltberühmt wurde

Diese Entdeckung machte Hawking – zusammen mit seinen Forschungen zur Urknall-Singularität – unter Physikern weltberühmt und wird immer ein großes Verdienst in der Geschichte der Wissenschaft bleiben. Das Resultat ist eine erste, noch zaghafte Verbindung von Allgemeiner Relativitätstheorie und Quantenphysik. Letztlich, so argumentierte Hawking, entzieht die Unschärferelation aus dem Gravitationsfeld eines Schwarzen Lochs Energie (Bild rechts).

Die Quanteneffekte am Ereignishorizont sorgen also dafür, dass Schwarze Löcher Strahlung abgeben – je kleiner und masseärmer sie sind, desto mehr. Ihre Temperatur ist im Normalfall zwar winzig – bei einem

Verdampfende Finsterlinge: *Hawkings spektakulärer Voraussage zufolge geben Schwarze Löcher Strahlung ab – und zwar umso mehr, je kleiner sie sind, bis sie schließlich explodieren. Das ist eine Folge zufälliger Quantenprozesse am Ereignishorizont: Im Vakuum entstehen aus den Energiefeldern, die selbst den vermeintlich leeren Raum durchziehen, permanent virtuelle Teilchen und Antiteilchen. Sie zerstrahlen aber sofort wieder. Fällt jedoch ein Partikel ins Schwarze Loch und das andere entkommt ihm, dann wird dem Loch Energie entzogen. (Da sich Antimaterie-Teilchen mathematisch als Teilchen beschreiben lassen, die sich rückwärts in der Zeit bewegen, könnte man sogar sagen, dass sie in gewisser Weise aus dem Loch herauskommen.) Die Folge der Hawking-Strahlung: Der Ereignishorizont schrumpft und in sehr, sehr langen Zeiträumen müssen sogar die supermassereichen Schwarzen Löcher verdampfen, wenn sie nichts mehr zu fressen haben.*

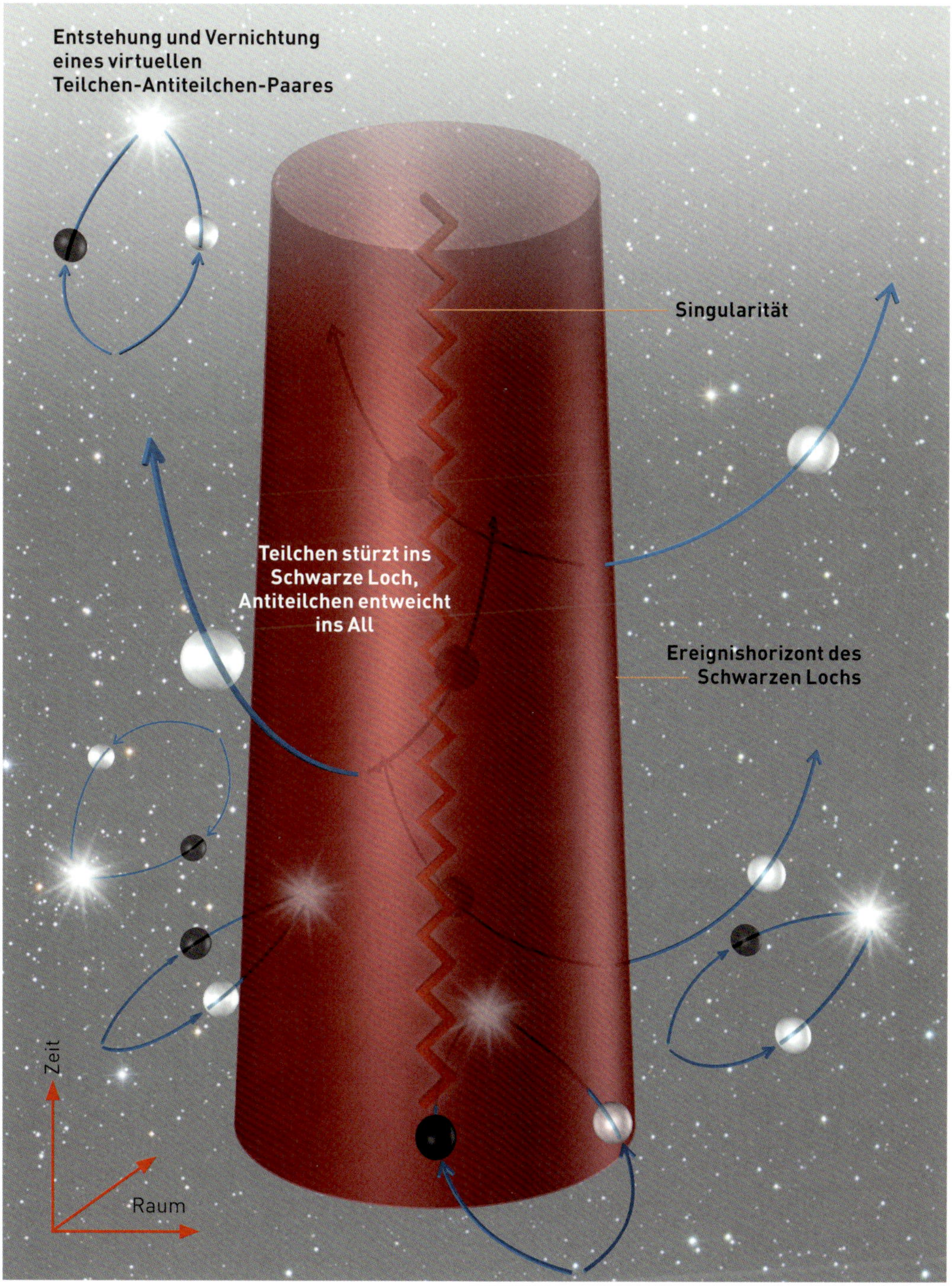
Entstehung und Vernichtung eines virtuellen Teilchen-Antiteilchen-Paares
Singularität
Teilchen stürzt ins Schwarze Loch, Antiteilchen entweicht ins All
Ereignishorizont des Schwarzen Lochs
Zeit
Raum

EXKURS

› Die Grabstein-Formel

$$S = Akc^3/4\hbar G$$

„Ich möchte, dass diese einfache Formel auf meinem Grabstein steht", verkündete Hawking anlässlich seines 60. Geburtstags am 8. Januar 2002. Beinahe wäre die Feier ausgefallen, denn wenige Tage zuvor brach er sich einen Oberschenkelknochen. In gewohnt rasanter Weise war er versehentlich mit einem neuen motorisierten Rollstuhl gegen eine Mauer gefahren. Doch Hawking erschien nicht nur auf seiner Party, sondern hielt sogar einen Vortrag auf der Konferenz, die hochkarätige Wissenschaftler eigens für ihn in Cambridge veranstaltet hatten.

Hawkings Wunsch nach einer Grabstein-Formel ist freilich nicht der Versuch, sich zu Lebzeiten selbst ein Denkmal zu setzen, sondern Ausdruck seines subtilen Humors: Damit stellt er sich nämlich in die Tradition des österreichischen Physikers Ludwig Boltzmann. Dieser wollte, dass nach seiner tragischen Selbsttötung 1906 die von ihm entdeckte Entropie-Formel auf seinem Grabstein im Wiener Zentralfriedhof eingraviert wurde: $S = k \ln W$.

Wer sich eine der Formeln beispielsweise aufs T-Shirt drucken lassen möchte, um Party-Girls zu beeindrucken, sollte natürlich auch wissen, was sie bedeutet. Damit Nachfragen nicht peinlich werden, hier eine kurze Erläuterung: Boltzmann hatte erkannt, wie sich die Entropie S berechnen lässt. Diese thermodynamische Größe ist ein Maß für den Grad der Unordnung in einer großen Ansammlung von Teilchen, beispielsweise der Moleküle in einer Gas- oder Champagnerflasche. S ergibt sich aus der Boltzmann-Konstante k multipliziert mit dem natürlichen Logarithmus (ln) der Anzahl W von Möglichkeiten, diese Teilchen anzuordnen, ohne dass sich das makroskopische Erscheinungsbild ändert. Hawking hatte nachgewiesen, dass auch jedes Schwarze Loch eine Entropie besitzt und somit eine Temperatur. Diese Entropie ist proportional zur „Oberfläche" des Schwarzen Lochs – genauer: zur Fläche A seines Ereignishorizonts – und hängt sonst nur von Naturkonstanten ab; der Boltzmann-Konstante k, der Lichtgeschwindigkeit c, dem Planckschen Wirkungsquantum $\hbar$ und der Gravitationskonstante G. Die Temperatur T eines Schwarzen Lochs mit der Masse m beträgt $T = \hbar c^3/8\pi mGk$.

Übrigens: Die Entropie eines Schwarzen Lochs ist sehr viel größer als die seines Vorläufersterns. Beispielsweise beträgt die Entropie der Sonne rund 10^{57} (gemessen in den Einheiten von k). Ein Schwarzes Loch derselben Masse besitzt jedoch eine Entropie von 10^{77}. Galaktische Schwarze Löcher haben sogar eine Entropie von 10^{90} – das Hundertfache der Entropie des gesamten beobachtbaren Universums (ohne Schwarze Löcher). Wer das auf einer Party erzählt, ist garantiert der „Star" des Abends.

stellaren Schwarzen Loch nicht einmal 10^{-7} Grad über dem absoluten Nullpunkt bei minus 273 Grad Celsius. (Gegenwärtig gewinnen sie allerdings schon durch die minus 270 Grad kalte Kosmische Hintergrundstrahlung noch mehr als sie verlieren.) Doch wenn sich der Weltraum ewig weiter ausdehnt und das Universum beliebig alt werden kann, dann verdampfen Hawking zufolge alle Schwarzen Löcher irgendwann! Für ein stellares Schwarzes Loch dauert das zwar mehr als 10^{66} Jahre, für ein supermassereiches sogar bis zu 10^{100} Jahre (eine Zahl mit hundert Nullen!). Aber es wird geschehen. Und dann wird die Wunde, die der Gravitationskollaps in die Raumzeit gestochen hat, vollständig geheilt sein.

Das Ende der „gewöhnlichen" Schwarzen Löcher lässt also noch lange auf sich warten. Doch vielleicht kann man ihre Explosionen schon jetzt beobachten. Hawking und andere Wissenschaftler halten es nämlich für möglich, dass Schwarze Löcher auch durch zufällige Dichteschwankungen im Tohuwabohu des Urknalls entstanden sind. Sie wären winzig, viel kleiner als ein Atom – aber deshalb auch wesentlich kurzlebiger. Solche Schwarzen Minilöcher könnten noch heute durchs All schwadronieren und intensive Gammastrahlung als finales Fanal aussenden. Sie wären nur so groß wie Proton (10^{-13} Zentimeter), aber so schwer wie der Mount Everest (fast eine Milliarde Tonnen). Die Energie ihrer Explosionen ist gigantisch – vergleichbar der simultanen Detonation von zehn Millionen Atombomben mit der Sprengkraft von jeweils einer Megatonne.

Minilöcher aus dem Urknall

Gammastrahlen-Teleskope haben zwar noch keine Anzeichen solcher Miniloch-Blitze erspäht. Aber die wären, falls es sie gibt, auch relativ selten: Sie ereignen sich höchstens einmal pro Kubiklichtjahr und Jahrhundert. Ihre Entdeckung würde Hawking sicherlich den Physik-Nobelpreis einbringen. Und es gibt noch eine andere Chance.

› Tödliche Schwarze Löcher im Labor?

Was sich für unbedarfte Zeitgenossen wie eine Horrorvision anhört, wäre für Hawking & Co. ein Triumph der Physik: die Produktion Schwarzer Löcher mitten in Europa. Denn bei Genf ist seit November 2009 der Large Hadron Collider (LHC) in Betrieb, der größte Teilchenbeschleuniger der Welt. In einem unterirdischen Tunnel, 27 Kilome-

Gefahr für die Erde?

ter im Umfang, kreisen Protonen mit fast Lichtgeschwindigkeit und kollidieren an ausgewählten Orten – inmitten von hochgezüchteten Detektoren, jeder so groß wie ein Einfamilienhaus. Dabei werden so hohe Energien an einem winzigen Ort entfesselt, dass die Materie einen Augenblick lang in Zustände versetzt wird, wie sie weniger als eine Milliardstel Sekunde nach dem Urknall überall im Weltraum herrschten.

Nur mit Extradimensionen produktiv

Unter sehr speziellen Umständen könnten dabei sogar Schwarze Minilöcher erzeugt werden. Sie wären kleiner als ein Tausendstel des Protonen-Durchmessers und hätten die Masse von vielleicht 5000 dieser Kernteilchen. Entstehen könnten sie allerdings nur, wenn es mindestens zwei zusätzliche Raumdimensionen gibt, wie Physiker es im Rahmen mancher Modelle der Stringtheorie diskutieren: Zudem müssten diese Extradimensionen mindestens ein Billiardstel Meter messen (das ist gigantisch im Vergleich zur typischen Stringlänge von etwa 10^{-34} Meter). Dann wäre die Schwerkraft bei diesen Längen stärker, als es Isaac Newtons Gravitationsgesetz besagt, und bei einer Teilchenkollision könnte im LHC so viel Masse oder Energie komprimiert werden, dass sich daraus ein Schwarzes Miniloch bildet. Wie häufig das geschehen würde, ist allerdings unklar. Diese Vorstellung hat immer wieder Ängste und Medienrummel ausgelöst. Sogar Klagen vor Gericht sollten den vermeintlich drohenden Weltuntergang aufhalten: Die im LHC erzeugten Schwarzen Löcher würden angeblich die Erde auffressen.

Minilöcher bleiben klein

Doch das ist reine Panikmache. Schwarze Minilöcher können unseren Planeten nicht verschlingen. Hawking zufolge müssten sie sich ja sofort wieder auflösen, spätestens innerhalb von 10^{-24} Sekunden. Dies ist viel zu schnell, um zuvor eine ausreichende Menge von Materie zu verschlingen und so ihre Lebensdauer zu verlängern. Aber selbst wenn Hawkings Hypothese falsch wäre und Schwarze Minilöcher stabil sind, besteht kein Grund zur Besorgnis. Denn sie würden gar nicht im LHC oder in der Erde verbleiben, sondern aufgrund ihrer hohen Geschwindigkeit rasch ins All entweichen. Und selbst wenn doch ein Löchlein in der Erde verbliebe, könnte es sich allenfalls 100 Protonen pro Jahr einverleiben. Somit würde es viel länger als das bisherige Alter unseres Universums dauern, um selbst ein einziges Milligramm der Erde zu zerstören.

Nobelpreis-Hoffnung: *Stephen Hawking 2006 mit Kollegen vor dem CMS-Detektor (Compact Muon Solenoid) des Large Hadron Collider bei Genf. Das 18 Meter hohe und 12.500 Tonnen schwere Gerät könnte die Hawking-Strahlung nachweisen, falls sich Schwarze Minilöcher bei der Kollision von Protonen im Teilchenbeschleuniger bilden.*

Hinzu kommt: Die Kosmische Strahlung aus fast lichtschnellen Elektronen, Protonen und Atomkernen, die ständig aus dem All auf die Erde prasselt, ist sehr viel energiereicher als jede Teilchenkollision im LHC oder in jedem absehbaren Teilchenbeschleuniger der Zukunft. Falls sich Schwarze Minilöcher also bei Partikel-Kollisionen bilden können, muss dies ständig in der Erdatmosphäre geschehen. Aber unseren Planeten berührt das seit 4,5 Milliarden Jahren (so lange existiert er schon) offensichtlich wenig. Die Erschaffung Schwarzer Minilöcher im Labor wäre also keine Gefahr, sondern ein Highlight der Physik des 21. Jahrhunderts. Erstmals wären Quantengravitationseffekte zugänglich und die Theorien dazu überprüfbar.

Highlight der Physik des 21. Jahrhunderts

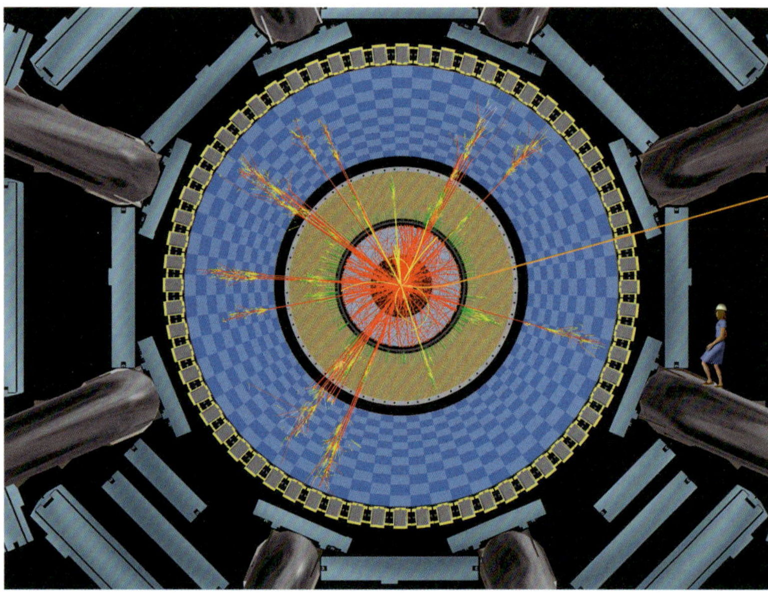

***Schwarzer Schein:** Falls es mindestens zwei Extradimensionen von bis zu einem Tausendstel Millimeter Größe gibt, könnten Teilchenbeschleuniger wie der LHC Myriaden winziger Schwarzer Löcher erzeugen, die dann freilich sofort wieder zerstrahlen. Die Computersimulation zeigt einen solchen Vorgang mit den bei der Zerstrahlung freigesetzten Sekundärteilchen, wie sie schon bald gemessen werden könnten (hier im ATLAS-Detektor des LHC). Das wäre eine der bedeutendsten Entdeckungen aller Zeiten.*

› Spurlos verschwunden?

Der Gravitationskollaps, der zur Entstehung eines Schwarzen Lochs führt, ist dem „Keine-Haare-Theorem" zufolge ein universeller Gleichmacher: Das Schwarze Loch lässt sich nichts anmerken. Somit gibt es keine Möglichkeit, über seine Vergangenheit irgendetwas zu erfahren – zum Beispiel, wie das Magnetfeld des kollabierten Sterns aussah, welche Temperatur, Helligkeit und Oberflächenstrukturen er besaß, ob er aus Materie oder Antimaterie bestand, was nach seinem Kollaps zusätzlich in das Schwarze Loch hineinstürzte und so weiter.

Schwarze Löcher lassen sich nichts anmerken

„Dieser Informationsverlust war noch kein Problem für die klassische Physik. Ein klassisches Schwarzes Loch währt ewig, und man kann annehmen, dass die Information in seinem Inneren erhalten bleibt, aber nicht besonders gut zugänglich ist", charakterisiert es Hawking mit seinem unnachahmlichen Humor. Denn „zugänglich" wären die Informationen allenfalls für ein Selbstmord-Kommando, das ihnen ins Schwarze Loch nachspringt – draußen würde niemals jemand davon erfahren können.

Die Situation änderte sich 1973, als Hawking – wie oben geschildert – entdeckte, dass ein Schwarzes Loch nicht rein „klassisch" beschrieben werden kann, das heißt allein mit der Relativitätstheorie, sondern aufgrund von Quanteneffekten allmählich verdampft. Es gibt die sogenannte Hawking-Strahlung ab. Wenn diese in Art und Spektrum aber rein statistischer Natur ist, also zufällig (Physiker sagen: thermisch), dann hat das eine alarmierende Konsequenz, wie Hawking 1975 herausfand. Denn dann wäre prinzipiell niemals ersichtlich, was das Schwarze Loch einst verschlungen hat – Staub, Sterne oder Stephen Hawkings Buch *Das Universum in der Nussschale*. Darin schreibt er deshalb: „Wir glauben, wir könnten in der Vergangenheit lesen wie in einem offenen Buch. Doch wenn Information in Schwarzen Löchern verloren ginge, wäre das nicht der Fall. Dann hätte alles Mögliche passiert sein können, und wir wären nicht in der Lage, es zu rekonstruieren." Auch Vorhersagen der Zukunft wären beeinträchtigt. Doch das ist nicht alles. „Information kann nicht völlig kostenlos übermittelt werden, was jedem von uns spätestens dann klar wird, wenn er seine Telefonrechnung bekommt", so Hawking. „Information braucht Energie, um übertragen zu werden,

Vernichtende Verdampfung

und in den Endstadien eines Schwarzen Lochs ist nur noch sehr wenig Energie übrig. Wie kommt sie also aus ihm heraus?"

Höchster Alarm für die gesamte Physik!

Überhaupt nicht! So zumindest Hawkings schockierendes Ergebnis. Denn wenn das Schwarze Loch restlos verdampft, hätten sich mit ihm auch alle einst verschluckten Informationen quasi in nichts aufgelöst. Das mag im Alltag irrelevant sein, denn wir vernichten, verlegen und vergessen dauernd etwas. Doch das verletzt keine Erhaltungssätze, die in der Physik das Fundament schlechthin sind, gründen sich darauf doch alle naturgesetzlichen Zusammenhänge. Falls also tatsächlich all die in Schwarzen Löchern absorbierten physikalischen Eigenschaften, Kenngrößen und so weiter auf Nimmerwiedersehen verschwänden, dann wären die Lehrbücher der Physik Makulatur. Der Satz von der Erhaltung der Energie und andere grundlegende Prinzipien würden versagen, und die experimentell so erfolgreiche Quantentheorie müsste zusammenstürzen wie ein Kartenhaus.

› Gegenwelten, Spuk und Kristalle

„Zu entscheiden, ob Informationen tatsächlich verloren gehen, ist eine der wichtigsten Fragen, die sich der Theoretischen Physik heute stellen", sagte Hawking 1997 auf einem Vortrag in Amsterdam. Und das ist keine Übertreibung. Dabei geht es nicht um praktische, sondern um prinzipielle Probleme. Wirft man ein Buch ins Feuer, verbrennt das Papier mitsamt den gedruckten Buchstaben. Aber wenigstens theoretisch ließe sich der Text aus der Asche, der Form der Flammen und des Rauchs sowie den Turbulenzen in der erhitzten Luft rekonstruieren – man müsste „nur" alle relevanten physikalischen Größen genau genug messen und die Entwicklung zurückrechnen. Fällt das Buch hingegen in ein Schwarzes Loch, dann verschwinden seine Informationen Hawking zufolge, ohne eine Spur zu hinterlassen. Und sie kommen auch nicht wieder zum Vorschein, falls sich das Schwarze Loch im Lauf gigantischer Zeiträume durch die Abgabe der statistischen Hawking-Strahlung auflöst.

„Wenn Hawkings Argumente richtig wären, stünden wir vor der erschreckenden Aufgabe, eine neue Basis für die gesamte Physik zu finden", sagte John Preskill vom California Institute of Technology. „Die

Kosmische Einbahnstraßen: *Schwarze Löcher (links) lassen nichts mehr aus dem Bann ihrer Gravitation heraus. Unklar ist, ob ihre Beute im Zentrum (eine ominöse Singularität?) zermalmt wird. Manche Physiker haben spekuliert, dass es ein Gegenstück geben könnte. Aus einem solchen Weißen Loch (rechts) würde die todgeweihte Materie förmlich heraussprudeln – ein kosmisches Recycling. In unserem Universum sind solche Quellen allerdings unmöglich. Doch vielleicht war der Urknall ein Weißes Loch.*

gängigen Prinzipien führen zu einem Paradoxon, was bedeutet, dass sie keine richtige Beschreibung der Natur liefern können." Wie viele andere Physiker weigerte sich Preskill deshalb, Hawkings Schlussfolgerung vom Informationsverlust zu akzeptieren. Eine künftige Theorie der Quantengravitation, so seine Hoffnung, würde einen Fehler aufdecken und irgendeine der Annahmen in Hawkings Argumentation widerlegen.

Hawkings riskante Wette

Doch Hawking, dem es selbst vor den Geistern grauste, die er rief, blieb hartnäckig. Zusammen mit Kip Thorne – wie Preskill am Caltech und einer der renommiertesten Relativitätstheoretiker der Welt – wettete er sogar gegen Preskill darauf, dass Informationen in Schwarzen Löchern verloren gehen. Wetteinsatz war eine Enzyklopädie, „woraus Informationen willentlich entnommen werden können", wie in dem Abkommen mit hintersinnigem Humor geschrieben steht, das die drei am 6. Februar 1997 besiegelten.

EXKURS

› Baby-Universen und Naturkonstanten

„Es tut mir leid, dass ich die Hoffnungen künftiger galaktischer Touristen enttäuschen muss“, ließ Hawking seine emotionslose Computerstimme an der University of California in Berkeley verkünden, als er dort im April 1988 einen Vortrag hielt, in dem er ausführte, warum Weltraum-Reisen mithilfe Schwarzer Löcher als Tunnel durch Raum und Zeit nicht funktionieren können. „Wenn Sie in ein Schwarzes Loch springen, wird es Sie zerreißen und umbringen. Doch in gewissem Sinne könnten die Teilchen, aus denen Ihr Körper besteht, in ein anderes Universum gelangen.“

Diese Idee war nicht neu, doch Hawkings Begründung schon: Damals hatte er nämlich ein physikalisches Modell entwickelt, wonach das Zentrum eines Schwarzen Lochs ebenso wenig eine Singularität darstellt wie der Urknall; vielmehr sollte es in eine imaginäre Zeit übergehen und sich zu einem winzigen Paralleluniversum ausstülpen. „Ein kleines, in sich geschlossenes Universum zweigt von unserer Region des Universums ab“, überlegte Hawking. „An anderer Stelle kann sich das Baby-Universum wieder mit unserer Raumzeit-Region verbinden. Wenn das der Fall ist, würde es uns als ein weiteres Schwarzes Loch erscheinen, das sich bildet und später verdunstet.“

Zuerst hoffte Hawking, damit auch das 1975 von ihm beschriebene (und erst 2004 revidierte) Problem einer möglichen Vernichtung physikalischer Informationen im Schwarzen Loch zu lösen. Vor allem aber spekulierte er darüber, ob die indirekte Wechselwirkung unseres Universums mit den Baby-Universen den bislang rätselhaften Wert der Kosmologischen Konstante verständlich machen könnte. Theoretischen Voraussagen zufolge sollte er viel größer sein, als er tatsächlich ist, und müsste das Universum dann förmlich auseinanderreißen. Doch vielleicht sorgen die Baby-Universen für Balance und Ausgleich? Diese Idee stammte ursprünglich von Sidney Coleman, der an der Harvard University

Zuvor schon und danach haben Physiker Hawkings Untergangsszenario intensiv und mit großem Scharfsinn diskutiert – aber ohne Konsens. Seit Hawkings ursprünglichen Argumenten von 1975 wurden bis heute über 500 wissenschaftliche Artikel zu dem Rätsel publiziert. Die Situation ist verwirrend und unübersichtlich; aber es gibt immerhin einige Vorschläge, das Problem zu lösen (Übersichtsgrafik Seite 184).

Wären Schwarze Löcher irreversible Einbahnstraßen, bliebe ihre Beute für immer hinter dem Ereignishorizont gefangen, zur Unkennt-

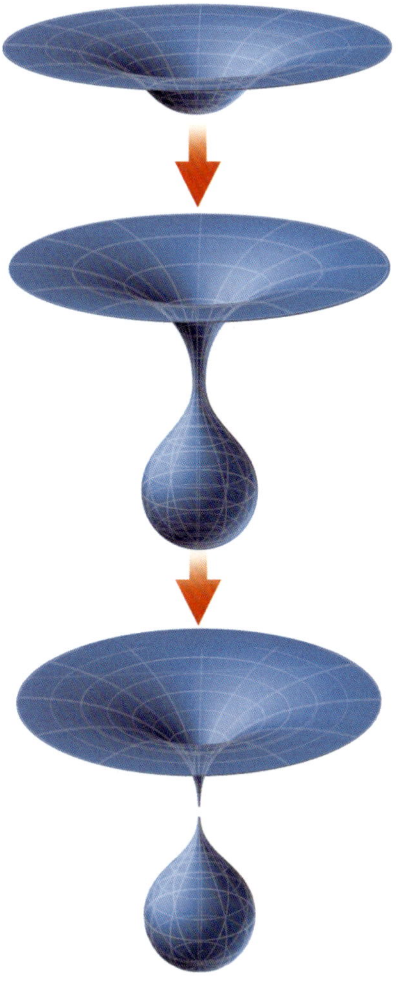

forschte. Hawking entwickelte sie weiter. Er sah darin auch eine neue Quelle des Zufalls – einschließlich einer Beschränkung für die Ableitung fundamentaler physikalischer Größen (etwa der elektrischen Ladung eines Elektrons) aus einer möglichen „Weltformel": „Wir können nämlich nicht beobachten, wie viele Baby-Universen es im All gibt, die darauf warten, sich mit unserer Region des Universums zu verbinden."

Doch wenn quasi andere Universen in unseres hineinregieren, dann wird es schwierig mit der eigenen Haushaltsbilanz. Daher ist es inzwischen auch recht still um diese Spekulationen geworden. Fast könnte man vermuten, sie sind etwas verschämt unter den Teppich gekehrt worden – oder in ein Baby-Universum unliebsamer Gedanken …

Am Ende ein neuer Anfang: *Vielleicht bildet sich im Zentrum eines Schwarzen Lochs ein Baby-Universum, das all die verschluckten Informationen noch enthält. Es könnte sich gleichsam abnabeln und in einem Urknall zu einer eigenständigen Welt heranwachsen.*

lichkeit zusammengequetscht. Oder es öffnet sich ein Tor zu einem anderen Universum, durch das Materie und Energie entweichen. Möglicherweise sprudeln sie dort aus einem Weißen Loch; doch das ist unwahrscheinlich, denn sie hätten so viel Masse, dass sich dort erneut ein Schwarzes Loch bilden müsste. Es könnten sich auch Baby-Universen ausstülpen, wie Hawking selbst spekuliert hat (siehe Exkurs *Baby-Universen und Naturkonstanten*). Vielleicht steht am Ende aber auch ein neuer Anfang: Wenn der Gravitationskollaps in unserem Univer-

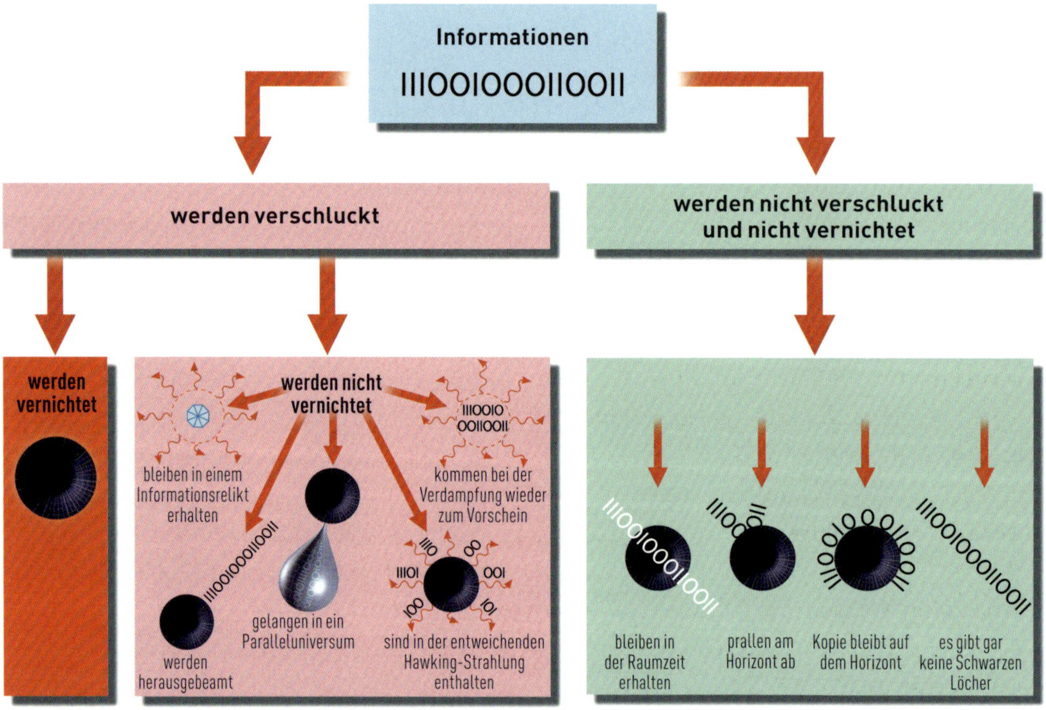

Verwirrende Vielfalt: *Was mit den Informationen – das heißt physikalischen Eigenschaften der Materie und Energie – geschieht, die in den Schlund Schwarzer Löcher stürzt, ist extrem umstritten. Die Übersicht zeigt die wichtigsten Möglichkeiten in der Diskussion, die Hawking mit seiner – inzwischen revidierten – Auffassung, die Informationen würden vernichtet, ausgelöst hatte.*

sum der Zündfunken eines neuen Urknalls für ein neues Universum anderswo ist, dann wären die Informationen zwar unwiderruflich aus unserem Universum entfernt, doch kosmisch gesehen blieben die Erhaltungssätze gültig – die Informationen wären lediglich in ein unzugängliches Gebiet entwichen, in eine andere Welt.

Eine Alternative ist, dass die Informationen mit der Hawking-Strahlung ihren Weg zurück in unsere Welt finden, während die Schwarzen Löcher verdampfen. Dann wäre die Strahlung aber nicht zufällig, wie ursprünglich gedacht, sondern enthielte die einst verschluckten Informationen in Form subtiler quantenphysikalischer Zusammenhänge. Diese geradezu spukhaften Fernbeziehungen, die bei normalen Quantenprozessen experimentell nachgewiesen sind, würden dann den Weltraum durchziehen und alle Informationen bewahren, auch wenn es unmöglich wäre, sie in der Praxis der Hawking-Strahlung zu entlocken. Alles, was geschah, bliebe dann bis in alle Ewigkeit in die Raumzeit eingraviert.

Signale in der Hawking-Strahlung?

Tatsächlich ist genau das auch die Meinung vieler Physiker. Doch es besteht keine Übereinstimmung in der Frage, wie die Informationen in die Hawking-Strahlung „eingeschrieben" werden könnten. Zwar wurden verschiedene Modelle entwickelt, doch die meisten verschieben die Schwierigkeit letztlich nur auf das ebenfalls ungelöste Problem einer Theorie der Quantengravitation.

Falls die Hawking-Strahlung wirklich zufälliger Natur ist (oder nur einen Bruchteil der vom Schwarzen Loch gefressenen physikalischen Parameter preisgibt), könnte die Information aber auch als eine Art Kristall übrig bleiben, der alle physikalischen Eigenschaften enthält, allerdings ultradicht komprimiert. Dann würde das Schwarze Loch nicht völlig verdampfen, sondern einen winzigen, aber hochinformativen Rest hinterlassen, viel winziger als ein Atomkern. Oder die Trümmer der Materie und Energie kommen nach und nach wieder zum Vorschein, wenn der Ereignishorizont schrumpft – so als würde ein Vorhang weggezogen und alles die kosmische Bühne wieder betreten, was einst von ihr verschwand.

› Hawkings verlorene Wette

Im Fokus der Weltpresse

„Ich möchte darüber berichten, dass ich denke, ein großes Problem der Theoretischen Physik gelöst zu haben, das uns beschäftigt, seit ich entdeckt habe, dass Schwarze Löcher Strahlung abgeben", begann Hawking am 21. Juli 2004 einen wissenschaftlichen Vortrag in Dublin. Damals fand dort die GR17 statt, die 17. Internationale Konferenz über Allgemeine Relativitätstheorie und Gravitation. Sehr kurzfristig hatte Hawking noch einen Beitrag eingereicht und eine Überraschung angekündigt. Die Weltpresse eilte herbei und sogar die Nachrichtensendungen berichteten abends im Fernsehen.

In seinem halbstündigen Ausflug durch entlegene Gebiete der Mathematik, Quantenphysik und Stringtheorie hängte Hawking zeitweilig sogar die meisten anwesenden Experten ab. Seine Botschaft war aber unmissverständlich: Er widerrief seine ursprüngliche Auffassung und versuchte zu zeigen, dass Schwarze Löcher doch keine Informationen für immer vernichten können. Sie sind demnach keine irreversiblen Informationsfallen. Das bedeutet, dass die Informationen auch nicht vom Zentrum eines Schwarzen Lochs aus in ein anderes Universum entweichen. „Es zweigt sich kein Baby-Universum ab, wie ich einst gedacht habe. Die Information bleibt fest in unserem Universum", sagte Hawking in Dublin und fügte bedauernd hinzu: „Es tut mir leid, die Fans von Science Fiction enttäuschen zu müssen. Aber wenn die Informationen erhalten bleiben, gibt es keine Möglichkeit, mithilfe Schwarzer Löcher in andere Universen zu reisen. Wenn man in ein Schwarzes Loch springt, wird – allerdings verstümmelt – die Masse und Energie in unser Universum zurückkehren, die die Informationen darüber enthält, was man war, wenn auch in einem nicht wiedererkennbaren Zustand."

Hawkings Hypothese wird bezweifelt

Hawkings Begründung ist allerdings in mehrfacher Hinsicht problematisch und wird von vielen seiner Kollegen bis heute nicht geteilt. Er geht von umstrittenen physikalischen und kosmologischen Annahmen aus; er benutzt Vereinfachungen, die bislang noch unklar und nicht im Detail ausgeführt sind; und er argumentiert nur indirekt, das heißt er kann nicht angeben, wie die Informationen genau erhalten bleiben und ob sie zum Beispiel in der Hawking-Strahlung wieder zum Vorschein kommen. Von einem BBC-Reporter befragt, worin denn nun die Bedeutung seiner Analyse läge, antwortete Hawking: „Das Ergebnis zeigt, dass alles im Universum von den Gesetzen der Physik regiert wird."

Im Anschluss an seinen Dublin-Vortrag ließ Hawking ein dickes Buch auf die Bühne bringen – und erhielt stürmischen Beifall, als er schmunzelnd seine Wette von 1997 verloren gab. Vielen Physikern war die Erleichterung anzumerken, auch wenn sie Hawkings Argumentation nicht so genau nachvollziehen konnten. „Ich werde John Preskill die Enzyklopädie überreichen, um die er gebeten hatte", kündigte Hawking an. „John ist ein ganzer Amerikaner, deshalb wollte er natürlich eine Baseball-Enzyklopädie. Ich überreiche John die Enzyklopädie jetzt. Kip kann mich auszahlen, wenn er die Wette später ebenfalls als verloren anerkennt."

Breit grinsend ließ Hawking dem ebenfalls grinsenden Preskill den sieben Kilogramm schweren Band geben. In ironischer Parodie von Pokalsieger-Posen hielt ihn der Quantenphysiker über seinen Kopf. „Ich habe immer gehofft, dass Zeugen anwesend sein würden, wenn Stephen sich geschlagen gibt. Aber dies hier übertrifft alle meine Erwartungen", sagte er. Und gab zu: „Ich will ehrlich sein: Ich habe den Vortrag nicht verstanden. Aber das brauche ich auch nicht. Die Vereinbarung lautete, dass der Gewinner die Enzyklopädie erhält, wenn die andere Partei aufgibt. Ich muss nicht damit einverstanden sein."

› Gottes unergründliche Würfel

Auch wenn Schwarze Löcher Informationen nicht vernichten – und das letzte Wort ist in dieser Sache noch lange nicht gesprochen – dann lassen sie sich doch nicht praktisch wiederherstellen. Das wäre so, als wollte man die gefälschten Rechnungen rekonstruieren, die ein gerissener Politiker in einem Schwarzen Loch entsorgt hat, um einen Spendenskandal zu vertuschen. Die Wahrscheinlichkeit ist extrem gering, dem Politiker auf diese Weise auf die Schliche zu kommen. Doch wenn die Informationen eines Tages wieder aus einem verdampfenden Schwarzen Loch herauskämen, bliebe wenigstens dem Universum die Schandtat nicht verborgen und ließe sich streng genommen somit auch nicht aus der Welt schaffen.

Trotzdem hat Hawkings Erkenntnis, dass Schwarze Löcher verdampfen, eine große Tragweite für unser Naturverständnis. Kurz gesagt: Das Universum ist viel zufälliger, als man jemals dachte. „Die Gravitation bringt eine neue Ebene der Unvorhersagbarkeit in die Physik ein, welche die übliche mit der Quantentheorie verbundene Unsicherheit bei weitem übertrifft", fasst es Hawking zusammen.

Das Universum ist viel zufälliger als jemals gedacht

„In der klassischen Mechanik kann man bei Messungen des Ortes und der Geschwindigkeit beide Ergebnisse vorhersagen. Die Unschärferelation in der Quantenmechanik besagt, dass nur über eine dieser Messungen eine Aussage gemacht werden kann", fasst Hawking die revolutionäre Einsicht der Quantenphysik zusammen. Demnach lassen sich nur entweder der Ort oder die Geschwindigkeit genau bestim-

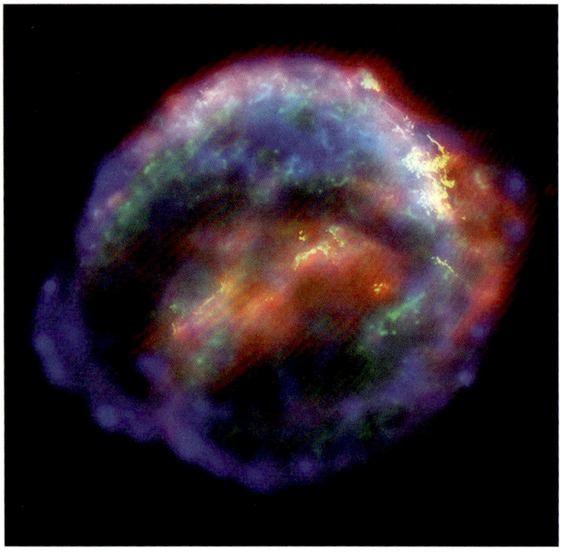

***Nuklearbombe in der Nachbarschaft:** Im Oktober 1604, wenige Jahre vor der Erfindung des Teleskops, wurde letztmals eine Supernova in der Milchstraße beobachtet, unter anderem von dem Astronomen Johannes Kepler. Sie war vorübergehend der hellste Stern am Nachthimmel. Heute befindet sich dort, 20.000 Lichtjahre entfernt im Sternbild Schlangenträger, eine 14 Lichtjahre große Gas- und Staubwolke, die sich mit rund 2000 Kilometer pro Sekunde ausdehnt. Das Bild zeigt eine Kombination der Röntgenstrahlung (blau, grün), des sichtbaren Lichts (gelb) und der Infrarotstrahlung (rot) dieser Trümmer eines explodierten Riesensterns.*

***Sternexplosion im Schwertfisch:** SN 1987A (Pfeil) ist die nächstgelegene Supernova seit der Erfindung des Teleskops. Sie wurde am 24. Februar 1987 in der Großen Magellanschen Wolke entdeckt. Diese rund 160.000 Lichtjahre ferne Balkenspiralgalaxie im Sternbild Schwertfisch ist die größte Begleitgalaxie der Milchstraße. Sie besitzt mit dem Tarantelnebel, links im Bild, eine der größten bekannten Sternentstehungsregionen. SN 1987A ist die erste Supernova, deren Vorgängerstern identifiziert wurde – ein nur 20 Millionen Jahre alter Blauer Überriese.*

men oder vorhersagen. „Bei Schwarzen Löchern ist die Situation noch schlimmer. Da die von einem Schwarzen Loch abgestrahlten Teilchen aus einer Region stammen, von der der Beobachter nur sehr begrenzte Kenntnisse besitzt, kann er definitiv weder Ort noch Geschwindigkeit eines Teilchen noch irgendeine Kombination der beiden vorhersagen. Alles, was er vorhersagen kann, ist die Wahrscheinlichkeit, dass bestimmte Teilchen emittiert werden."

Das bedeutet, dass in der Natur der Zufall in einem noch viel schockierenderem Ausmaß herrscht, als es die übliche Interpretation der Quantenphysik schon vorsieht (etwa beim radioaktiven Zerfall, der keine Ursache hat), und gegen den sich Albert Einstein mit dem Ausspruch, Gott würfle nicht, bis an sein Lebensende gewehrt hatte. Hawking trieb Einsteins Bonmot deshalb auf die Spitze, indem er es auf Schwarze Löcher übertrug: „Gott würfelt nicht nur mit dem Universum, sondern er wirft die Würfel sogar manchmal dorthin, wo man sie nicht sehen kann."

Würfelt Gott in Schwarzen Löchern?

IM KONTEXT

- Schwarze Löcher sind die Reste kollabierter massereicher Sterne. Was hinter ihren Ereignishorizont gelangt, wird unweigerlich verschlungen und zermalmt.
- Hawkings Entdeckung, dass Schwarze Löcher trotzdem Strahlung abgeben und in fernster Zukunft verdampfen müssen, gehört zu den wichtigsten Erkenntnissen der Theoretischen Physik und wird allgemein anerkannt. Durch Messungen wurde das aber noch nicht bestätigt.
- Ob Schwarze Löcher verschluckte Informationen unwiderruflich vernichten, wie Hawking vermutet hat, ist in der Physik sehr umstrittenen und von großer Tragweite, weil es die Wissenschaft in eine Grundlagenkrise zu stürzen droht.
- Die Mehrheit der Physiker glaubt nicht an einen Informationsverlust. Doch es gibt keinen Konsens – und keine Übereinstimmung, wie die Informationen überhaupt erhalten bleiben oder beispielsweise mit der Hawking-Strahlung wieder herauskommen könnten.
- Hawking hat seine Hypothese der Informationsvernichtung inzwischen widerrufen. Seine Begründung wird von den meisten Forschern aber nicht geteilt.

Wurmlöcher und Zeitreisen

Die Allgemeine Relativitätstheorie erlaubt im Prinzip Ausflüge mit Überlichtgeschwindigkeit und sogar in die Vergangenheit. Besonders nützlich und exotisch zugleich sind dabei Wurmlöcher. Hawking zufolge durchziehen sie den Raumzeit-Schaum, lassen sich aber nicht als Zeitmaschinen nutzen, weil es in der Natur einen Schutz der Zeitordnung gibt.

› Denken auf Vorrat

„Science Fiction wie *Star Trek* ist nicht nur Unterhaltung, sondern erfüllt auch einen ‚ernsten' Zweck: Sie erweitert die menschliche Vorstellungskraft", hat Stephen Hawking einmal bemerkt. Und tauchte sogar als Gast in einer Folge der beliebten TV-Serie auf: Er pokerte auf dem Holodeck mit Isaac Newton, Albert Einstein und dem Androiden Data – und gewann. Wie Hawking sind auch viele andere renommierte Physiker von Science Fiction begeistert. Denn diese ist mehr als originelle Unterhaltung. „Die Verbindung zwischen Science Fiction und Wissenschaft führt in beide Richtungen. Die von der Science Fiction präsentierten Ideen gehen ab und zu in wissenschaftliche Theorien ein. Und manchmal bringt die Wissenschaft Konzepte hervor, die noch seltsamer sind als die exotischste Science Fiction", beschreibt es Hawking.

Science Fiction inspiriert die Wissenschaft

Dafür gibt es viele Beispiele. Und mit einigen von ihnen hat sich Hawking auch streng wissenschaftlich beschäftigt und in den einschlägigen Fachzeitschriften publiziert. Dabei steht nicht im Vordergrund, was realistisch oder gar machbar ist, sondern was im Rahmen der Naturgesetze möglich wäre. Denn das lotet das wissenschaftliche Wissen aus, klärt Begriffe und analysiert Schlussfolgerungen.

Doch was ist möglich? Lässt sich die von Albert Einsteins Spezieller Relativitätstheorie aufgestellte „Lichtmauer" durchbrechen, so dass überlichtschnelle Spritztouren durch den Weltraum locken? Gibt es sogar Schlupflöcher – Abkürzungen durch die Dimensionen und Pforten zu anderen Universen? Sind Zeitreisen machbar, Flüge in die fernste Zukunft oder Vergangenheit? Könnten Zeitarchitekten gar eine neue, bessere Zukunft erschaffen?

Physik ist – wie Philosophie – mehr als nur ein Katalog von Tatsachen und Naturgesetzen. Zumindest zur Grundlagenforschung zählen auch Neugierde, das freie Spiel der Ideen und eine Art Denken auf Vorrat. Viele bahnbrechende – und übrigens inzwischen teilweise auch wirtschaftlich extrem lukrative – Entdeckungen sind quasi am Schreibtisch gemacht worden, auf Spaziergängen oder in unzähligen Cafeteria-Gesprächen mit Berechnungen auf Papierservietten. So haben Wissenschaftler zum Beispiel Antimaterie und Supraleitung, Ra-

Entdeckungen auf Papierservietten

***Teleskope als Zeitmaschinen:** Weil das Licht nicht unendlich schnell ist, bedeutet ein Blick hinaus in den Raum zugleich ein Blick in die Vergangenheit. Der 700 Lichtjahre ferne Helixnebel (NGC 7293) im Sternbild Wassermann, die abgesprengte Hülle eines sterbenden Sterns, erscheint uns daher jetzt in einem Zustand wie für einen Bewohner dort vor 700 Jahren.*

diostrahlung und Gravitationswellen, Neutronensterne und Schwarze Löcher, Neutrinos und andere exotische Elementarteilchen sowie die Kosmische Hintergrundstrahlung vom Urknall und die ominöse Dunkle Energie ersonnen, lange bevor man sie nachweisen konnte – oder überhaupt erst auf die Idee kam, danach zu suchen. „So etwas geschieht oft in der Physik“, hat der Physik-Nobelpreisträger Steven Weinberg einmal geschrieben, „unser Fehler ist nicht, dass wir unsere Theorien zu ernst nehmen, sondern dass wir sie nicht ernst genug nehmen.“

› Wurmlöcher und Quantenschaum

Raum und Zeit sind nicht kontinuierlich, glatt und beliebig unterteilbar, sondern müssen auf kleinsten Skalen gleichsam eine schaumartige oder körnige Struktur aufweisen – ähnlich wie ein Bild, das aus der Nähe betrachtet nicht mehr homogen ist, sondern aus einzelnen Rasterpunkten zusammengesetzt. Das gehört zu den wichtigsten Erkenntnissen der erst in Ansätzen entwickelten Quantengravitationstheorien, die die Relativitäts- und Quantentheorie und vielleicht sogar alle Naturkräfte miteinander vereinen. Auf der Planck-Skala bei Längen um 10^{-33} Zentimeter und Zeiten um 10^{-43} Sekunden ist das submikroskopische Vakuum kein einfacher leerer Raum mehr, sondern ein brodelndes Meer von geometrischen Möglichkeiten, das gleichsam Blasen wirft, vielleicht Baby-Universen abschnürt, von virtuellen Schwarzen Löchern durchsetzt ist und von winzigen Wurmlöchern geradezu wimmeln könnte. Sie entstehen und vergehen ständig auf dieser kleinsten Skala der Natur infolge quantenphysikalischer Ereignisse, meinen Hawking und andere Physiker.

Im Kleinsten brodelt es gewaltig

Es klingt abenteuerlich, doch vielleicht lässt sich ein Weg finden, ein solches Gebilde zu einem befahrbaren Wurmloch aufzublasen (etwa mit dem Mechanismus der Kosmischen Inflation) und zu stabilisieren. Es ist auch denkbar, dass sich große Wurmlöcher bereits mit dem Urknall gebildet haben und irgendwo im All befinden; oder dass man mit fortgeschrittener Technologie Wurmlöcher in die Raumzeit knoten oder schneiden kann; oder dass sich Schwarze Löcher in Wurmlöcher

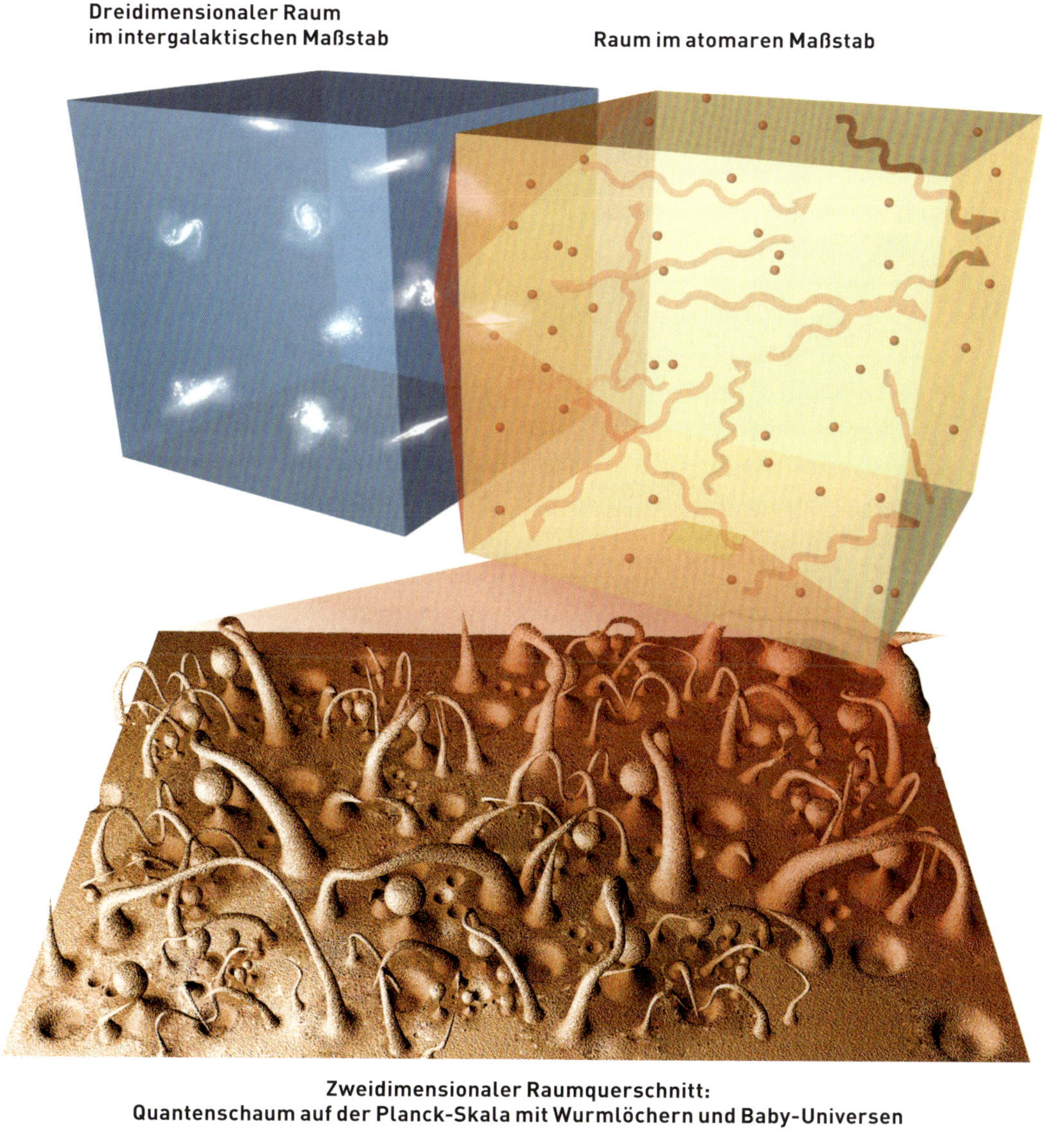

Urgrund allen Seins: *Auf der kleinsten physikalisch möglichen Skala, der Planck-Skala, sind Raum und Zeit nicht mehr kontinuierlich und homogen, sondern fluktuieren in wilden Geometrien. Dieser Quantenschaum könnte submikroskopische Wurmlöcher enthalten. Vielleicht lassen sie sich „aufblasen" und als Tunnel durch die Dimensionen nützen. Zu den Größenordnungen: Typische Galaxien haben einen Durchmesser von* 10^{21} *Metern (100.000 Lichtjahre), Atome von* 10^{-9} *Metern (ein Milliardstel Meter), und der Quantenschaum wird erst bei der kleinstmöglichen physikalischen Länge „sichtbar", der Planck-Länge (*10^{-35} *Meter).*

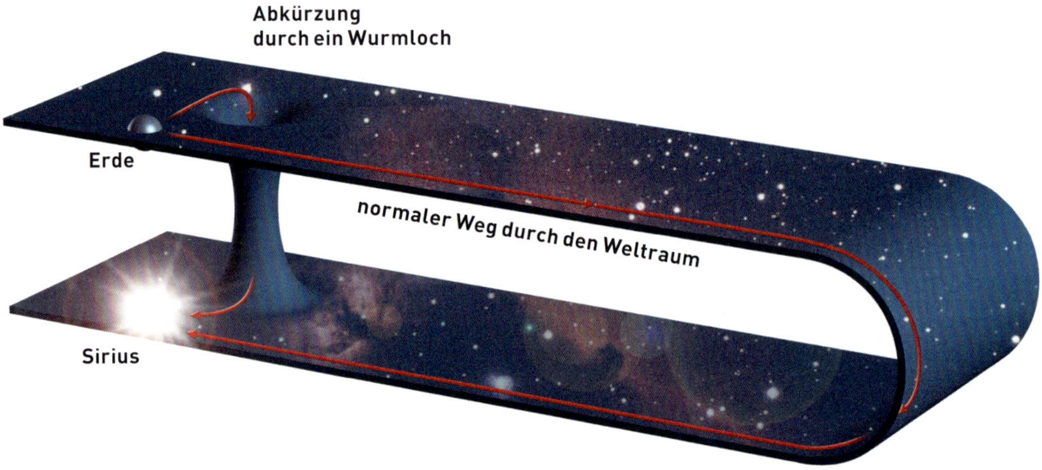

Kosmische Abkürzung: *Weil der Stern Sirius 8,6 Lichtjahre von der Erde entfernt ist, wären selbst fast lichtschnelle Raumfahrer 8,6 Jahre lang unterwegs dorthin. Doch die Allgemeine Relativitätstheorie enthält Schlupflöcher: Mit einem Wurmloch könnte man die Raumzeit – hier als zweidimensionale „Gummihaut" dargestellt – so manipulieren, dass die Reise durch den Tunnel viel kürzer als der normale Weg „außen herum" wäre.*

umgestalten lassen (denn beide sind aus physikalischer Sicht eng miteinander verwandt).

Dies klingt mehr nach Science Fiction – und da spielen Wurmlöcher ja immer wieder eine wichtige Rolle für Reisen zu anderen Sternen –, doch diese Ideen kommen ursprünglich aus der Relativitätstheorie. Auch Albert Einstein hatte über solche Gebilde nachgedacht (den Begriff „Wurmloch" hatte aber erst 1957 John Wheeler geprägt). Wie sie sich im Prinzip als kosmische U-Bahnsysteme nutzen lassen, wurde jedoch erst in den 1980er-Jahren berechnet. Tatsächlich können Wurmlöcher im Prinzip überlichtschnelle Flüge ermöglichen. Aber nicht, indem sie die „Lichtmauer" der Speziellen Relativitätstheorie durchbrechen (Seite 53), sondern indem unterlichtschnelle Bewegungen durch ein Wurmloch eine kosmische Abkürzung nutzen (siehe Grafik oben). Das ist gemäß der Allgemeinen Relativitätstheorie nicht „verboten", sondern in ihrem Rahmen überhaupt erst realisierbar. Allerdings nicht so einfach. Denn um das Wurmloch offen zu halten und den Schlund gegen Störungen zu stabilisieren, bedarf es extremer Kräfte.

Schneller als das Licht?

Am besten wäre exotische Materie mit der seltsamen Eigenschaft einer negativen Masse. Niemand weiß, ob sie existiert oder erzeugt werden kann. Doch ist eine damit eng verwandte negative Energiedichte keine abenteuerliche Spekulation, sondern kann aufgrund des „Brodelns" des Vakuums schon heute gemessen und in kleinem Maßstab bereitgestellt werden (etwa durch den Casimir-Effekt, siehe Grafik unten). Wenn ein Schwarzes Loch langsam verdampft, muss seine Abgabe von Hawking-Strahlung übrigens auch durch die Aufnahme von negativer Energie kompensiert werden, die durch die extreme Krümmung der Raumzeit am Ereignishorizont entsteht.

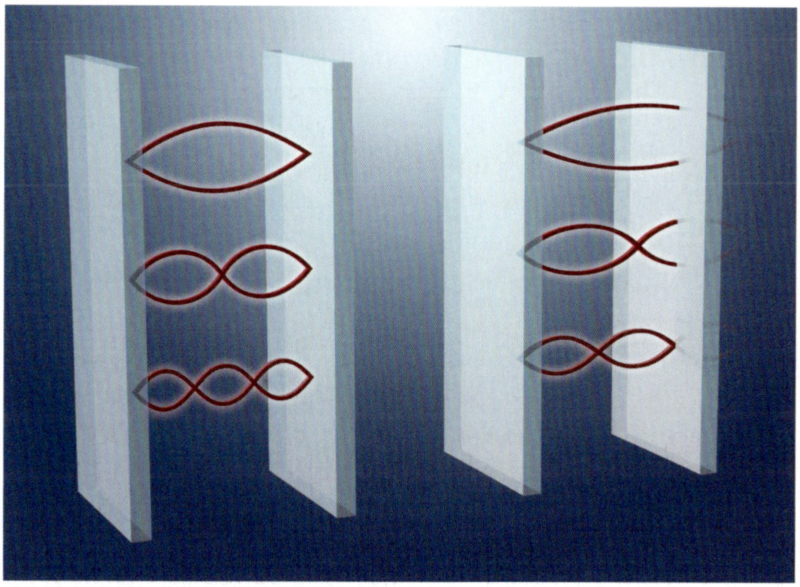

Die Kraft aus dem Vakuum: *Selbst der materie- und strahlungsfreie Raum ist nicht leer, sondern erfüllt von fluktuierenden elektromagnetischen und anderen Quantenfeldern. Das zeigt ein von dem Physik-Nobelpreisträger Hendrik Casimir vorausgesagter messbarer Effekt: Zwei parallele Spiegel, die Bruchteile eines Millimeters nebeneinander hängen, ziehen sich geringfügig an. Denn zwischen sie passen nur Feldquanten mit bestimmten Wellenlängen, während außerhalb solche mit beliebigen Wellenlängen existieren. Dieser „Überschuss" drückt die Platten zusammen.*

Obwohl Quanteneffekte negative Energie hervorbringen und sogar ausleihen können, setzen sie dem doch enge Grenzen: je größer die negative Energiedichte, desto kleiner ihre zeitliche oder räumliche Ausdehnung und umso größer die positive Energie als Gegenstück. Physiker sprechen bei der Rückgabe des Energiedarlehens sogar von Quantenzins (exotische Materie ist möglich, aber sie hat ihren Preis, und das ist eine Herausforderung an die Ingenieure der Zukunft). Aber im Gegensatz zu Bankiers und Bankrotteuren fordert und fördert die Natur keine Betrügereien, sondern nimmt „Schulden" stets zurück und fälscht keine Bilanzen. Dafür kann man auf ihren Gesetzen auch getrost bauen – vielleicht sogar Wurmlöcher als Tunnel durch Raum und Zeit, möglicherweise selbst in Paralleluniversen oder in die Vergangenheit.

Kredite bei der Natur muss man zurückzahlen

› Zeitschleifen und Zeitparadoxien

Stephen Hawking ist kein Freund von Zeitreisen, das heißt von Zeitschleifen in der Natur. Denn sie könnten die Beziehungen von Ursachen und Wirkungen durcheinander bringen – also zu logischen Widersprüchen beziehungsweise Zeitparadoxien führen. Beispielsweise könnte ein Zeitreisender in seinem „Selbsthass" beschließen, sich selbst zu töten, als er ein Baby war; gelingt dies, könnte er die Zeitreise aber gar nicht unternehmen, bliebe dann jedoch am Leben, würde wiederum in die Zeitmaschine steigen und so weiter …

Bereits 1973 haben Hawking und George Ellis eine logische Attacke gegen die Möglichkeit von Zeitreisen so formuliert: (1) Ein Zeitreisender existiert schon, bevor er die Zeitreise unternimmt. (2) Alle physikalischen Objekte haben eine kontinuierliche Existenz. (3) Zeitreisen in die Vergangenheit sind möglich. (4) Ein Zeitreisender, der in die Vergangenheit reist, könnte sich in dieser davon abhalten, die Zeitreise überhaupt zu unternehmen. Um den aus diesen vier Annahmen folgenden Widerspruch – das in (4) formulierte Zeitparadoxon – aufzulösen, kann laut Hawking und Ellis nur (3) falsch sein.

Das ist jedoch nicht zwingend. Denn die Hypothese einer Zeitmaschine könnte Prämisse (2) negieren. Auf deren Wahrheit zu bestehen, hieße dann einfach, das Problem ohne Argument zurückzuweisen. Eine weitere Möglichkeit: Annahme (4) ist nicht notwendig und allgemeingültig wahr beziehungsweise die Bedeutung von „können" ist mehrdeutig (kein normaler Mensch „kann" unter normalen Umständen einen Marathonlauf in zehn Minuten absolvieren, aber viele „können" ihn in zehn Stunden schaffen, doch sie „können" es nicht, wenn sie gefesselt sind oder einen Kilometer vor dem Ziel keine Lust mehr haben).

Ob sich Zeitreisen also rein logisch ausschließen lassen, ist sehr fraglich. Und die Erfahrung hat häufig gezeigt, dass nachweislich vieles möglich ist, was dem Alltagsverstand widerspricht. Aus naturwissenschaftlicher Perspektive ist es daher wichtig, vorurteilsfrei und neugierig Hypothesen zu entwickeln und kritisch zu prüfen – nicht aber, sie von vornherein abzulehnen. Stephen Hawking sieht es ähnlich und hat inzwischen auch von logischen Einwänden gegen Zeitreisen Abstand genommen: „Man sollte den Physikern Gelegenheit geben, diese Frage zu erörtern, ohne sie höhnisch auszulachen. Selbst wenn sich herausstellen sollte, dass Zeitreisen unmöglich sind, wäre es wichtig zu wissen, warum das so ist."

› Vermutung zum Schutz der Zeitordnung

Trotzdem ist Hawking davon überzeugt, dass Zeitreisen in der Natur nicht vorkommen. 1992 formulierte er sogar eine „Vermutung zum Schutz der Zeitordnung" („Chronology Protection Conjecture"). Damit postulierte er die Erhaltung der Zeitrichtung, also die Unmöglichkeit von Zeitmaschinen: „Danach verhindern die Naturgesetze in ihrem Zusammenwirken, dass makroskopische Körper Informationen in die Vergangenheit tragen können."

Hawking möchte keine temporalen Schleifen

Zwar erlaubt die Quantentheorie Zeitreisen für Teilchen auf einer mikroskopischen Skala, wie Hawking meint. Aber die Wahrscheinlichkeit solcher winzigen Zeitschleifen ist außerordentlich gering und hat keine beobachtbaren Konsequenzen für den Alltag. Hawking hätte gerne mit seinem Freund Kip Thorne dazu eine Wette abgeschlossen, doch der Physiker hielt nicht dagegen. Und er zeigte sich beeindruckt von

Aussagen und Argumente	Autoren (Auswahl)
Zeitreisen sind logisch widersprüchlich, also unmöglich	Stephen Hawking, George F. R. Ellis; Richard Swinburne; John J. C. Smart
Zeitreisen sind metaphysisch unmöglich	Max Black; Kristie Miller
Zeitreisen sind physikalisch unmöglich	Paul Birch; Brandon Carter; Stephen Hawking; Matt Visser
Chronologieschutz-Prinzip	Stephen Hawking
Quantenfluktuationen zerstören ein Wurmloch, bevor es zur Zeitmaschine wird.	Stephen Hawking; Matt Visser
... aber: Das ist nicht notwendigerweise der Fall.	Kip Thorne, Sung-Won Kim; Valeri Frolov; Li-Xin Li
Zeitmaschinen können im Rahmen der Allgemeinen Relativitätstheorie nicht gebaut werden, sie könnten höchstens immer schon existiert haben.	Sergei Krasnikov
Elektrisch geladene Schwarze Löcher vom BMPV-Typ in der Stringtheorie können nicht zu Zeitmaschinen werden, weil die Bildung von D-Branen eine hinreichend hohe Rotationsgeschwindigkeit verhindert.	Lisa Dyson
Wo sich eine Zeitschleife bildet, kondensieren sofort leichte Strings und eliminieren sie.	Carlos A. R. Herdeiro
Kausalitätsverletzungen machen Existenz von Menschen unmöglich (Anthropisches Prinzip).	Max Tegmark
... aber: Beobachter könnten durch Rückwärtskausalität lebensfreundliche Naturgesetze überhaupt erst „geschaffen" haben.	Paul Davies
Reisen in die Vergangenheit führen in Paralleluniversen (andere Quantenwelten), so dass es im Ausgangsuniversum zu keinem Paradoxon kommt.	David Deutsch, Michael Lockwood
... aber: Das ist gar keine richtige Zeitreise, eher eine Raumreise.	Frank Arntzenius, Tim Maudlin
... und: Reisen in andere Quantenwelten erfordern eine Modifikation der Quantentheorie und sind makroskopisch vielleicht gar nicht möglich.	Allen Everett
Zeitreisen sind physikalisch möglich, nicht aber Zeitparadoxien	John Wheeler, Richard Feynman; Igor Novikov
Selbstkonsistenz-Prinzip	Igor Novikov
Es kann unendlich viele Zeitschleifen ohne Paradoxien geben (Beispiel: Wurmloch-Billard)	Igor Novikov, Kip Thorne
Destruktive Quanteninterferenz verhindert inkonsistente Bewegungen in die Vergangenheit, konstruktive Interferenz erlaubt konsistente.	Daniel Greenberger, Karl Svozil; David T. Pegg

***Widerspruch gegen Widersprüche:** Um nicht befürchten zu müssen, dass das Durcheinander der Welt noch schlimmer wird, als es sowieso schon ist, versuchen Physiker und Philosophen zu zeigen, dass Zeitparadoxien unmöglich sind – entweder, weil Zeitreisen unvereinbar mit den Naturgesetzen sind, oder weil diese zumindest keine logischen und kausalen Widersprüche zulassen. Allerdings können nicht alle diese Argumente richtig sein, denn manche schließen sich wechselseitig aus. Und die Natur richtet sich sowieso nicht nach den Ängsten und Hoffnungen ihrer Erforscher.*

Hawkings Überschlagsrechnung: „Die Wahrscheinlichkeit, dass Kip in die Vergangenheit reisen und seinen Großvater umbringen könnte, ist 10 hoch minus 10^{60}."

Eine Behörde zum Schutz der Zeitordnung?

Die Welt bliebe für die Historiker somit in Ordnung. „Es scheint, als gäbe es eine Behörde zum Schutz der Zeitordnung, die die Entstehung von geschlossenen zeitartigen Kurven verhindert und damit das Universum vor Historikern sicher macht", hat es Hawking auf seine humorvolle Art zugespitzt. Das entscheidende Wort dabei ist „scheint" – und in der Fachliteratur existieren bereits über 200 Artikel, die sich mit den technischen Feinheiten und der Überzeugungskraft von Hawkings Vermutung auseinander setzen und sie anhand von Fallstudien überprüfen (siehe Exkurs *Bedrohen Wurmlöcher die Zeitordnung?*).

Die Zahl der Forschungsarbeiten über Zeitreisen in der Physik allgemein geht sogar in die Tausende. Es gibt allerdings nur wenige unversöhnliche Grundpositionen (siehe Tabelle *Widerspruch gegen Widersprüche*). Und es ist keineswegs zwingend, dass Zeitreisen auch notwendig Zeitparadoxien mit sich bringen. So könnte es zwar Zeitschleifen geben – aber nur solche, die „selbstkonsistente" Entwicklungen erlauben, das heißt keine Paradoxien (siehe Grafik, Seite 202). Oder die Zeitreisen führen in Wirklichkeit in Parallelwelten. Dies würde auch einen weiteren Einwand Hawkings zurückweisen: „Wo bleiben denn die Touristen aus der Zukunft, wenn Zeitmaschinen möglich sind?", fragte er scherzhaft. „Sie sollten uns doch längst besucht haben, um unser drolliges altmodisches Leben neugierig zu betrachten und unsere Streitigkeiten zu beenden." Die Antwort lautet nicht, dass sie längst da sind, sich aber nicht zu erkennen geben, weil wir ihre unvorsichtigeren Vorgänger in geschlossene psychiatrische Abteilungen sperrten, sondern: Die Zukunftsbewohner haben uns (noch) nicht besucht, aber vielleicht unsere Doppelgänger in einer Parallelwelt oder in einem anderen Strang der Zeit.

Wo sind die Touristen aus der Zukunft?

Das sind interessante Spekulationen. Aber im Augenblick ist die Frage nach der Möglichkeit von Zeitreisen und ihren Bedeutungen unbeantwortet. Wahrscheinlich muss auch hier die Entscheidung auf eine Theorie der Quantengravitation vertagt werden. Da sie aber noch Zukunftsmusik ist, analysieren Physiker auch einfachere, weniger exotische Szenarien. So hat Hawking zusammen mit seinem Studenten Michael

EXKURS

› Bedrohen Wurmlöcher die Zeitordnung?

Die am besten untersuchten Modelle für Zeitmaschinen sind Wurmlöcher. Im Rahmen der Allgemeinen Relativitätstheorie lassen sich mit ihnen eindeutig Zeitschleifen erzeugen, wie seit 1988 vielfach berechnet wurde. Es gibt zahlreiche Varianten. Im Prinzip genügt es bereits, einen Schlund relativ zum anderen rasch zu bewegen oder in die Nähe einer starken Schwerkraftquelle zu bringen, etwa in die Umgebung eines Neutronensterns oder Schwarzen Lochs. Dann kommt es zu einer Zeitdilatation, weil Uhren mit großer Geschwindigkeit und im Gravitationsfeld langsamer gehen. Sie ticken im Wurmloch also anders als außen. Je nachdem, in welche Richtung man nun das Wurmloch durchfliegt, kann man daher in die eigene Vergangenheit oder Zukunft gelangen. (Allerdings ist es unmöglich, in eine Vergangenheit zu reisen, die weiter als der Zeitpunkt zurückliegt, in dem das Wurmloch erstmals als Zeitmaschine eingesetzt wurde.)

Unklar ist gegenwärtig leider noch, ob die Relativitätstheorie bei diesen extremen Situationen ausreicht oder ob Quanteneffekte die Zeitschleifen unpassierbar machen. In „Zeitmaschinen" bildet sich nämlich immer ein sogenannter Chronologie-Horizont aus, der Raumzeit-Regionen mit normalem Kausalverhalten von solchen mit abnormalem trennt. Wenn es einen Zeitschutz der Natur gibt, müsste er hier wirksam werden. Hawking hat diesen Horizont als einen Ort beschrieben, an dem Photonen in der Zeit kreisen können. Dabei, so seine Argumentation, würden sie immer mehr Energie gewinnen – und zwar unendlich viel quasi in Nullzeit. Die Energiequelle müsse letztlich die Raumzeit selbst sein, die den Chronologie-Horizont ausmacht. Doch weil die von ihr gespeisten Photonen und das mit deren Energie verbundene Gravitationsfeld notwendig auf die Raumzeit zurückwirken, wird diese drastisch verändert, so dass sich die Zeitkreise auflösen. Zeitmaschinen müssen sich demzufolge mit ihrer Inbetriebnahme gleichsam selbst zerstören.

Die entscheidende Frage ist, ob dies Quanteneffekte forciert oder aber unterdrückt. Dazu gibt es unterschiedliche Ansichten. Fest steht bislang nur, dass die quantenphysikalische Rückwirkung als universeller Zeitschutz nicht ausreicht und dass ein allgemeiner Schutzmechanismus – wenn überhaupt – in einer künftigen Theorie der Quantengravitation gefunden werden müsste.

Hawking versuchte mit Näherungsrechnungen zu zeigen, dass Quantenfluktuationen gewaltige Energien erzeugen, die beispielsweise Zeitreisende töten würden. Womöglich zerstören sie auch die Wurmlöcher insgesamt. Allerdings ergaben Berechnungen von Kip Thorne und Sung-Won Kim am Caltech und unabhängig davon auch von Valeri Frolov in Moskau, dass diese Energien nicht unendlich groß werden können, weil die Planck-Zeit bei 10^{-43} Sekunden ihrem Wachstum ein Ende bereitet. Eine kürzere Zeitspanne scheint es nicht zu geben; also verstärken sich die Fluktuationen hier nicht mehr weiter exponentiell und ebben ab.

Doch Hawking wandte ein, dass dies nur für einen äußeren Beobachter gilt, im zeitlichen Bezugssystem der Fluktuation der Energieanstieg aber länger dauert. Für den äußeren Beobachter würde die Energieschwelle daher umgerechnet erst 10^{-95} Sekunden vor der Entstehung des Wurmlochs wirksam – zu spät, um die Zeitmaschine zu verschonen.

Hawkings Rechnung erwies sich aber als unzureichend. Und Li-Xin Li, damals noch Student und inzwischen Professor an der Universität Peking, zeigte, dass ein Spiegel das katastrophale Anwachsen der Quantenfluktuationen verhindern und sie ins Weltall ablenken kann. Der Spiegel müsste zwischen die eng benachbarten Wurmlöcher gebracht werden und so groß sein wie deren Schlünde. Ob auf diese Weise jedoch auch Fluktuationen der Gravitationsfelder so weit zu zähmen sind, dass sie für die Zeitmaschine ungefährlich bleiben, ist noch unklar.

Doch es gibt weitere Argumente gegen Zeitmaschinen. Matt Visser von der Victoria University im neuseeländischen Wellington zufolge sollten Quanteneffekte verhindern, dass sich die beiden Wurmlochöffnungen zusammenbringen lassen. Er vermutet, dass die Geometrie des Wurmlochs die Energiedichte des Vakuums so stark erhöht, dass diese größer wird als die negative Energiedichte, die notwendig ist, um das Wurmloch offen zu halten. Es müsste daher kollabieren, bevor die Zeitreise angetreten werden kann.

Und Hawking überlegte: „Wenn die Raumzeit so stark gekrümmt ist, dass Reisen in die Vergangenheit möglich sind, können virtuelle Teilchen, die in geschlossenen Schleifen durch die Raumzeit reisen, zu realen Teilchen werden, die sich mit Lichtgeschwindigkeit oder langsamer vorwärts durch die Zeit bewegen. Da diese Teilchen die Schleife beliebig oft durchlaufen können, passieren sie jeden Punkt auf ihrem Weg sehr häufig. So schlägt ihre Energie wieder und wieder zu Buche, was zu einem entsprechenden Anwachsen der Energiedichte führt. Dadurch könnte die Raumzeit eine positive Krümmung erhalten, die Reisen in die Vergangenheit ausschließen würde. Noch ist nicht klar, ob diese Teilchen eine positive oder negative Krümmung verursachen oder ob die Krümmung, die bestimmte Arten virtueller Teilchen hervorrufen, durch die Krümmung, die auf Einwirkung anderer Arten zurückgeht, aufgehoben wird."

Immerhin zeigen die verwickelten Diskussionen, dass und wie das Thema Zeitreisen nicht länger nur Fiction ist, sondern auch harte Science. Die großartigen Gedankenspiele in Literatur und Film haben in der Physik eine zweite Heimat gefunden.

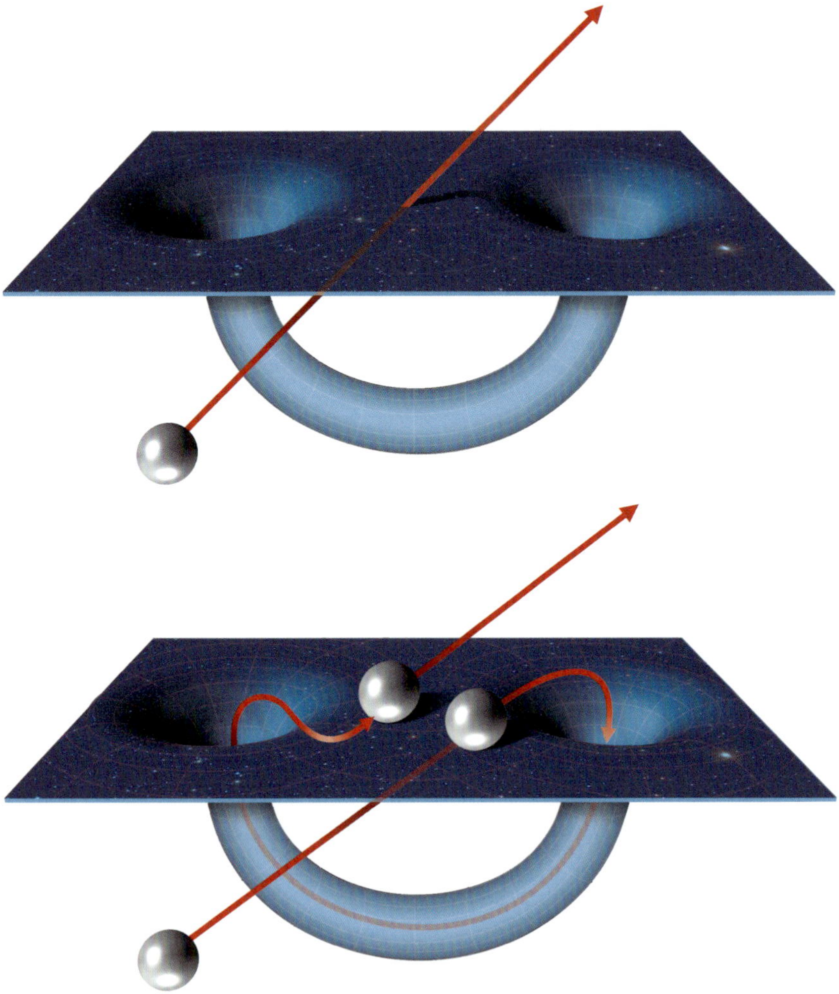

Wurmloch-Billard: *Wenn Zeitreisen möglich sind, folgen daraus noch keineswegs zwingend verheerende Zeitparadoxien. Denn die Natur erlaubt vielleicht nur solche Zeitschleifen, die nicht zu Widersprüchen führen. Physiker haben sogar mathematische Modelle für dieses Selbstkonsistenzprinzip entwickelt. So könnte ein Teilchen oder eine Billardkugel zwischen den beiden Öffnungen eines Wurmlochs hindurch fliegen (oben). Es ist aber auch denkbar, dass es mit sich selbst kollidiert (mit der künftigen Kugel), in eine Öffnung gestoßen wird, aus der anderen Öffnung herauskommt, sich selbst trifft (die vergangene Kugel) und den ursprünglich geraden Weg fortsetzt (unten). Diese Selbstbegegnung geschieht in einer Zeitschleife, die kein Paradoxon erzeugt.*

Cassidy 1998 die Studie *Models for Chronology Selection* zum Zeitschutz in der Quantenphysik veröffentlicht. In einigen Fällen glückte der Nachweis, dass „die kausalitätsverletzenden Feldkonfigurationen aus dem quantenmechanischen Phasenraum herausgelesen werden", sich also gar nicht erst bilden können. „Es scheint daher, dass die Quantenphysik akausales Verhalten natürlicherweise verbietet", es also keine Quantenzustände gibt, die zu Zeitschleifen führen, folgern die Forscher. „Die entscheidende Frage ist somit, ob dieses Ergebnis generell gilt."

Das klingt kompliziert – und so ist es auch. Bisher ist das letzte Wort zu diesem schwierigen Themenkomplex jedenfalls noch nicht gesprochen. Die Näherungsrechnungen sind zu grob, und genauere Theorien existieren noch nicht. Die Vermutung zum Schutz der Zeitordnung ist nicht vollständig (es gibt beispielsweise Schwierigkeiten im Umgang mit Singularitäten), und Hawking musste Details revidieren. „So bleibt die Frage von Zeitreisen offen", räumt Hawking ein. „Ich werde darauf jedoch keine Wette abschließen. Der andere könnte ja den unfairen Vorteil haben, die Zukunft zu kennen." Hawking lässt sich seine Zuversicht trotzdem nicht nehmen: „Es gibt immerhin ein starkes empirisches Indiz für die Richtigkeit der Zeitschutz-Vermutung – wir erleben keine Invasion von Touristen-Horden aus der Zukunft."

Über Zeitreisen geht Hawking keine Wette ein

IM KONTEXT

- Das Vakuum und die Raumzeit auf kleinsten Skalen sind nicht glatt und statisch, sondern wabernd, körnig – und von winzigen Wurmlöchern durchsetzt, wie Hawking mutmaßt.
- Im Rahmen der Allgemeinen Relativitätstheorie könnte es auch große Wurmlöcher geben, die als kosmische Abkürzungen effektiv überlichtschnelle Flüge erlauben würden – und möglicherweise sogar Reisen in die Vergangenheit.
- Diese Wurmlöcher würden die Raumzeit selbst modifizieren und so die Barriere der Lichtgeschwindigkeit austricksen. Dafür wäre allerdings eine negative Energiedichte nötig. Vielleicht lässt sie sich aus dem Quantenschaum des Vakuums „ausleihen".
- Hawkings Vermutung zum Schutz der Zeitordnung verbietet Zeitreisen. Sie hat sich in einigen Beispielrechnungen bewährt, doch es ist unklar, ob sie ausnahmslos gilt. Falls nicht, sind Zeitparadoxien trotzdem keineswegs zwingend.

Hawking, Gott und die Welt

Die Annahme eines Schöpfers, der den Urknall gezündet und die Welt eingerichtet hat, ist in der modernen Kosmologie überflüssig. Doch wie weit reichen naturwissenschaftliche Erklärungen überhaupt? Und ist, wie Hawking es provokant formuliert hat, auch die Philosophie am Ende?

› Kein Raum für einen Schöpfer?

Es geschieht nicht oft, dass in den Schlagzeilen der Medien die moderne Kosmologie mit alten religiösen Schöpfungskonzeptionen in Konflikt gerät. Doch im Presserummel, den das Erscheinen des Buchs *Der Große Entwurf* von Stephen Hawking und Leonard Mlodinow im September 2010 begleitete, dominierte die Meldung, Hawking halte Gott für überflüssig, um die Entstehung und Entwicklung des Universums zu erklären.

Gott ist nicht nötig als Zünder des Urknalls

„Es ist nicht nötig, Gott als den ersten Beweger zu bemühen, der das Licht entzündet und das Universum in Gang gesetzt hat", schlossen Hawking und Mlodinow aus den quantenkosmologischen Hypothesen zum Verständnis des Urknalls. Mit anderen Worten: Der schon von Aristoteles behauptete Erste Beweger als göttliche Ursache von allem, zugleich Ziel des späteren sogenannten kosmologischen Gottesbeweises, ist Hawking zufolge eine unnötige und sogar unhaltbare Annahme.

Weil Hawking der berühmteste Kosmologe der Gegenwart ist, sorgte sein jüngstes Buch wie die früheren für große mediale Aufmerksamkeit – obwohl es nicht viel Neues enthält. Das betrifft auch theologische Fragen. Denn schon zuvor hatte Hawking mehrmals deutlich gemacht, dass er keine Gründe sieht, an die Existenz eines Schöpfers zu glauben. Die von manchen Journalisten konstruierte Wendung Hawkings in *Der Große Entwurf* zum Atheisten ist daher keine. Hawking hatte nie einen Theismus propagiert, also einen Glauben an einen persönlichen Schöpfergott.

Bereits in *Eine kurze Geschichte der Zeit* von 1988 fragte er rhetorisch, wo denn „noch Raum für einen Schöpfer" der Welt wäre, wenn diese physikalisch weitgehend verstanden sei. Zwar endete das Buch beinahe mystifizierend, aber auch publikumswirksam, dass eine vollständige Erklärung des Universums, „der endgültige Triumph der menschlichen Vernunft" wäre, „denn dann würden wir Gottes Plan kennen" – eine Bemerkung, die Hawking beinahe gestrichen hätte („dann wären vielleicht nur halb so viele Exemplare verkauft worden"). Aber „Plan" war irreführend übersetzt, im Original stand „mind" („Geist"). Gäbe es einen „Plan", würde das bedeuten, dass eine Absicht dahinter steckt und somit jemand,

Ein anderer Blick auf die Welt: *Aus einem Kugelaquarium haben Goldfische ein verzerrtes Bild der Wirklichkeit – doch es ist nicht weniger richtig oder falsch als das von uns Menschen außerhalb. Mit diesem Beispiel illustriert Hawking seine Physik-Philosophie des modellabhängigen Realismus.*

der diese hat. „Geist" ist dagegen ein dehnbarer Begriff und kann ganz abstrakt eine rationale – oder rational beschreibbare – Struktur meinen, was auch für die Naturgesetze gelten mag. Tatsächlich hatte Hawking immer wieder deutlich gemacht, dass er unter „Gott" nur die unpersönlichen Naturgesetze verstanden hat – wie schon Albert Einstein in mehreren, oft falsch interpretierten Aussagen. So sagte Hawking 2001 auf einer Pressekonferenz in München: „Den Geist Gottes zu kennen heißt also, die Naturgesetze zu kennen."

› Ein Märchen und die Handschrift Gottes

Die scheinbare Ordnung der Welt gilt vielen Gläubigen als Hinweis auf einen universalen Gesetzgeber. Aber die Regelmäßigkeiten der Natur können auch ganz anders erklärt werden. Warum es sie überhaupt gibt und weshalb sie so sind, wie sie sind, bleibt aber offen. Wenn sie mit dem Urknall entstanden sind, so verschiebt sich die Frage nur: Wie kam es zum Urknall, und warum brachte er das Universum hervor, das wir beobachten?

„Die meisten Menschen sind zu der Überzeugung gelangt, Gott habe dem Universum gestattet, sich nach einer Reihe von Gesetzen zu entwickeln, und er enthalte sich jedes Eingriffs, um diese Gesetze nicht außer Kraft zu setzen. Gott sei aber immer noch nötig gewesen, um das Uhrwerk aufzuziehen und über den Anfang zu entscheiden. Solange das Universum einen Anfang hat, können wir annehmen, dass es auch einen Schöpfer gibt", schrieb Hawking bereits in seiner *Kurzen Geschichte der Zeit*. „Doch wenn das Universum wirklich völlig in sich selbst abgeschlossen ist, wenn es wirklich keine Grenze und keinen Rand hat, dann hätte es auch weder einen Anfang noch ein Ende: Es würde einfach sein. Wo wäre dann noch Raum für einen Schöpfer?"

Kein Platz für Gott in der Welt!?

Diese Frage sorgte für viele Diskussionen. Gott ist im Verständnis der meisten Gläubigen freilich nicht auf einen „Designer" reduzierbar, der die Naturgesetze erlässt, die physikalischen Konstanten einstellt oder den Urknall zündet. Auch Theologen weigern sich, Gott auf die Rolle eines „Ersten Bewegers" zu reduzieren, mithin bloß als physikalische Anfangsbedingung zu interpretieren. Gott gilt den Gläubigen nicht nur als Erschaffer der Welt, sondern er erhält sie auch und vernichtet sie wieder, diktiert Wertordnungen, erhört Gebete und greift in den Weltlauf ein. Wie das physikalisch vonstatten gehen soll, bleibt allerdings ein Rätsel (oder Wunder). Aber mit diversen metaphysischen Annahmen oder Behauptungen lässt sich so etwas immer irgendwie begründen oder auf die unergründlichen Ratschlüsse Gottes abwälzen. Insofern kann die Physik Gott sicherlich nicht aus dem Universum vertreiben. Auch nicht mit Hawkings Modell.

„Die Frage, ob Gott das Universum erschaffen hat, steht in keiner direkten Beziehung zu der Frage, ob das Universum einen Rand hat, auch wenn das viele Menschen glauben. In Wirklichkeit hat das eine wenig mit dem anderen zu tun", widerspricht beispielsweise Hawkings früherer Mitarbeiter Don Page, ein gläubiger Christ, seinem ehemaligen Dissertationsgutachter. Auch George Ellis, Co-Autor von Hawkings erstem Buch, ist religiös, ein Quäker, aber er hält sich mit kosmisch-theologischen Spekulationen zurück. Und wie Page betrachten viele Theologen Gott sowieso nicht bloß als Schöpfer, sondern auch als Erhalter der Welt. In diesem Sinn hätte er nicht nur den Urknall gezündet oder aus dem Nichts geschaffen („creatio ex nihilo") oder aus dem Quantenvakuum, sondern er würde gleichsam die Welt ständig neu schaffen („creatio continua") beziehungsweise in ihrer Existenz bewahren. Etwa so, als hielte er sie in einer imaginären Hand, weil sie sonst ins Nichts fiele. Dieser Welterhalt könnte zum Beispiel dadurch erfolgen, dass Gott für die Gültigkeit der Naturgesetze sorgt oder dass die materielle Realität in Wirklichkeit nur sein Gedanke (oder Traum?) ist.

Ein Schöpfer als Garant für die Naturgesetze?

Ein solcher Glaube – oder frommer Wunsch – kann physikalisch nicht widerlegt, aber sehr wohl philosophisch kritisiert werden. Und eigentlich tut Hawking genau das, indem er argumentiert, dass Gott in der modernen Kosmologie nicht mehr denknotwendig ist.

Das sahen viele Physiker, darunter Isaac Newton, früher durchaus anders. Und noch immer interpretieren manche Kosmologen und theologisch orientierte Philosophen die Urknall-Singularität als eine Erklärungslücke, die gleichsam durch Gott gestopft werden muss. Ein solcher „Lückenbüßer-Gott" hat zwar selbst bei den meisten Theologen längst

Gott als Lückenbüßer

abgedankt. Aber wer ihn als Schöpfer und Erhalter der Welt begreift, kann diese letztlich nicht radikal autonom denken. Und so predigte beispielsweise Josef Ratzinger alias Papst Benedikt XVI. Anfang 2011 im Petersdom: „Das Universum ist kein Ergebnis eines Zufalls", auch hinter den wissenschaftlichen Theorien über den Urknall stecke der Plan Gottes; das Universum trage „die Handschrift Gottes", die der Mensch dechiffrieren könne. Demzufolge wäre das Universum letztlich nur im Hinblick auf die Existenz einer transzendenten Wesenheit zu verstehen.

Schmuggelei im Rollstuhl

Doch dagegen wendet sich Hawking. Das heißt nicht, dass er religionsfeindlich ist, auch wenn sein Atheismus mit ein Grund gewesen sein mag, dass seine Ehe mit der gläubigen Jane Hawking zerbrach. Im Gegenteil, Hawking hatte im Kalten Krieg in seinem Rollstuhl angeblich Bibeln nach Russland geschmuggelt, um dort Baptisten zu unterstützen. Und er half der jüdisch-orthodoxen L'Chaim-Gesellschaft, sich in Cambridge zu etablieren, auch wenn er den religiösen Lehren sehr reserviert gegenübersteht. „Es ist gut möglich, dass Gott auf eine Weise handelt, die nicht mit wissenschaftlichen Gesetzen beschrieben werden kann", räumt er ein. „Aber in diesem Fall bleibt nur persönlicher Glauben übrig."

In einem kurzen Interview in der britischen Zeitung *The Guardian* wurde Hawking im Mai 2011 noch deutlicher. Hier wurde er wiederum nach religiösen Sinngebungen befragt, auch angesichts der Sterblichkeit: „Ich habe die letzten 49 Jahre mit der Erwartung eines baldigen Todes gelebt. Ich habe keine Angst vor dem Tod, aber ich habe es nicht eilig zu sterben. Ich möchte noch so vieles vorher tun. Ich halte das Gehirn für eine Art Computer, der aufhört zu arbeiten, wenn seine Bestandteile versagen. Es gibt keinen Himmel oder ein Leben nach dem Tod für defekte Computer; das ist ein Märchen für Leute, die Angst vor dem Dunkeln haben."

Unbedeutende Randexistenz

Ebenso wenig sieht Hawking einen Grund für die Annahme eines fürsorglichen Schöpfers: „Wir sind so unbedeutende Kreaturen auf einem kleinen Planeten eines sehr durchschnittlichen Sterns in den Außenbezirken von einer Galaxie unter 100 Milliarden anderen im beobachtbaren All. Daher ist es schwer, an einen Gott zu glauben, der sich um uns kümmert oder auch nur unsere Existenz bemerkt."

› Gottes Unfreiheit

Weil die leidige Urknall-Singularität mit dem Keine-Grenzen-Vorschlag von Hawking – und ebenso mit konkurrierenden Erklärungsversuchen – vermieden wird, ist die Frage, wie es zum Urknall kam, zu einem Gegenstand der physikalischen Kosmologie geworden. „Das Universum gibt es, weil die Allgemeine Relativitätstheorie und die Quantentheorie seine Existenz ermöglichen und erfordern", spitzt es Hawking zu. „Wenn ich Recht habe, ist das Universum in sich selbst gegründet und wird von den Naturgesetzen allein regiert."

Das Universum ist in sich selbst gegründet

Wenn die physikalische Beschreibung des Universums an einer Singularität enden würde, „könnte die Wissenschaft die Aussage machen, dass das Universum einen Anfang gehabt haben muss, sie könnte aber nicht vorhersagen, wie dieser Anfang ausgesehen hätte. Dazu müsste man den lieben Gott herbeibemühen", schreibt er. Inzwischen zeigen kosmologische Modelle allerdings, auch Hawkings eigenes, dass man durchaus physikalische Erklärungen finden kann. „In imaginärer Zeit gäbe es keine Singularität, an der die wissenschaftlichen Gesetze ihre Gültigkeit verlören, das Universum hätte keinen Rand, an dem man sich auf Gott berufen müsste. Das Universum würde weder erschaffen noch zerstört. Es wäre einfach da."

Die Frage nach dem Ursprung des Universums – oder Multiversums – will Hawking also nicht länger dem Alleinerklärungsanspruch der Religionen überlassen. Ein Rückgriff auf einen Schöpfer verschiebt zudem die Probleme nur. Doch es ist möglich, „diese Fragen ausschließlich in den Grenzen der Naturwissenschaft und ohne Rekurs auf göttliche Wesen zu beantworten". Hawkings eigenes quantenkosmologisches Modell ist ein Beispiel dafür. Es eliminiert die Erklärungslücke der Urknall-Singularität, die die Relativitätstheorie nicht zu schließen vermag, und die manche Theologen mit Gott als eine Art Lückenbüßer zu füllen versuchten – Papst Pius XII. hatte dabei 1951 sogar einen neuen Gottesbeweis erwogen.

Probleme sollten nicht verschoben, sondern gelöst werden

„Die Erkenntnis, dass die Zeit sich wie Raum verhält, liefert eine neue Alternative", betont Hawking. „Sie entkräftet den uralten Einwand gegen die Auffassung, das Universum habe einen Anfang, bedeutet aber auch, dass der Anfang des Universums von den Gesetzen der Wissenschaft bestimmt wurde und nicht von irgendeinem Gott angestoßen werden musste." Ein Erster Beweger ist Hawking zufolge also eine überflüssige und sogar unhaltbare Annahme. „Spontane Erzeugung ist der Grund, warum etwas ist und nicht einfach nichts, warum es das Universum gibt, warum es uns gibt."

Ein Multiversum der Möglichkeiten aus dem Nichts

Und das gilt auch für das Multiversum – für die Vielzahl der Universen, die gleichsam aus dem Nichts entsprangen. „Ihre Schöpfung ist nicht auf die Intervention eines übernatürlichen Wesens oder Gottes angewiesen. Vielmehr ist diese Vielfalt von Universen eine natürliche Folge der physikalischen Gesetze", schreiben Hawking und Mlodinow in *Der Große Entwurf*. Das behaupten sie jedoch nicht einfach, sondern verstehen es kühn als „eine naturwissenschaftliche Vorhersage".

In einem Interview im israelischen Fernsehen hatte Hawking diese These bereits 2007 bekräftigt: „Ich denke, dass das Universum spontan aus dem Nichts entstand gemäß den Gesetzen der Physik." In gewisser Weise habe es weder Anfang noch Ende. „Die Grundannahme der Wissenschaft ist der wissenschaftliche Determinismus: Die Naturgesetze bestimmen die Entwicklung des Universums, wenn sein Zustand zu einem bestimmten Zeitpunkt gegeben ist. Diese Gesetze können von Gott erlassen worden sein oder nicht, aber er kann nicht eingreifen und die Gesetze brechen, sonst wären es keine Gesetze. Gott bliebe allenfalls die Freiheit, den Anfangszustand des Universums auszuwählen. Aber selbst hier könnten Gesetze herrschen. Dann hätte Gott überhaupt keine Freiheit."

Dies sind freilich etwas missverständliche metaphorische Formulierungen, denn die Naturgesetze und Theorien existieren nicht an und für sich und „bewirken" nichts – doch das meint Hawking auch nicht (im Gegensatz zu manchen Philosophen). Vielmehr sind die Naturgesetze wissenschaftliche Beschreibungen und Modelle von gemessenen Regelmäßigkeiten der Natur.

Doch die Fragen hören damit nicht auf. Denn das „Nichts", von dem Hawking spricht, ist nicht das radikale Nichts der Metaphysiker und Theologen (und selbst letztere nehmen doch „etwas" an: Gott), sondern das Quantenvakuum, dessen Existenz und „Schaffenskraft" nicht selbstverständlich ist. Und woher kommen die Naturgesetze? Selbst eine umfassende Weltformel, falls sie einmal gefunden würde, könnte keine letztgültige, unhinterfragbare Antwort liefern.

Hawking kehrt diese Schwierigkeit nicht unter den Teppich seiner wissenschaftlichen Zuversicht, sondern hat sie in *Eine kurze Geschichte der Zeit* selbst betont: „Auch wenn nur eine einheitliche Theorie möglich ist, so wäre sie doch nur ein System von Regeln und Gleichungen. Wer bläst den Gleichungen den Odem ein und erschafft ihnen ein Universum, das sie beschreiben können? Die übliche Methode, nach der die Wissenschaft sich ein mathematisches Modell konstruiert, kann die Fragen, warum es ein Universum geben muss, welches das Modell beschreibt, nicht beantworten. Warum muss sich das Universum all dem Ungemach der Existenz unterziehen?“

› Der Tod der Philosophie

„Die Hauptbotschaft des Buchs ist, dass die Wissenschaft sowohl den Ursprung des Universums erklären kann als auch, warum seine Naturgesetze so sind, wie sie sind“, erläutert Leonard Mlodinow das Ziel von *Der Große Entwurf.* Das klingt nicht gerade bescheiden – und es greift in das Refugium ein, das manche Theologen und Philosophen als ihr ureigenes betrachten. Entsprechend säuerlich reagieren diese, wenn sie lesen, was Hawking und Mlodinow gleich auf der ersten Seite ihres Buchs schreiben: „… die Philosophie ist tot. Sie hat mit den neueren Entwicklungen in der Naturwissenschaft, vor allem in der Physik nicht Schritt gehalten.”

Provokativ: Hawkings Retourkutsche

Das ist keine Feststellung, sondern eine Provokation. Zwar verstehen viele Philosophen tatsächlich wenig von moderner Physik, doch manche haben sehr wohl mit den Wissenschaften Schritt gehalten und sie scharfsinnig reflektiert. Dabei wurden Hawkings Aussagen zuweilen kritisiert, was ihn ärgerte. Teilweise war das unfair, denn populärwissenschaftliche Darstellungen sind nun mal keine subtilen fachphilosophischen Abhandlungen, in denen jedes Wort auf die Goldwaage gelegt werden kann und jede Formulierung in viele Richtungen hin abgesichert werden muss.

Hinzu kommt, dass die Philosophie viel mehr Themen hat als nur die Diskussion naturwissenschaftlicher Probleme und Erkenntnisse sowie deren Voraussetzungen und Konsequenzen. Daher ist Philosophie unsterblich, so lange es Wesen gibt, die über sich selbst und die Welt nachdenken.

Totgesagte leben bekanntlich länger, und so kommt auch Hawkings Nachruf auf die Philosophie viel zu früh. Mehr noch: Er wirkt sogar

EXKURS

› Wie wird man Hawkings Co-Autor?

***Leonard Mlodinow:** Er schrieb mit Stephen Hawking zwei Bestseller.*

Seine letzten allgemeinverständlichen Werke hat Stephen Hawking nicht allein verfasst. Drei Kinderbücher – *Der geheime Schlüssel zum Universum* (2007), *Die unglaubliche Reise ins Universum* (2009) und *Zurück zum Urknall* (2011) – schrieb er zusammen mit seiner Tochter Lucy, die sich zuvor schon als Journalistin und Romanautorin einen Namen gemacht hatte. Und die jüngsten beiden populärwissenschaftlichen Sachbücher, *Die kürzeste Geschichte der Zeit* (2005) und *Der Große Entwurf* (2010), veröffentlichte Hawking zusammen mit dem Physiker Leonard Mlodinow.

Mlodinow wurde 1954 in Chicago geboren. Seine Eltern sind polnische Holocaust-Überlebende. Sie hatten sich nach der Befreiung aus Konzentrations- und Arbeitslagern 1948 in Brooklyn kennengelernt. Mlodinow hat nach der Schule in einem israelischen Kibbutz gearbeitet, an der Brandeis University in Waltham, Massachusetts studiert, 1981 an der University of California in Berkeley über ein Thema der Quantenphysik promoviert und später am Max-Planck-Institut für Astrophysik in Garching geforscht. 2001 entkam er knapp den Terror-Anschlägen auf das World Trade Center, als er beim südlichen Tower auf der Straße stand.

Ab 1985 hat Mlodinow Drehbücher für TV-Serien wie *MacGyver*, *Hunter* und *Star Trek* sowie Comedy-Skripts geschrieben – bevor sein erstes Drehbuch angenommen wurde, hatte er nur noch 110 Dollar auf der Bank. Später arbeitete er einige Jahre als Erfinder und Produzent von Computerspielen sowie als Vizepräsident einer Software-Entwickwiederbelebend. Denn in seinem jüngsten Buch liefert Hawking, obwohl er die Philosophie als antiquiertes Unterfangen abzuschmettern scheint, einen eigenen erkenntnis- und wissenschaftstheoretischen Beitrag. Dies ist eigentlich der originellste Teil von *Der Große Entwurf* – und fast das

lungsfirma. Heute lehrt er Wahrscheinlichkeitsrechnung und Statistik am California Institute of Technology in Pasadena und arbeitet als Autor. Neben zwei Kinderbüchern verfasste er mehrere populärwissenschaftliche Sachbücher. Sein nächstes wird von Hirnforschung und Sozialverhalten handeln.

Doch wie wird man Hawkings Co-Autor? Mlodinow erinnert sich: „Eines Tages rief mich mein Agent an und fragte, ob ich mit Stephen Hawking zusammenarbeiten wollte. Ich sagte zu! Später erfuhr ich, dass er mein erstes Buch *Euclid's Window* gelesen hatte und es mochte." Das 2001 veröffentlichte Buch erschien auch in deutscher Übersetzung: *Das Fenster zum Universum*. Darin hatte Mlodinow die Geschichte der Geometrie von den Parallelen bis zum Hyperraum geschildert. „Als dann die Idee aufkam, eine einfachere Version von ‚Eine kurze Geschichte der Zeit' herauszubringen, meinte Stephen, er würde dies nur machen, wenn er es mit mir schreiben könnte, denn ich war der Einzige, dessen Stil ihm gefiel und der auch die Physik versteht. Nachdem wir dieses Buch zusammen geschrieben hatten, kam mir die Idee für das neue. Als ich in sein Büro trat und fragte, ob er es mit mir machen wolle, sagte er: ‚Sicher!'" Mlodinow war Hawking eine große Hilfe, denn für diesen sind aufgrund der schweren Behinderung schon wenige Seiten eine enorme Herausforderung: Mit seinem Computer braucht er für jeden längeren Satz mehrere Minuten. Trotzdem war Mlodinow nicht einfach bloß Ghostwriter. „Dass ich die meiste Arbeit hatte, würde ich nicht sagen – oder überhaupt zu quantifizieren versuchen, wie viel jeder leistete", meint er. „Es ging hin und her, jeder schrieb und änderte den Text des anderen. Es ist nicht möglich zu sagen, von wem welche Teile stammen." Ein echtes Gemeinschaftswerk also, auch wenn sich bestimmte physikalische und philosophische Interpretationen klar Hawking zuordnen lassen.

„Der gesamte Prozess dauerte vier Jahre", resümiert Mlodinow. „Wir kommunizierten sowohl per E-Mail als auch persönlich. Stephen besucht das Caltech jedes Jahr für vier bis sechs Wochen, und wir arbeiteten einen guten Teil dieser Zeit zusammen. Ich war auch mehrfach im Jahr länger in Cambridge." Dass Hawkings Name verkaufsträchtig auf dem Cover prangt, akzeptiert Mlodinow neidlos. „Damit kann ich gut leben – mein Name ist so groß geschrieben wie auf meinen anderen Büchern, und so ist es auch bei seinem."

einzige darin, das man bei Hawking oder anderen Autoren nicht schon früher gelesen hat.

› Keine Wirklichkeit, sondern Modelle

Das Problem der Wahrheit wissenschaftlicher Aussagen und die Bedeutung der Naturgesetze gehören zu den Grundfragen der modernen Naturphilosophie und Wissenschaftstheorie. Schon 2001 antwortete Hawking auf meine (R.V.) Frage, ob eine Weltformel und die daraus ableitbaren Naturgesetze lediglich menschliche Schöpfungen seien oder wie die von Platon postulierte Ideenwelt unabhängig von uns existieren: „Ich bin Anhänger einer positivistischen Philosophie: Physikalische Theorien sind nur mathematische Modelle, die wir konstruieren. Wir können nicht fragen, was die Wirklichkeit ist, denn wir haben keine modellunabhängigen Überprüfungen von dem, was real ist. Ich stimme nicht mit Platon überein."

Hawking stimmt nicht mit Platon überein

Inzwischen hat Hawking diesen Gedanken weiter entwickelt und seine erkenntnistheoretische Position präzisiert. Er nennt sie „modellabhängiger Realismus" und definiert diesen als „die Vorstellung, dass eine physikalische Theorie oder ein Weltbild ein (meist mathematisches) Modell ist und einen Satz Regeln besitzt, die die Elemente des Modells mit den Beobachtungen verbinden. Das liefert uns ein Gerüst zur Interpretation der modernen Wissenschaft."

Modellabhängiger Realismus für die Wissenschaft

Modelle sind nicht auf die Physik beschränkt. „Modellabhängiger Realismus gilt nicht nur für wissenschaftliche Modelle, sondern auch für die bewussten und unbewussten mentalen Modelle, die wir alle schaffen, um unsere alltägliche Welt zu deuten und zu verstehen", schreiben Hawking und Mlodinow. „Unsere Wahrnehmung – und damit die Beobachtungen, auf die sich unsere Theorien stützen – ist nicht unmittelbar, sondern wird durch eine Art Linse geprägt, die Deutungsstrukturen unseres Gehirns." Wir interpretieren also Sinnesreize und fertigen Modelle der Welt an, mit denen sich Ereignisse erklären und voraussagen lassen. Allerdings kann man eine Situation sehr verschieden modellieren. Das hängt auch von den Annahmen und der jeweiligen Perspektive ab.

Hawking und Mlodinow verdeutlichen dies am Beispiel von Kugelaquarien. Die Fische darin haben ein verzerrtes Bild ihrer Umgebung (was kurioserweise ein Grund war, warum der Stadtrat von Monza im Norden Italiens eine solche Tierhaltung verboten hatte). „Doch woher wissen wir, dass wir das wahre, unverzerrte Bild der Wirklichkeit sehen?“, fragen Hawking und Mlodinow rhetorisch. Tatsächlich ist die Perspektive der Goldfische ja nicht weniger real. Und aus ihr könnten sich ebenfalls Naturgesetze formulieren lassen, die beschreiben, wie sich Objekte außerhalb ihres Aquariums verhalten. Sogar Voraussagen über deren Bewegung auf gekrümmten Bahnen wären möglich. „Ihre Gesetze wären komplizierter als die Gesetze in unserem Bezugssystem, aber Einfachheit ist eine Frage des Geschmacks. Würden die Goldfische eine solche Theorie formulieren, so müssten wir ihre Auffassung als ebenso gültiges Bild der Wirklichkeit anerkennen.“

Konflikte prägen die Forschung

Die Wissenschaftsgeschichte ist reich an Konflikten zwischen sich gegenseitig ausschließenden Modellen. Ptolemäus zum Beispiel beschrieb das Sonnensystem mit der Erde im Zentrum, Nikolaus Kopernikus verstand dagegen alle Planetenbahnen als Kreise um die Sonne, Johannes Kepler ersetzte die Kreise durch Ellipsen, und Isaac Newton machte die Schwerkraft dafür verantwortlich, die Albert Einstein dann nicht als Kraft, sondern als Krümmung der Raumzeit auffasste.

Man kann sich aber auch ganz andere Szenarien vorstellen ...

› Ist alles nur eine Illusion?

Vielleicht ist das ganze Universum nur eine Art von Computersimulation, in der wir leben, wie es der Film *Matrix* suggerierte, der 1999 für Furore sorgte und skeptische Szenarien vieler Philosophen aufgriff. Hawkings – durchaus strittiger – Punkt dabei: Modelle sind mehr oder weniger praktikabel, nicht aber realer als andere. Mehr noch: „Es gibt keinen abbild- oder theorieunabhängigen Realitätsbegriff.“ Das erinnert an eine Aussage von Albert Einstein zu Werner Heisenberg: „Erst die Theorie entscheidet darüber, was man beobachten kann.“ Allerdings verstand sich Einstein als harter Realist.

Theorien – nicht wahr, nur nützlich?

Dagegen meint Hawking: „Strenge Realisten vertreten häufig die Auffassung, der Beweis dafür, dass wissenschaftliche Theorien die Wirklichkeit darstellten, liege in ihrem Erfolg. Doch verschiedene Theorien können dasselbe Phänomen mittels grundverschiedener begrifflicher Bezugssysteme beschreiben. Tatsächlich wurden viele wissenschaftliche Theorien, die sich als erfolgreich erwiesen hatten, später durch ebenso erfolgreiche, auf ganz anderen Konzepten und Grundbegriffen beruhende Theorien ersetzt." Theorien stellen also lediglich nützliche Instrumente dar, die „nicht Ausdruck tieferer, den beobachteten Phänomenen zugrundeliegender Wahrheiten sind". Allerdings schlägt sich Hawking auch nicht auf die Seite der Antirealisten, die allenfalls das Bewusstsein für wirklich halten oder – wie einst der Physiker Ernst Mach – Atome als Fiktionen ansehen, genau wie deren Bausteine, die Quarks.

17-armige Aliens mit Schlagsahne in den Ohren

„Modellabhängiger Realismus umgeht all diese Streitereien und Diskussionen zwischen der realistischen und der antirealistischen Schule. Laut modellabhängigem Realismus ist die Frage sinnlos, ob ein Modell real ist – entscheidend ist nur, ob es mit der Beobachtung übereinstimmt", betonen Hawking und Mlodinow. „Es ist sicherlich möglich, dass irgendwelche Außerirdische mit siebzehn Armen, Infrarotaugen und der Angewohnheit, Schlagsahne aus den Ohren zu blasen, die gleichen experimentellen Beobachtungen wie wir machen, sie aber ohne Quarks beschreiben. Wie dem auch sei, gemäß dem modellabhängigen Realismus existieren Quarks in einem Modell, das mit unseren Beobachtungen über das Verhalten subnuklearer Teilchen übereinstimmt." Diese erkenntnistheoretische Bescheidenheit teilen viele Physiker und Philosophen. Andere verstehen darunter eher eine Kapitulation oder ein Ausweichmanöver. Fest steht: Die Philosophie ist also noch ganz munter und auch weiterhin wichtig.

› Qualitätskriterien für Modelle

„Der modellabhängige Realismus löst – oder vermeidet zumindest – auch die schwierige Frage, was Existenz bedeutet", fassen Hawking und Mlodinow zusammen. Das bedeutet einen gewissen Pluralismus oder Relativismus, denn es legitimiert viele verschiedene, auch sich gegenseitig ausschließende Auffassungen. Daraus folgt aber noch lange keine bloße Beliebigkeit nach dem Motto „anything goes" (ein Slogan des Philosophen Paul Feyerabend). Denn verschiedene Modelle sind keineswegs gleich gut, effektiv und brauchbar. Die Geschichte der Wissenschaft steckt voller Beispiele dafür – etwa die Konkurrenz der Weltbilder von Ptolemäus bis Einstein.

Hawking nennt vier Qualitätskriterien für Modelle:

- **Eleganz:** Ein Modell sollte so einfach wie möglich sein, aber nicht einfacher.
- **Sparsamkeit:** Ein Modell sollte nur wenige willkürliche Elemente enthalten, die sich gezielt an die Beobachtungen anpassen lassen.
- **Erklärungskraft:** Ein Modell sollte mit den Daten und Beobachtungen übereinstimmen und sie verständlich machen.
- **Vorhersagefähigkeit:** Ein Modell sollte künftige Beobachtungen detailliert voraussagen können.

Diese vier Kriterien sind nicht unabhängig voneinander. Beispielsweise erlauben besonders elegante und sparsame Modelle oft auch die eindeutigsten – und am leichtesten überprüfbaren – Vorhersagen. Und nur so kann ein Modell getestet und widerlegt werden.

Das ist übrigens auch ein Grund, warum Gott aus der Kosmologie verbannt wurde. Subtile theologische Behauptungen können prinzipiell nicht überprüft werden – und viele Schöpfungsmythen gelten entweder längst als widerlegt oder gar nicht als Erklärungsmodelle (sondern als Dichtung und Lobpreis).

› Der große Gegenentwurf

Dass Hawking auch im Buch *Der Große Entwurf* die Frage nach Gott wieder kurz gestreift hat, überrascht nicht. Ein Entwurf setzt streng begrifflich ja einen Entwerfer oder Designer voraus. Ist das Universum also nach einem wahrhaft kosmischen Plan entstanden? Trägt es Merkmale eines Designs in sich? Und erlaubt es womöglich Rückschlüsse auf einen Schöpfer?

Gibt es einen großen Plan hinter der Welt?

Die Suche nach Antworten auf diese Fragen ist uralt. Sie gipfelte in den – allesamt gescheiterten – Versuchen eines teleologischen Gottesbeweises (von griechisch „telos" für Ziel). Ihm zufolge sei die Natur zweckgerichtet beschaffen analog zu einer Uhr und lasse auf einen kosmischen Designer schließen wie die Uhr auf einen Uhrmacher. Auch der Urknall wurde dafür instrumentalisiert, ebenso die geringe Entropie und die erstaunlichen „Feinabstimmungen" der Naturkonstanten: Wären deren Werte nur geringfügig anders, könnte es nämlich keine Sterne, keine komplexen Moleküle und somit auch keine Planeten, Lebewesen und über das alles nachdenkende Menschen geben.

Intelligentes Design der Naturkonstanten?

Die Feinabstimmungen als eine Art Gottesindiz oder „Intelligent Design" anzusehen, ist ein alter und weit verbreiteter Gedanke. Doch es ist möglich, betonen Hawking und Mlodinow, „die Feinabstimmung der physikalischen Gesetze zu erklären, ohne einen gütigen Schöpfer bemühen zu müssen, der das Universum zu unserem Nutzen erschuf". Dazu reicht die Annahme eines Multiversums, wie sie die meisten kosmologischen Szenarien nahe legen: Es gibt demnach nicht ein einziges Universum, sondern viele, und dort könnten die Naturgesetze und -konstanten ganz anders beschaffen sein als in unserem.

„Wir scheinen an einem entscheidenden Punkt der Wissenschaftsgeschichte zu stehen, an dem wir unsere Ziele und das, was eine physikalische Theorie akzeptierbar macht, neu definieren müssen", glauben Hawking und Mlodinow. „Offenbar werden die fundamentalen Zahlen und sogar die Form der in unserem Kosmos nachweisbaren Naturgesetze nicht von der Logik oder von physikalischen Prinzipien verlangt. Die Parameter können viele Werte und die Gesetze beliebige Formen annehmen, die zu einer selbstkonsistenten mathematischen Theorie führen, und sie besitzen tatsächlich verschiedene Werte und verschiedene Formen in verschiedenen Universen. Das mag unbefriedigend für unser menschliches Verlangen sein, etwas Besonderes zu sein oder alle Gesetze der Physik in einem säuberlich geschnürten Paket serviert zu bekommen, aber so hält die Physik es nun einmal."

Weder bedingen die Feinabstimmungen also einen kosmischen Bauplan und einen jenseitigen Architekten noch erfordert die Entstehung und Entwicklung der Welt einen Schöpfer. Nur die „Unkenntnis der Naturgesetze veranlasste die Menschen früherer Zeiten, Götter zu erfinden, die in jeden Aspekt des menschlichen Lebens hineinregierten".

Die Erfindung der Götter

Im Mittelalter herrschte hingegen die Auffassung, „dass das Universum Gottes Puppenstube und die Religion ein weit lohnenderes Studienobjekt sei als die Naturerscheinungen", karikieren es Hawking und Mlodinow. Religion füllte nicht mehr bloß Erklärungslücken, sondern geriet nach und nach in Konkurrenz zu anderen Erklärungsformen. Insofern war der Streit mit den sich allmählich entwickelnden Naturwissenschaften wohl unausweichlich. Außerdem stellten sich Rechtfertigungs- und Machtfragen. Beispielsweise trug der Pariser Bischof Étienne Tempier 1277 auf Weisung des Papstes Johannes XXI. eine Liste von 219 Ketzereien zusammen. Dazu gehörte auch die Ansicht, dass die Natur Gesetzen folgt, denn das sei nicht mit Gottes Allmacht vereinbar. „Interessanterweise wurde Papst Johannes einige Monate später von den Auswirkungen des Gravitationsgesetzes getötet, als ihm das Dach seines Palastes auf den Kopf fiel", kommentieren Hawking und Mlodinow lakonisch.

Seither hat sich viel verändert. Der Erfolg wissenschaftlich-technischer Methoden der Naturbeschreibung und -manipulation mithilfe von Analysen, Experimenten, Naturgesetzen und Ursache-Wirkung-Beziehungen ist enorm. Damit wurden überweltliche Einflüsse immer unglaubhafter. Dennoch gab und gibt es viele Versuche, die Existenz eines Gottes, transzendenter Entitäten und/oder deren Auswirkungen zu verkünden, indem man sie gleichsam in wissenschaftliche Erklärungslücken stopfte (etwa bei Bewusstsein, Leben oder Quantensprüngen), sie an den Anfang des Universums verlegte oder an dessen Zukunft und angebliches Ziel, sie als tragendes Fundament des Kausalgefüges postulierte oder sie kühn mit der physikalischen Wirklichkeit als Ganzes oder deren Veränderung identifizierte. Dagegen wurden zwar gewichtige logische, philosophische sowie auch wissenschaftliche Argumente angeführt – zumal die „Erklärungslücken" mit zunehmenden Erkenntnissen immer weniger und kleiner werden. Aber mit speziellen metaphysischen Annahmen lässt sich Über- und Hinterweltliches immer irgendwie rechtfertigen, gegen Kritik immunisieren oder auf unergründliche Ratschlüsse Gottes abwälzen.

Hinterwelten können immer konstruiert werden

Insofern kann Hawking die Existenz Gottes auch nicht ausschließen. Das ist aus rein erkenntnislogischen Gründen unmöglich, denn eine transzendente Nichtexistenz lässt sich prinzipiell nicht beweisen. Wer also das Dasein und Wirken Gottes behauptet, muss Indizien dafür angeben. Tatsächlich braucht die Wissenschaft Gott zur Erklärung der Welt nicht (sondern schickt sich umgekehrt sogar an, mit psychologischen und biologischen Erkenntnissen Gott zu erklären –

genauer: den Glauben an ihn). Und wenn sich die Entstehung der Welt gleichsam aus sich selbst heraus verstehen lässt, dann ist die Annahme eines Schöpfers schlicht unnötig. Genau darin besteht Hawkings Argument – und das vieler anderer Kosmologen und Naturphilosophen, selbst wenn sie Hawkings physikalische Modelle nicht teilen.

Dies ist der Gegenentwurf zu Designer-Weltdeutungen, die eine absichtliche Erschaffung der Welt behaupten: Unser Universum oder der Kosmos als Ganzes ist auf natürliche Weise erklärbar, auf der Basis von Selbstorganisation, Zufall und Notwendigkeit, also ohne göttliche Eingriffe und teleologische Tendenzen. Es geht in der Welt gewissermaßen mit rechten Dingen zu. „Es gibt einen grundlegenden Unterschied zwischen Religion, die auf Autoritätsgläubigkeit beruht, und Wissenschaft, die auf Beobachtungen und Vernunft basiert", betonte Hawking 2010 auch in einem Interview mit dem US-Fernsehsender ABC. „Wissenschaft wird gewinnen, weil sie funktioniert."

Es geht in der Welt mit rechten Dingen zu!

IM KONTEXT

- Wenn Hawking über Gott, Wirklichkeit und Wissenschaftstheorie nachdenkt, geht das über die Physik und Kosmologie hinaus und lässt sich nicht direkt aus seiner Forschung ableiten. Doch das macht Hawkings Überlegungen nicht falsch.
- Hawkings pragmatische Modelltheorie der Physik teilen viele seiner Kollegen. Manchen geht sie aber nicht weit genug, da sie Fragen nach der Realität ausblende oder zu einer gewissen Beliebigkeit führe.
- Dass Gott in und für naturwissenschaftliche Erklärungen keine Rolle spielt, ist Konsens unter den Wissenschaftlern („methodischer Atheismus").
- Philosophisch ist Hawkings Religionskritik umstritten. Manchen gilt sie als Blasphemie, anderen geht sie nicht weit genug, viele teilen sie aber auch. Theologisch wird sie erst ansatzweise diskutiert.
- Warum es überhaupt eine Welt gibt – oder unendlich viele –, kann weder naturwissenschaftlich noch anderweitig vollständig erklärt werden; ein Lückenbüßer-Gott hilft da allerdings auch nicht weiter. Letztlich ist der Kosmos ein Zufall, und indem Hawking dies einräumt und so auch jeden ideologischen Größenwahn ad absurdum führt, bedeutet seine Forschung nicht Hybris, sondern eine weltzugewandte Bescheidenheit.

Philosoph wider Willen: *Hawking hat die Philosophie zwar für tot erklärt, aber seine Arbeiten hauchen ihr (zusätzliches) Leben ein. Denn im Gegensatz zu vielen anderen Physikern weicht er den Großen Fragen nicht aus, sondern bringt sie auf den Punkt und unter Menschen. Ein Beispiel: „Warum muss sich das Universum all dem Ungemach der Existenz unterziehen?"*

› Mehr zu Hawkings Kosmos

Alle in diesem Buch nur kurz dargestellten Aspekte der Astronomie, Kosmologie und grundlegenden Physik, sowie vieles mehr, vor allem auch die Erkenntnisse anderer Forscher, hat der Autor hier ausführlich beschrieben (einschließlich zahlreicher Details zu Stephen Hawkings Leben):

› Vaas, R.:
Hawkings neues Universum.
Wie es zum Urknall kam.
Kosmos. Stuttgart 2010, 5. Aufl.

› Vaas, R.:
Tunnel durch Raum und Zeit.
Von Einstein zu Hawking:
Schwarze Löcher, Zeitreisen und Überlichtgeschwindigkeit.
Kosmos. Stuttgart 2010, 4. Aufl.

Stephen Hawkings populärwissenschaftliche Bücher sind durchweg lesenswert:

› **Die kurze Geschichte der Zeit.**
Rowohlt. Reinbek bei Hamburg 1988.

› **Einsteins Traum.**
Rowohlt. Reinbek bei Hamburg 1993.

› **Die illustrierte kurze Geschichte der Zeit.**
Rowohlt. Reinbek bei Hamburg 1997.

› **Das Universum in der Nußschale.**
Hoffmann und Campe. Hamburg 2001.

› **Die kürzeste Geschichte der Zeit.**
Rowohlt. Reinbek bei Hamburg 2006 (mit L. Mlodinow).

› **Der große Entwurf.**
Rowohlt. Reinbek bei Hamburg 2010 (mit L. Mlodinow).

Mit Vorkenntnissen sind folgende Fachbücher eine echte Horizonterweiterung:

› Gibbons, G. W., Shellard, E. P. S., Ranking, S. J. (Hrsg.):
The Future of Theoretical Physics and Cosmology.
Cambridge University Press. Cambridge 2003.

› Hawking, S., Israel, W. (Hrsg.):
Three hundred years of gravitation.
Cambridge University Press. Cambridge 1987.

› Hawking, S., Penrose, R.:
Raum und Zeit.
Rowohlt. Reinbek bei Hamburg 1998.

› Mersini-Houghton, L., Vaas, R. (Hrsg.):
The Arrows of Time.
Springer. Heidelberg 2012.

› Vaas, R. (Hrsg.):
Beyond the Big Bang.
Springer. Heidelberg 2012.

Hawkings Kosmos im Internet:

› Homepage von Stephen Hawking:
http://hawking.org.uk

› Lucasischer Lehrstuhl für Mathematik:
http://www.lucasianchair.org

› Department of Applied Mathematics and Theoretical Physics:
http://www.damtp.cam.ac.uk

› Centre for Theoretical Cosmology:
http://www.ctc.cam.ac.uk

› Hawking und die Außerirdischen:
http://journalofcosmology.com/Aliens114.html

› Bildnachweis

Seite 7: picture alliance, EPA, P. Wolberg – 8, 9: R. Vaas (= RV) – 15: M. MacLeod, Polaris, laif – 17: NASA, CXC, IfA, D. Sanders et al., STScI, NRAO, A. Evans et al. – 19: V. Springel et al., MPI für Astrophysik – 21, 22, 25: G. Schulz (= GS), Quelle (= Q): RV – 30: GS, Q: Lawrence Berkeley National Laboratory – 33: NASA, ESA, M. Livio et al., STScI – 37: CERN – 43: NASA, ESA, R. Windhorst, Arizona State University, H. Yan, Spitzer Science Center, Caltech – 46/47: GS, Q: RV – 53, 55: GS, Q: D. Giulini, NASA – 57: GS, Q: RV – 58: NASA, STScI, A. Fruchter, S. Baggett, R. Hook, Z. Levay – 61, 63, 64: GS, Q: RV – 65: GS nach einer Idee von Charles Addams: *The Skier* (1940) – 67, 73: GS, Q: RV – 74: GS, Q: A. Linde, RV – 76: GS, Q: RV – 79: ESA – 81: picture alliance, imagestate, HIP (M) – 90: GS, Q: RV – 95: GS – 97: picture alliance, dpa – 102: GS, Q: RV – 105: GS, Q: S. Hawking, RV – 106: GS, Q: RV – 109: Henze, NASA – 110: NASA, JPL-Caltech, Harvard-Smithsonian CfA – 113: GS, Q: RV – 119: NASA, CXC, CfA, R. Kraft et al.; MPIfR, ESO, APEX, A. Weiss et al.; ESO, WFI – 125: NASA, WMAP Science Team – 126: GS, Q: RV – 130: Cinetext Bildarchiv – 135, 138: GS, Q: RV – 143: Imago, S. Hässler – 145: A. Zytkow – 149: GS, Q: RV – 155: ESA, Planck Consortia – 157: GS, Q: J. Wheeler, RV – 158, 159: GS, Q: RV – 161: NASA, D. Berry – 163: GS, Q: RV; NASA; EIT, SOHO, ESA, NASA; NASA, JPL – 164: NASA, Hubble Heritage Team, STScI, AURA – 166: GS, Q: A. Heger, RV – 168: GS, Q: S. Hawking, RV – 170: GS, Q: RV – 173: GS, Q: S. Hawking, RV – 177: CERN – 178: CERN, J. Pequenao – 181: GS, Q: RV – 183: GS, Q: A. Guth, RV – 184: GS, Q: RV – 188 oben: NASA, ESA, JHU, R. Sankrit, W. Blair – 188 unten, 191: ESO – 193: GS, Q: RV – 194: GS, Q: K. Thorne, RV – 195, 202: GS, Q: RV – 204 (NGC 1300): NASA, ESA, Hubble Heritage Team, STScI, AURA – 205: mauritius images, ACE – 212: H. Mlodinow – 221: picture-alliance, Landov

› Impressum

Umschlaggestaltung von Gunther Schulz, Fußgönheim.

Mit 73 Abbildungen

Unser gesamtes lieferbares Programm und viele weitere Informationen zu unseren Büchern, Spielen, Experimentierkästen, DVDs, Autoren und Aktivitäten finden Sie unter **kosmos.de**

FSC www.fsc.org
MIX
Papier aus verantwortungsvollen Quellen
FSC® C004592

Gedruckt auf chlorfrei gebleichtem Papier

ISBN: 978-3-440-12853-4
Redaktion: Sven Melchert
Gestaltung und Satz: Gunther Schulz, Fußgönheim
Produktion: Ralf Paucke
Printed in Germany / Imprimé en Allemagne